"十二五"职业教育国家规划教材

U0256602

物联网技术

◎ 主　编　乔海晔　肖志良　杨　涛

◎ 副主编　赵雪章　臧艳辉　张文青

◎ 主　审　余爱民

電子工業出版社

Publishing House of Electronics Industry

北京·BEIJING

内 容 简 介

　　本书根据物联网企业行业的人才需求和物联网发展的趋势，紧贴职业岗位需求，应教育部职业教育改革要求，从知识、能力、素质等方面满足学生的学习需求。本书共有 8 章，内容包括物联网技术概论、物联网感知层技术、互联网技术、无线通信技术、移动通信技术、大数据时代、云计算、物联网应用等，每一章配备完善的习题和案例供学习者使用。教材书写浅显易懂，对于深奥的专业名词都有详细的解释和说明，特别适合物联网专业、行业的入门者学习。

　　本书可作为各类职业院校物联网应用技术、移动互联技术、大数据、人工智能等专业的物联网技术、物联网概论课程的教材，也可以作为物联网、电子工程技术人员的参考书目。

图书在版编目（CIP）数据

物联网技术 / 乔海晔，肖志良，杨涛主编. —北京：电子工业出版社，2018.10

ISBN 978-7-121-28768-8

Ⅰ．①物… Ⅱ．①乔… ②肖… ③杨… Ⅲ．①互联网络—应用—职业教育—教材②智能技术—应用—职业教育—教材 Ⅳ．①TP393.4②TP18

中国版本图书馆 CIP 数据核字（2016）第 098647 号

策划编辑：郑　华

责任编辑：郑　华　　特约编辑：王　纲

印　　刷：北京虎彩文化传播有限公司

装　　订：北京虎彩文化传播有限公司

出版发行：电子工业出版社

　　　　　北京市海淀区万寿路 173 信箱　邮编　100036

开　　本：787×1 092　1/16　印张：13.25　字数：332 千字

版　　次：2018 年 10 月第 1 版

印　　次：2025 年 1 月第 9 次印刷

定　　价：36.80 元

　　凡所购买电子工业出版社图书有缺损问题，请向购买书店调换。若书店售缺，请与本社发行部联系，联系及邮购电话：（010）88254888，88258888。

　　质量投诉请发邮件至 zlts@phei.com.cn，盗版侵权举报请发邮件至 dbqq@phei.com.cn。

　　本书咨询联系方式：（010）88254988，3253685715@qq.com。

前　言

信息技术的发展经历了几个飞跃性的阶段，被称为信息技术发展的几次浪潮。在经历了计算机、互联网技术的今天，物联网技术问世了。物联网技术的出现被认为是信息技术发展的第三次浪潮。目前是物联网产业发展的黄金时期，物联网技术领域的人才缺口非常大。近几年全国陆续有高校设立了物联网应用技术专业，目前物联网产业的发展速度远远超过高校的人才培养速度。

为了更好地培养物联网技术领域的人才，遵循职业教育的培养目标，撰写了这本物联网技术教材。本书共 8 章，建议教学时间为一年级第一学期，教学学时为 54。各高校可以根据自身的人才培养方案实际安排情况适当删减。建议教学课时分配如下：

章节内容	建议学时
第 1 章　概论	4
第 2 章　物联网感知层技术	10
第 3 章　互联网技术	8
第 4 章　无线通信技术	10
第 5 章　移动通信技术	8
第 6 章　大数据时代	4
第 7 章　云计算	4
第 8 章　物联网应用	6

为了方便读者学习，本书每章后面附有习题，方便教师授课，也有助于学生检验知识的掌握情况。本书适用于各类职业院校物联网应用技术、移动互联技术、大数据、人工智能等专业的物联网技术课程学习，同时可以作为应用型本科的相关专业学生的参考资料，也可以作为物联网、电子工程技术人员的参考书。

本书由广东科学技术职业学院余爱民院长主审，由佛山职业技术学院物联网团队主要完成，其中乔海晔完成全书的统稿工作，第 1 章由乔海晔编写，第 2 章由肖志良、曾绍稳编写，第 3 章由黄润、何天爱编写，第 4 章由张旭、曾绍稳编写，第 5 章由祝家东、曾绍稳编写，第 6 章由张文青编写，第 7 章由臧艳辉编写，第 8 章由赵雪章编写。在此感谢参与本书编写、审核、出版的全体人员。

由于时间仓促，本书一定存在许多不足甚至错误之处，希望读者多提宝贵意见。本书阅读过程中遇到的问题、发现的错误、对本书及其内容和结构方面的任何意见和建议，请发送至 908127758@qq.com。

目 录

第1章
概　　论

1.1　物联网的定义与起源

1.1.1　物联网的定义

物联网（Internet of Things，IoT）的概念早在 1999 年就被提出来了。国际电信联盟（ITU）在 2005 年将其定义为：通过射频识别（RFID）装置、红外感应器、全球定位系统、激光扫描器等信息传感设备，按约定的协议，把任何物品与互联网相连接，进行信息交换和通信，以实现智能化识别、定位、跟踪、监控和管理的一种网络。物联网是在互联网的基础上将其用户端延伸和扩展到任何物品与物品之间，进行信息交换和通信的一种网络。

物联网是以计算机科学为基础，集网络、电子、射频、感应、无线、人工智能、条码、云计算、自动化、嵌入式等技术为一体的综合性技术及应用，它将孤立的物品（如冰箱、汽车、电子设备、家具、货品等）接入网络世界，让它们之间能相互交流，使人们可以通过软件系统操纵它们，让它们变得"鲜活"起来。物联网与人们的生活密切相关，并将推动人类生活方式的变革。

物联网被视为互联网的应用扩展。应用创新是物联网发展的核心，以用户体验为核心的创新是物联网发展的灵魂。在现阶段，物联网是借助各种信息传感技术、信息传输和处理技术使管理对象的状态能够被感知、被识别而形成的局部应用网络。在不远的将来，物联网是将这些局部应用网络通过互联网和通信网连接在一起而形成的人与物、物与物相联系的一个巨大网络，是感知中国、感知地球的基础设施。

1.1.2　物联网的起源和演进

物联网的提出、应用和发展经历了多次变革和演进，历年来的主要大事如下：

1990 年，施乐公司推出了网络可乐贩售机，这是物联网实践的最早案例。

1995 年，比尔·盖茨在《未来之路》中提及"物互连"这一概念。

1999 年，美国麻省理工学院的 Kevin Ashton 教授首次提出了物联网的概念。美国麻省理工学院建立了自动识别中心，提出了"万物皆可通过网络互连"，阐明了物联网的基本含义。在美国召开的移动计算和网络国际会议提出了"传感网是 21 世纪人类面临的又一个发展机遇"。

2003 年，美国《技术评论》提出传感网技术将是未来改变人们生活的十大技术之首。

2004 年，日本总务省提出了 u-Japan 计划，该计划力求实现人与人、物与物、人与物之间的连接，希望将日本建设成一个随时、随地、任何物体、任何人均可连接的泛在网络社会。

2005 年在突尼斯举行的信息社会世界峰会上，国际电信联盟发布了《ITU 互联网报告 2005：物联网》，引用了"物联网"的概念。物联网的定义和范围已经发生了变化。

2006 年，韩国确立了 u-Korea 计划，该计划旨在建立无所不在的网络社会，在民众的生活环境里建设智能型网络（如 IPv6、BCN、USN）和各种新型应用（如 DMB、Telematics、RFID），让民众可以随时随地享有科技智慧服务。

2008 年 11 月，北京大学举行的第二届中国移动政务研讨会"知识社会与创新 2.0"提出移动技术、物联网技术的发展代表着新一代信息技术的形成，并带动了经济社会形态、创新形态的变革，推动了面向知识社会的、以用户体验为核心的下一代创新（创新 2.0）形态的形成，创新与发展更加关注用户、注重以人为本。而创新 2.0 形态的形成又进一步推动了新一代信息技术的健康发展。

2009 年 1 月 28 日，奥巴马就任美国总统后，与美国工商业领袖举行了一次"圆桌会议"。作为仅有的两名代表之一，IBM 首席执行官彭明盛首次提出了"智慧地球"这一概念，建议新政府投资新一代智慧型基础设施。当年，美国将新能源和物联网列为振兴经济的两大重点。2009 年 2 月 24 日，在 2009 IBM 论坛上，IBM 大中华区首席执行官钱大群公布了名为"智慧地球"的最新策略。

2009 年 8 月，时任国务院总理的温家宝在视察中科院无锡物联网产业研究所时，对于物联网应用也提出了一些看法和要求。自温总理提出"感知中国"以来，物联网被正式列为国家五大新兴战略性产业之一，写入《政府工作报告》，物联网在我国受到了全社会极大的关注。

2011 年，工业和信息化部印发了《物联网"十二五"发展规划》。

2012 年 3 月，由我国提交的"物联网概述"标准草案经国际电信联盟审议通过，成为全球第一个物联网总体标准，我国在国际物联网领域的话语权进一步增强。

2013 年，我国物联网产业规模突破 6 000 亿元，在芯片、通信协议、网络管理等领域取得了一系列创新成果，形成了包括芯片和元器件厂商、设备商、系统集成商等较多门类的产业。

2014 年 6 月，工业和信息化部发布了 2014 年物联网工作要点，要求重点突破核心关键技术，推进传感器及芯片技术、传输、信息处理技术的研发。2014 年 9 月，国际标准化组织正式通过了由我国技术专家牵头提交的物联网参考架构国际标准项目。2014 年 11 月，由全国信息分类与编码标准化技术委员会归口，中国标准化研究院等单位负责起草的国家标准《传感器分类与代码》发布。

2015 年 5 月，国际标准化组织新成立的 WG10 物联网标准工作组正式确认，将同步转移原中国主导的物联网体系架构国际标准项目。2015 年 8 月，微软公司正式发布了其基于 Windows 10 开发的、专门用于物联网设备的操作系统 Windows 10 IoT Core，和电脑版系统相比，这一版本在系统功能、代码方面进行了大量精简和优化，主要面向小体积的物联网设备。2015 年 9 月，由中国物品编码中心主导完成的物联网编码国家标准《物联网标识体系物品编码 Ecode》正式发布。

2016 年 10 月 21 日，黑客利用网络摄像头、路由器和视频录像机等消费者连接设备攻击了 Dyn 公司的服务器，导致超过 1 200 个网站服务中断，包括 Twitter 和 Netflix。这次 DDoS（Distributed Denial of Service，拒绝服务）攻击暴露了很多物联网设备安全漏洞背后的风险，很多解决方案提供商呼吁制造商加强连接产品的安全措施。

2017 年 7 月 27 日，英特尔公司在北京京仪大酒店举办了主题为"驾驭数据的力量，英特尔变革物联网"的 2017 金融物联网高峰论坛。作为技术行业的佼佼者，英特尔公司提出了互联网与金融深度跨界融合的整体解决方案与相关产品，助推传统金融向互联网金融全面发展，为中国金融行业注入了一股革命性力量。

1.1.3　物联网、互联网的区别与融合

尽管从某种意义上看，物联网就是互联网从人向物的延伸，但物联网和互联网还是有本质的区别。想要通过互联网了解一个物体，必须先收集这个物体的相关信息，将其数字化后再放到互联网（服务器）上供人们浏览，人在这个过程中要做很多的工作，且难以动态了解物体的变化。物联网则让物体自己"说话"，通过在物体上植入各种微型感应芯片，借助无线通信网络，使其与现在的互联网相互连接，让其"开口"。不仅人可以和物体"对话"，物体和物体之间也能"交流"。

互联网是广域网、局域网及单机按照一定的通信协议组成的国际计算机网络。物联网是通过各种信息传感设备，针对任何需要监控、连接、互动的物体或过程，采集其声、光、热、电、力学、化学、生物、位置等各种需要的信息，与互联网结合形成的一个巨大网络。其目的是实现物与物、物与人、所有的物品与网络的连接，方便识别、管理和控制。物联网连接的是物理的、真实的世界，而互联网连接的是虚拟世界。未来物联网将与互联网充分互连、无缝整合，并与通信网一起，组成一个更加庞大、复杂的网络，实现物理世界与人类社会系统的全面互联互通。

物联网是在互联网的基础上，将其用户端延伸和扩展到任何物品与物品之间，进行信息交换和通信的一种网络。它也是互联网技术发展的结果。从大的范围来讲，没有互联网，就没有物联网。物联网中物与物之间通过互联网的通信信道相互协调、控制、分析等。物联网的核心和基础仍然是互联网，物联网与互联网技术发展和支撑关系如图 1-1 所示。

1.1.4　物联网如何影响人们的生活

科技创新改变生活，物联网及人工智能必将为人们带来便利美好的生活。以前，物理基础设施和 IT 基础设施是分开的，物理基础设施包括机场、公路、建筑物等，IT 基础设施包括数据中心、个人电脑、宽带等。物联网把钢筋混凝土、电缆与芯片、宽带整合为统一的基础设施，世界在其上运转，包括社会管理、经济管理、生产运行乃至个人生活，人们将重新认识和思考自己所处的世界。

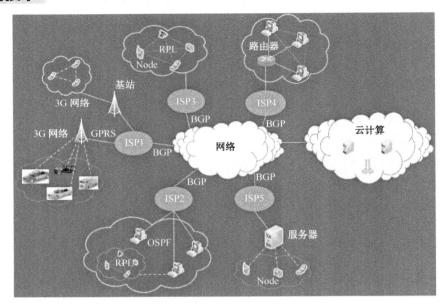

图 1-1　物联网与互联网技术发展和支撑关系图

实现这一切的关键技术是射频识别技术。例如，在手机里嵌入 RFID-SIM 卡，手机内的信息传感设备就能与移动网络相连，不仅可以确认使用者的身份，还能提供费用支付、预约参观、彩票投注、航空订票等多种服务。可见，物联网在个人健康、智能电网、公共交通等方面的应用极其广泛。只要在特定物体中嵌入射频标签、传感器等设备，与互联网相连后，就能形成一个庞大的系统，借助这个系统，即使远在千里之外，人们也能轻松获知和掌控物体的信息。

有专家表示，只需 3～5 年时间，物联网就会全面进入人们的生活，改变人们的生活方式。届时，在个人健康、交通控制、环境保护、公共安全、平安家居、智能消防、工业监测、老人护理等几乎所有领域，物联网都将发挥作用。

物联网的本质是无线传感网，无线传感网是技术，物联网是经济。形象地说，物联网是动脉与静脉，无线传感网是信息化的毛细血管。互联网实现了人与人之间的沟通，改变了人们的生活方式。而物联网实现了物与物之间的沟通，其对于生活的影响几乎无处不在。网络的发展一日千里，互联网、移动通信网、电视网甚至电网的多网融合时代已经来临。物联网是多网融合时代的必然产物，它将人与人之间的沟通和连接扩展到了人与物、物与物之间的沟通和连接，智能化、网络化将让人们的工作、生活更加便捷和人性化。

1.2　物联网的主要技术

1.2.1　物联网的基本特征

物联网的基本特征主要有以下几点。

（1）全面感知。通过射频识别、传感器、二维码、GPS 卫星定位等相对成熟的技术感知、采集、测量物体信息。

（2）可靠传输。通过无线传感器网络、短距无线网络、移动通信网络等信息网络实现物体信息的分发和共享。

（3）智能处理。通过分析和处理采集到的物体信息，针对具体应用提出新的服务模式，实现智能决策和控制。

1.2.2　物联网的分类

按照物联网的服务范围可将其分为以下几种。

（1）私有物联网：一般面向单一机构内部提供服务。

（2）公有物联网：基于互联网向公众或大型用户群体提供服务。

（3）社区物联网：向一个关联的"社区"或机构群体（如一个城市政府下属的各委办局，包括公安局、交通局、环保局、城管局等）提供服务。

（4）混合物联网：上述两种或以上物联网的组合，但后台有统一运维实体。

1.2.3　物联网的体系结构

物联网的体系结构依据信息生成、传输、处理和应用的不同环节，可由低到高分为 4 层，即感知识别层、网络构建层、管理服务层和综合应用层。

1．感知识别层

感知识别层（简称感知层）完成数据采集与感知，主要用于采集物理世界中发生的物理事件和数据，包括各类物理量、标识、音频、视频数据。物联网的数据采集涉及传感器、RFID、多媒体信息采集、二维码和实时定位等技术。传感器网络组网和协同信息处理技术实现对传感器、RFID 等数据采集技术所获取数据的短距离传输、自组网，以及多个传感器对数据的协同信息处理过程。图 1-2 是 RFID 在中国建筑行业中的应用场景。

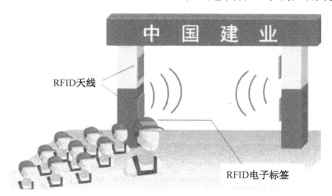

图 1-2　RFID 在中国建筑行业中的应用场景

2．网络构建层

物联网网络构建层（简称网络层）主要用于把感知识别层收集到的信息安全可靠地传输到管理服务层，然后根据不同的应用需求进行信息处理，实现对客观世界的有效感知及有效控制。它将承担比现有网络更大的数据量和面临更高的服务质量要求。物联网中连接终端感知网络与服务器的桥梁便是各类承载网络。承载网络包括互联网、移动通信网、无线低速网和无线宽带网等网络形式。网络构建层要实现更加广泛的互连功能，把感知到的信息无障碍、高可靠性、高安全性地进行传送，需要将传感器网络与移动通信技术、互联网技术相融合。经过十余年的快速发展，移动通信、互联网等技术已比较成熟，基本能够满足物联网数据传输的需要。物联网网络构建层是在现有网络的基础上建立起来的，它与目前主流的移动通信网、国际互联网、企业内部网、各类专网等网络一样，主要承担着数据传输的功能。

3．管理服务层

物联网管理服务层位于网络构建层与综合应用层之间。当感知识别层产生的大量数据经过网络构建层传送到综合应用层时，如果不经过有效整合、分析和利用，物联网就不可能发挥应有的作用。在提供数据存储、检索、分析、利用服务功能的同时，管理服务层还要提供信息安全、隐私保护与网络管理功能，在管理之中体现出服务的目的。物联网管理服务层的核心功能是完成数据的管理和处理，即通过云计算平台进行信息处理，实现对感知识别层采集数据的计算、处理和知识挖掘，从而实现对物理世界的实时控制、精确管理和科学决策。

4．综合应用层

综合应用层（简称应用层）主要包含应用支撑平台子层和应用服务子层。其中，应用支撑平台子层用于支撑跨行业、跨应用、跨系统的信息协同、共享、互通功能。应用服务子层包括智能交通、智能医疗、智能家居、智能物流、智能电力等行业应用。综合应用层位于物联网体系结构的最顶层，其核心功能是"应用"，将数据与各行业应用相结合。例如，对于智能电网中的远程电力抄表应用，安置于用户家中的读表器就是感知识别层中的传感器，这些传感器在收集到用户用电信息后，将其通过网络发送并汇总到发电厂的处理器上。该处理器及其对应工作就属于综合应用层，它将完成对用户用电信息的分析，并自动采取相关措施。物联网未来的信息技术参考架构如图 1-3 所示。

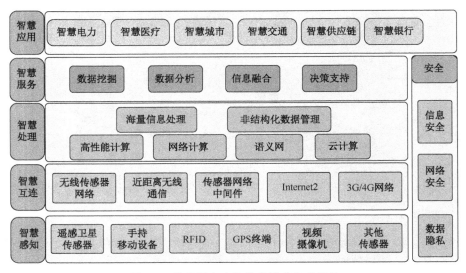

图 1-3　物联网未来的信息技术参考架构

1.2.4　物联网主要支撑技术

物联网技术的推广将极大地带动相关产业的兴起和发展，如传感器件、无线通信、数据分析服务等。而随着物联网与互联网的结合及其应用范围的不断扩大，从交通管理、电力、能源、环保到医疗、教育等，长期来看，几乎各个行业和领域都将受益。目前主流的物联网技术如图 1-4 所示。后续的主要技术涉及云计算、大数据、人工智能、生物技术等。

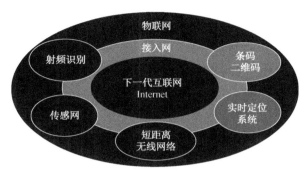

图 1-4　主流的物联网技术

物联网产业链可细分为标识、感知、处理和信息传送 4 个环节，每个环节涉及的关键技术包括：射频识别技术、传感器技术、传感器网络技术、网络通信技术等。

1．射频识别技术

RFID 是一种"使能"技术，它可以把常规的"物"变成物联网的连接对象。

射频识别技术是物联网中信息采集的主要源头，在整个物联网体系中十分重要。RFID 是一种非接触式自动识别技术，具有读取距离远（可达数十米）、读取速度快、穿透能力强（可透过包装箱直接读取信息）、无磨损、抗污染、效率高（可同时处理多个标签）、数据存储量大等特点，是唯一可以实现多目标识别的自动识别技术，可工作于各种恶劣环境。一个典型的 RFID 系统一般由 RFID 电子标签、读写器和信息处理系统组成。当带有电子标签的物品通过特定的信息读写器时，标签被读写器激活并通过无线电波将标签中携带的信息传送到读写器及信息处理系统中，完成信息的自动采集工作，而信息处理系统则根据需求承担相应的信息控制和处理工作。现在 RFID 已应用于农畜产品安全生产监控、动物识别与跟踪、农畜精细生产系统、畜产品精细养殖数字化系统、农产品物流与包装等方面。

2．传感器技术

传感器负责物联网信息的采集，是感知现实世界的基础，也是物联网服务和应用的基础。传感器通常由敏感元件和转换元件组成，可通过声、光、电、热、力、位移、湿度等信号来感知，为物联网的工作采集、分析、反馈最原始的信息。传感器种类及品种繁多，原理也各式各样。随着技术的发展，新的传感器类型不断产生，应用领域也越来越广泛。传感器的类型主要包括温湿度、光照、红外对射、空气质量等传感器。传感器技术的发展与突破主要体现在两个方面：一是感知信息，二是传感器自身的智能化和网络化。近年来，随着生物科学、信息科学和材料科学的发展，传感器技术飞速发展。由于微电子技术和微机械加工技术的快速发展，传感器有向微型化、多功能化、智能化和网络化方向发展的趋势。

3．传感器网络技术

传感器网络（传感网）主要包括：无线传感器网络（Wireless Sensor Network，WSN）、身体传感器网络（Body Sensor Network，BSN）和光交换网络（Optical Switch Network，OSN）。WSN、OSN、BSN 等是物联网的末端神经系统，主要解决"最后 100 米"的连接问题，传感网末端一般是指比 M2M 末端更小的微型传感系统，如 Mote。传感器网络综合了传感器技术、嵌入式计算技术、现代网络及无线通信技术、分布式信息处理技术等，它能够通过各类集成化微型传感器协作，实时监测、感知和采集各种环境或监测对象的信息，通过嵌入式系统对信息进行处理，并通过各种方式将所感知的信息传送到用户终端，从而真正实现"无处不在的计算"的理念。一个典型的传感器网络结构通常由传感器节点、接收发送器、Internet 或通信卫星、任务管理节点等部分构成。目前应用最广泛的是无线传感器网络。

无线传感器网络 WSN（Wireless Sensor Net）是一种分布式传感网络，它的末梢是可以感知和检查外部世界的传感器。WSN 中的传感器通过无线方式通信，因此网络设置灵活，设备位置可以随时更改，还可以跟互联网进行有线或无线方式的连接。WSN 的发展得益于微机电系统（Micro-Electro-Mechanism System，MEMS）、片上系统（System on Chip，SoC）、无线通信和低功耗嵌入式技术的飞速发展。WSN 广泛应用于军事、智能交通、环境监控、医疗卫生等多个领域。

4．网络通信技术

无论物联网的概念如何扩展和延伸，最基础的物物之间的感知和通信都是不可替代的关键技术。传感器的网络通信技术为物联网数据提供传送通道，而如何在现有网络上进行增强，适应物联网业务需求（低数据率、低移动性等），是现在物联网研究的重点。传感器的网络通信技术分为近距离通信技术和广域网络通信技术两类，常见的有蓝牙、IrDA、WiFi、ZigBee、RFID、UWB、NFC 等。不同通信技术之间的发展和联系如图 1-5 所示。

图 1-5　不同通信技术之间的发展和联系

1）蓝牙技术

蓝牙（Bluetooth）是一种无线技术标准，可实现固定设备、移动设备和楼宇个域网之间的短距离数据交换，它使用 2.4～2.485GHz ISM 频段的 UHF 无线电波。蓝牙技术最初由爱立信公司于 1994 年创制，当时将其作为 RS-232 数据线的替代方案。蓝牙克服了数据同步的难题，可连接多个设备。如今蓝牙由蓝牙技术联盟（Bluetooth Special Interest Group，SIG）管理。蓝牙技术联盟在全球拥有超过 25 000 家成员公司，它们分布在电信、计算机、网络和消费电子等多种领域。蓝牙技术联盟负责监督蓝牙规范的开发、管理认证项目和维护商标权益。制造商的设备必须符合蓝牙技术联盟的标准才能以"蓝牙设备"的名义进入市场。蓝牙技术拥有一套专利网络，可发放给符合标准的设备。

蓝牙技术的应用主要包括：

① 移动电话和免提耳机之间的无线控制和通信；② 移动电话与兼容蓝牙的汽车音响系统之间的无线控制和通信；③ 对搭载 iOS 或 Android 系统的平板电脑和音箱等设备进行无线控制和通信；④ 无线蓝牙耳机和对讲机；⑤ 电脑与输入输出设备间的无线连接，常见的有鼠标、键盘、打印机；⑥ 个人电脑或 PDA 拨号上网可使用有数据交换能力的移动电话作为无线调制解调器。

2）ZigBee 技术

ZigBee 译为"紫蜂"，它与蓝牙相类似，是一种新兴的短距离、低工耗的无线通信技术，用于传感控制应用。ZigBee 由 IEEE 802.15 工作组提出，并由其 TG4 工作组制定规范。ZigBee 是基于 IEEE 802.15.4 标准的低功耗局域网协议。其名称来源于蜜蜂的 8 字舞。其特点是近距离、低复杂度、自组织、低功耗、高数据传输速率。它主要用于自动控制和远程控制领域，可以嵌入各种设备。

3）WiFi 技术

WiFi 全称是 Wireless Fidelity，其基于 IEEE 802.11b 标准。IEEE 802.11b 标准是 IEEE 802.11a 标准的变种，最高带宽为 11Mbps，在信号较弱或有干扰的情况下，带宽可调整为 5.5Mbps、2Mbps 和 1Mbps，带宽的自动调整有效地保障了网络的稳定性和可靠性。WiFi 是一种允许电子设备连接到一个无线局域网（WLAN）的技术，通常使用 2.4GHz UHF 或 5GHz SHF ISM 射频频段。连接到无线局域网通常是有密码保护的，也可以是开放的。WiFi 是一个无线网络通信技术的品牌，由 WiFi 联盟所持有。几乎所有智能手机、平板电脑和笔记本电脑都支持 WiFi 上网，它是当今使用最广的一种无线网络传输技术。其作用实际上就是把有线网络信号转换成无线信号，使用无线路由器供支持其技术的相关电脑、手机、平板电脑等接收。手机如果有 WiFi 功能，在有 WiFi 信号的时候就可以不通过手机的网络上网，从而节省流量费。

虽然 WiFi 技术的无线通信质量不是很好，数据安全性比蓝牙技术差一些，传输质量也有待改进，但其数据传输速率非常高，可以达到 54Mbps，符合个人和社会信息化的需求。WiFi 最主要的优势在于不需要布线，因此能满足移动办公用户的需要，并且由于发射信号的功率低于 100mW，低于手机发射功率，所以 WiFi 上网相对而言也是最安全健康的。但是 WiFi 信号也是由有线网提供的，如家里的 ADSL、小区宽带等，只要接一个无线路由器，就可以把有线信号转换成 WiFi 信号。很多发达国家城市里到处覆盖着由政府或大公司提供的 WiFi 信号供居民使用，我国也有许多地方实施"无线城市"工程，使这项技术得到推广。

4）M2M 技术

M2M（Machine to Machine）技术是机器对机器的通信技术，M2M 技术与产品是构成物联网网络层的重要技术与产品。

M2M 是物联网重要的组成部分，M2M 是一个点或者一条线，只有当 M2M 规模化、普及化，并且彼此之间通过网络来实现智能融合和通信时，才能形成物联网。所以，星星点点、彼此孤立的 M2M 并不是物联网，但 M2M 的终极目标是物联网。M2M 模式的核心就是商家、企业对大众提供私人定制且移动的服务。这个核心有两个重点：一是私人定制的服务，这是高品质服务的体现，商家可以根据用户的各种需求提供服务，这些服务是个性化的，不是规模生产所能提供的；二是该服务是移动的，移动是双方面的，用户通过手机移动端获取服务，商家、企业通过手机移动端提供服务，服务的获取和提供以手机移动端为载体，即 Mobile to Mobile。

5）现场总线技术

现场总线（Fieldbus）是 20 世纪 80 年代末 90 年代初国际上发展形成的，用于过程自动化、制造自动化、楼宇自动化等领域的现场智能设备互连通信网络。它作为工厂数字通信网络的基础，建立了生产过程现场与控制设备之间及其与更高控制管理层次之间的联系。它不仅是一个基层网络，还是一种开放式、新型全分布控制系统。

现场总线设备的工作环境处于过程设备的底层，作为工厂设备级基础通信网络，要求具有协议简单、容错能力强、安全性好、成本低的特点，以及一定的时间确定性和较高的实时性。由于上述特点，现场总线系统从网络结构到通信技术，都具有不同于上层高速数据通信网的特色。现场总线产品主要是低速总线产品，应用于运行速率较低的领域，对网络的性能要求不是很高。高速现场总线主要应用于控制网内的互连，连接控制计算机、PLC 等智能程度较高、处理速度快的设备，以及实现低速现场总线网桥间的连接，它是充分实现系统的全分布控制结构所必备的。

RS-485 是现场总线的鼻祖，目前还有许多设备沿用这种通信协议。采用 RS-485 通信具有设备简单、成本低等优势。CAN 是控制器局域网络（Controller Area Network）的简称，最早由德国 BOSCH 公司推出，用于汽车内部测量与执行部件之间的数据通信。其总线规范被 ISO 国际标准组织确定为国际标准，得到了 Motorola、Intel、Philips、Siemens、NEC 等公司的支持，已广泛应用在离散控制领域。CAN 的信号传输采用短帧结构，每一帧的有效字节数为 8 个，因而传输时间短，受干扰的概率低。当节点出现严重错误时，自动关闭功能并切断该节点与总线的联系，使总线上的其他节点及其通信不受影响，具有较强的抗干扰能力。CAN 支持多种方式工作，网络上任何节点均在任意时刻主动向其他节点发送信息，支持点对点、一点对多点和全局广播方式接收/发送数据。CAN 采用总线仲裁技术，如果有几个节点同时在网络上传输信息，优先级高的节点可继续传输，而优先级低的节点则主动停止发送，从而避免了总线冲突。

已有多家公司开发生产了符合 CAN 协议的通信芯片，如 Intel 公司的 82527、Motorola 公司的 MC68HC05X4、Philips 公司的 82C250 等。还有插在 PC 上的 CAN 总线接口卡，具有接口简单、编程方便、开发系统价格便宜等优点。

1.3　物联网的发展

1.3.1　物联网的发展现状

1. 物联网的现状

物联网使商业系统、社会系统与物理系统融合，形成一个个全新的、智慧的基础设施和设备网络群，应用遍及工业监测、交通管理、物流管理、电力管理、环境保护、军事、公共安全、平安家居、老人护理、个人健康等领域。物联网的发展将对世界经济、政治、文化、军事等各个方面产生无比巨大的影响，并使人们的生活方式发生翻天覆地的变化。

尽管目前物联网尚处于初级阶段，在成本、标准及规模化方面还有待完善，但仍有国内专家乐观预计：三五年之内，物联网的应用就可能在中国有突破性进展；十多年以后，物联网就会像现在的互联网一样高度普及。有国外知名研究机构预测，2015—2020 年物体将进入半智能化阶段，2020 年之后物体将进入全智能化阶段。据不完全统计，2016 年，我国物联网产业整体规模将突破 9 300 亿元，预计到 2020 年，我国物联网的产业规模将超过 1.8 万亿元，年复合增长率超过 20%，如图 1-6 所示。

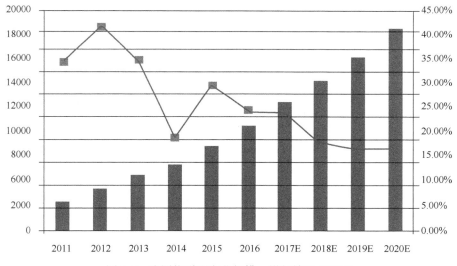

图 1-6　我国物联网产业规模、增长情况及预测

2. 物联网的未来

根据英特尔公司提供的数据，2014 年平均每天有超过 140 万台电脑被购买，2015 年全世界联网设备已经达到 150 亿台。预计到 2020 年全世界联网设备将超过 2 000 亿台，超过 40 亿人享受有网络的生活。届时，每个人将拥有大约 26 样智能物品，包括且不限于汽车、房屋、钥匙、电话、电脑、医疗保健产品等。根据 M2M 战略数据分析、麦肯锡以及纽约时报提供的数据，到 2025 年左右，全球物联网产业总值将达到 6.2 万亿美元，其中医疗健康领域 2.5 万亿美元；工业生产领域 2.3 万亿美元；其他领域分别为零售、安保和交通。

最小的物联网设备——智能灰尘将出现。比灰尘还要小的超微型电脑将有可能出现，并且通过各种方式散布到世界各地。智能灰尘的用途将非常广泛，包括且不仅限于地理调查、空气污染分析，甚至小到每个人的身体状况分析。

最大的物联网设备——整个城市，爱尔兰首都都柏林已经将很多用于各种用途的检测器分布到全城的各个角落，以此绘制出了一张实时的智能城市地图。任何地方发生任何事情，当局都能够进行快速反应，避免和延迟危机的发生。

尽管物联网设备已经能够从人的身体中提取部分关键的信息，但目前使用人的思想、心灵来控制机械设备还是一个无法达到的伟大构想。假若这样美好的事情真正发生，将会给全人类的生活带来巨大的变革。或许在未来的某天，连接到中枢网络的机器人，将能够通过向人学习、彼此间互相学习，依靠自我或集体意识来解决科学难题。

10年内物联网技术就可能大规模普及。物联网用途广泛，遍及智能交通、环境保护、政府工作、公共安全、平安家居、智能消防、工业监测、老人护理、个人健康等多个领域。预计这一技术将会发展成为一个上万亿元规模的高科技市场，物联网将来肯定会成为一个全球性的支柱产业。到2020年，世界上物物互联的业务跟人与人通信的业务相比，将达到30∶1，因此，"物联网"被称为是下一个万亿级的通信业务。

1.3.2 物联网的发展趋势

物联网（IoT）是一项科技革命，目标在于将短距离移动资料收发器嵌入到日常生活中的小工具或事物中，为通信技术领域带来新的发展机遇。Frost & Sullivan 的研究报告提出物联网有以下八大发展趋势。

1. 物联网将演变为认知工具

随着技术的发展，物联网将从联机装置演变成使用认知运算及预测运算的工具。"物联网"的概念从提出到发展，从实践到创新，物联网从 1.0 时代悄然迈入 2.0 时代。

物联网 1.0 从等同于 RFID 传感器技术的物联网应用，已经演变为初期集传感器、网络、应用平台于一身的物联网，物联网设备依靠传感器设备来接收用户指令，然后执行相应的任务。所有的装置必须通过以智能手机为中心的控制端来进行互动操作，以智能家居、智慧城市为代表的物联网慢慢地走出自己的应用孤岛。

物联网 2.0 可以理解为 IoE（Internet of Everything），而物联网 1.0 是 IoT（Internet of Things），显然，前者范围比后者更大，囊括的范围也更加广泛。IoE 强调的万物互联概念是任何设备、事物都能通过网络连接起来，并在网络中彼此之间进行通信。"万物互联"的时代，所有的物将会获得语境感知能力、增强的处理能力和更好的感应能力。如今，依靠发达的互联网发展起来的人工智能、大数据、云计算等技术让物联网有了真正的用武之地，这也将是新科技革命到来的标志。

未来 2.0 版本的物联网将通过人工智能、大数据、云计算、5G 等技术的完善，不断提升人工智能的水平，完善语言助手技术，加强物联网的安全性与信任感，外在体现就是操控方式的迭代升级。即便我们的一个动作、一个眼神、一个想法，甚至即使我们面无表情，物联网也可以了解我们的想法。物联网 2.0 的理想化状态是物联网比用户更"了解"自己。

2．人工智能挑战人类智商

物联网正在快速地转向运用人工智能来改变智能装置，在没有人为干预的情况下，能直接对环境的变化作出反应。2017年云端服务与AI的整合解决方案能够整合APP、机器学习及人工智能，提供完整的情境认知、预测及规范功能，并帮助组织实现物联网的价值。

"人工智能"这个概念是人机大战最终的受益者。围棋人机大战是人类顶尖围棋手与计算机顶级围棋程序之间的围棋比赛，特指韩国围棋九段棋手李世石、中国围棋九段棋手柯洁分别与人工智能围棋程序"阿尔法围棋"（Alpha Go）之间的两场比赛。第一场为2016年3月9日至15日在韩国首尔进行的五番棋比赛，阿尔法围棋以总比分4∶1战胜李世石；第二场为2017年5月23日至27日在中国嘉兴乌镇进行的三番棋比赛，阿尔法围棋以总比分3∶0战胜世界排名第一的柯洁。在围棋人机大战中，阿尔法围棋最大的胜利是为人工智能打造了一场全球性的科普，也代表了高科技企业对人工智能技术充满"野心"的宣告。过去的人工智能只是存在于实验室的智慧探索，而未来的科学技术，人工智能将是基础，是推动商业与社会发展的强大动力。人工智能已经渗透到每个人的工作和生活中。智能化服务将会快速地接入餐饮、出行、旅游、电影、教育、医疗等生活服务领域，覆盖用户吃、住、行、玩，人工智能在未来可媲美人类的专职秘书。

3．物联网平台商品化

大型企业将持续致力于建设生态系统，并以最低成本提供各种组件（Building Blocks），借以促进创新和发展新物联网相关的解决方案与能力。物联网平台的战争早已开始，包括Amazon网络服务、微软Azure的物联网、IBM Watson云端运算、SAP的HANA，以及PTC的Thingworx等。拥有自己的物联网生态系统的AT&T、Verizon和Cisco等公司，将继续向更大型的平台供货商提供组件，并开始将自己的生态系统转移至更大的物联网生态系统。

4．无人机运输成真

Amazon于2016年12月7日第一次通过无人机成功运输包裹。Frost&Sullivan预估无人机商业测试的法规将于2017年通过，2017年年底将可提供无人机运输服务（图1-7）。此外，高通公司和AT&T也在测试无人机商业运输、无人机监控森林大火、移动通信基地台（Cell Tower）和电缆，同时继续游说立法者批准搭载传感器的无人机用于商业用途。

图1-7　无人机运输服务

5．物联网蕴涵国家网络安全危机

不安全的装置和恶意软件恐成为物联网的安全隐患。例如，2016年10月黑客通过DDoS攻击，成功入侵无人监控的摄影机。目前有数十亿个网络设备正在运行，类似的黑客攻击会入侵电网基础设施、联网汽车、交通监视器、核电厂等，将成为国家网络安全危机。

6．智能汽车和智能家居的融合已经实现

物联网让移动装置和智能家居得以融合，能帮助消费者实现集中管理数字生活的梦想。其中包含：共享汽车、整合火车与飞机的行程、汽车租赁、响应需求的运输（Taxi、BRT）、都市内的大众交通、汽车能源管理、APP、旅程规划、大数据、动态停车、私人管家等。部分智能产品如图1-8所示。

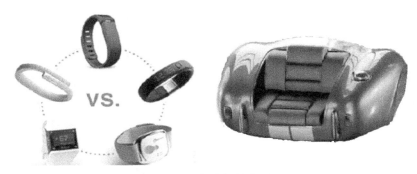

图1-8　部分智能产品

7．争取竞争优势的AI个人助理

Amazon、Google、Apple、Microsoft都在努力抢占AI个人助理的市场占有率，目的是争下家庭、消费者物联网和人工智能的市场大饼。在2017年AI个人助理的发展中，首先将现有服务和具备智能家居解决方案的AI个人助理进行整合；其次是与车联网进行整合；再次是与自动驾驶进行整合；最后是小型公司大量引进AI个人助理，这将会增加市场领导者的竞争压力。

8．云计算向雾计算发展

雾计算在2011年被提出，2012年被作了详细定义。雾计算是介于云计算和个人计算之间的，是半虚拟化的服务计算架构模型。雾计算是以个人云、私有云、企业云等小型云为主，以量制胜，强调数量，不管单个计算节点能力多么弱都要发挥作用。云计算是以IT运营商服务、社会公有云为主的，强调整体计算能力，一般由一堆集中的高性能计算设备完成计算。

雾计算扩大了云计算的网络计算模式，将网络计算从网络中心扩展到了网络边缘，从而更加广泛地应用于各种服务。雾计算机具有低延时、位置感知、地理分布广泛、适应移动性、支持更多的边缘节点等特点。这些特征使得移动业务部署更加方便，可满足更广泛的节点接入。物联网发展的最终结果就是将所有的电子设备、移动终端、家用电器等一切都互联起来，这些设备不仅数量巨大，而且分布广泛，只有雾计算才能满足。现实的需求对雾计算提出了要求，也为雾计算提供了发展机会，比如车联网。车联网的应用和部署要求有丰富的连接方式和相互作用。车到车，车到接入点（无线网络、4G、LTE、智能交通灯、导航卫星网络等），接入点到接入点。雾计算能够为车联网的服务菜单中的信息娱乐、

安全、交通保障等服务。

1.3.3　物联网面临的挑战

物联网被称为是世界信息产业革命的第三次浪潮，它将深刻地影响和改变人们的生产和生活。随着物联网技术的发展壮大，人们也在担心：越来越多的设备联网将对自己的隐私、安全等造成威胁。物联网通过感知层获取信息，通过网络来传输和整合，在后端汇总并整理出数据，供人们研究和使用。如果没有一个庞大、完善的安全保障体系，伴随物联网而来的，将是诸多负面影响，比如：窃听、欺诈、克隆、硬破解、DDoS 攻击等。

1. 缺乏安全

组成物联网的智能传感终端、RFID 电子标签相对于传统 TCP/IP 网络而言是"裸露"在攻击者的眼皮底下的，再加上传输平台是在一定范围内"暴露"在空中的，"窜扰"在传感网络领域显得非常频繁、并且容易。同时物联网节点无人值守，并且有可能是动态的，所以如何对物联网设备进行远程签约信息和业务信息配置就成了难题。另外，现有通信网络的安全架构都是从人与人之间的通信需求出发的，不一定适合以机器与机器之间的通信为需求的物联网络。使用现有的网络安全机制会割裂物联网机器间的逻辑关系。在物联网络的传输层和应用层将面临现有 TCP/IP 网络的所有安全问题，同时还因为物联网在感知层所采集的数据格式多样，来自各种各样感知节点的数据是海量的，并且是多源异构数据，带来的网络安全问题将更加复杂。恶意程序在无线网络环境和传感网络环境中有无穷多的入口。一旦入侵成功，之后通过网络传播就变得非常容易。它的传播性、隐蔽性、破坏性等相比 TCP/IP 网络而言更加难以防范，如类似于蠕虫这样的恶意代码，本身又不需要寄生文件，在物联网的环境中检测和清除这样的恶意代码将很困难。

2. 缺乏隐私

隐私是当前高科技世界的一个热点话题。我们即将迎来普适计算时代，在这个全新的世界中，可以想象这样的场景，数十亿相互连通的设备、系统和服务，不断处理着个人数据，而隐私将何去何从？对于大多数人来说，互联网是复杂的、捉摸不透的。有些人可能已经模糊地意识到，我们的个人数据被剥开保护外衣，自己的搜索历史被追踪，在网络上的浏览记录被翻查。在物联网的 RFID 技术中，标签有可能预先被嵌入任何物品中，比如人们的日常生活物品中，但由于该物品（比如衣物）的拥有者，不一定能够觉察该物品预先已嵌入有电子标签以及自身可能不受控制地被扫描、定位和追踪，这势必会使个人的隐私问题受到侵犯。因此，如何确保标签物的拥有者个人隐私不受侵犯，便成为射频识别技术以至物联网推广的关键问题。

3. 低功耗

物联网从一个小众市场发展成为一个将我们生活各个方面都连接在一起的庞大网络，面对如此广泛的应用，功耗是至关重要的。在物联网领域中许多联网器件都配备有采集数据节点的微控制器、传感器、无线设备和制动器。在工业装置中，这些节点往往被放置在很难接近或者无法接近的区域。在通常情况下，这些节点将由电池供电运行，电池的安装、养护和维修不仅难度很高，在某些车间或厂房内这些操作甚至是非常危险的。延长电池的使用寿命，降低物联网系统的整体功耗，减少对电池的更换速度是物联网技术面临的能源使用问题之一。

4．能源需求

Gartner 预测，到 2020 年，智能设备的数量将达到 250 亿个，每年增长 100%。伴随这种增长的将是能源需求的增加，增幅与互联网带来的需求相当。2012 年，支撑互联网的数据中心每年耗电量达到 300 亿瓦，这足以为一座中型城镇供电，而物联网的耗电量可能更大。虽然有了经过改进的电池，以及太阳能和风能这些绿色能源，但满足需求还是很困难，加上能源浪费和污染物等问题，物联网的能源需求在今后十年将成为一个重大的社会问题。

5．废物处置

据不完全统计，美国每年要产生 5 000 万吨的电子废物（电脑、电话和外设）。随着中国和印度等国家相继实现工业化，加上物联网接入网络，这个问题将会日益严峻。与此同时，只有不到 20% 的电子废物被回收。其余的电子废物大部分被运往发展中国家，并在不安全的工作环境下被利用。智能设备并没有产生电子废物，但如果它们采用与如今计算机一样的方式来制造，寿命只有短短几年，那么就会让这个问题严重 2～3 倍。

6．存储问题

存储智能设备生成的信息会加大物联网带来的能源需求。相比智能设备的庞大需求，智能设备生成的数据大多数只是暂时用来发送信息到设备，并不需要存储起来。其他数据通常最多只要存储 1～2 个星期。由于这些信息随时可用，将其中一部分信息存储更长一段时间的需求会随之加大。因而就需要制定政策，规定存储哪种类型的信息、存储多久。

7．云端连通性的管理

一旦数据通过一个网关，它在大多数情况下会直接进入云端。在这里，数据被分析、检查，然后付诸实施。物联网的价值源自云端服务上运行的数据。正如连通性一样，云端服务的选择也有很多，这也是物联网发展中另一个复杂点。"目前，云端供应商的种类繁多，数量也不尽相同，并且没有针对云端设备连接和管理方式的标准。"专注物联网市场发展领域的 Gil 表示。为了满足那些使用多个云端服务的用户的需求，必须开发物联网云端生态系统，提供集成的 TI 技术解决方案。可喜的是，由于云端技术已经实现了良好的成本效益，物联网目前正以极快的步伐飞速发展。不过，为了实现物联网的进一步增长，在复杂度简化方面还有很多工作要做。

8．需要开放标准

物联网包括许多使用自家规范的不同设备。在现阶段这并不要紧，但是过不了多久，进一步的发展势必需要智能设备能够彼此通信。虽然物联网的大部分可能是用开源软件构建的，但是通用标准和协议落后于智能技术的发展。现有的为数不多的项目往往针对某项技术，比如 Eclipse 物联网，而且往往专注于将现有的标准或协议应用于智能设备，而不是针对物联网的新需求来开发。要是没有更大程度的合作，物联网的发展速度就会受到制约。

9．简化连通性选择

在物联网系统中，如果传感器数据被低功耗节点采集后大多数情况下会被传送至网关，即物联网系统中互联网与云或其他节点之间的中间点。连接方式可以选择多种有线或无线的方式来连接设备，如 WiFi、Bluetooth、Internet 等。不同连接方式的连通性标准和技术都有不同的要求，给用户的使用带来不便。鉴于产品的多样性和不具备互联网连通性，将产品添加到技术标准不相同的网络中需要采用复杂的技术。简化用户对连通性的选择迫在眉睫。

1.4　物联网技术的应用

物联网应用涉及国民经济和社会生活的方方面面，因此物联网被称为继计算机和互联网之后的第三次信息技术革命。信息时代，物联网无处不在。

1.4.1　物联网相关产业体系

1. 物联网制造业

物联网制造业以感知端设备制造业为主，又可细分为传感器产业、RFID 产业及智能仪器仪表产业。感知端设备的高智能化与嵌入式系统息息相关，设备的高精密化离不开集成电路、嵌入式系统、微纳器件、新材料、微能源等基础产业的支持。部分计算机相关设备、网络通信设备也是物联网制造业的组成部分。物联网制造业产业体系如图 1-9 所示。

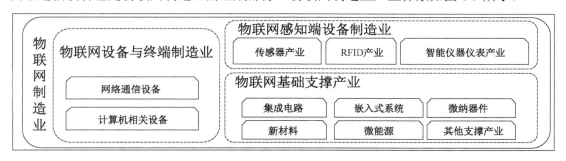

图 1-9　物联网制造业产业体系

2. 物联网服务业

物联网服务业主要包括物联网网络服务业、物联网应用基础设施服务业、物联网软件开发与应用集成服务业和物联网应用服务业四大类。其中，物联网网络服务业又可细分为 M2M 信息通信服务、行业专网信息通信服务及其他信息通信服务，物联网应用基础设施服务业主要包括云计算服务、存储服务等，物联网软件开发与应用集成服务业又可细分为基础软件服务、中间件服务、应用软件服务、智能信息处理服务及系统集成服务，物联网应用服务业又可分为行业服务、公共服务和支撑性服务。物联网服务业产业体系如图 1-10 所示。

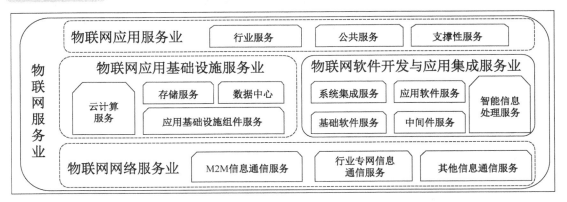

图 1-10　物联网服务业产业体系

1.4.2　物联网技术的应用领域

1．城市管理

1）智能交通

智能交通物联网技术可以自动检测并报告公路、桥梁的"健康状况"，还可以避免过载的车辆经过桥梁，也能够根据光线强度对路灯进行自动开关控制。

在交通控制方面，可以通过检测设备，在道路拥堵时或特殊情况下，由系统自动调配红绿灯，并可以向车主预告拥堵路段、推荐行驶最佳路线等。

在公共交通方面，物联网技术构建的智能公交系统通过综合运用网络通信、GIS 地理信息、GPS 定位及电子控制等手段，集智能运营调度、电子站牌发布、IC 卡收费、ERP（快速公交系统）管理等于一体。通过该系统可以详细掌握每辆公交车每天的运行状况。在公交候车站台上通过定位系统可以准确显示下一趟公交车须等候的时间，也可以通过公交查询系统，查询最佳的公交换乘方案。

停车难的问题在现代城市中已经引发社会各界的强烈关注。通过应用物联网技术可以帮助人们更便捷地找到车位。智能化停车场通过采用超声波传感器、摄像感应、地感性传感器、太阳能供电等技术，能第一时间感应到车辆停入，并立即反馈到公共停车智能管理系统（图 1-11），显示当前的停车位数量。同时将周边地段的停车场信息整合在一起，作为市民的停车向导，这样能够大大缩短市民找车位的时间。

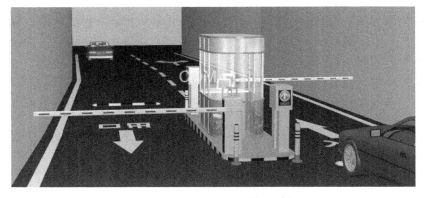

图 1-11　公共停车智能管理系统

2）智能建筑

通过感应技术，建筑物内的照明灯能自动调节亮度，实现节能环保，建筑物的运作状况也能通过物联网及时发送给管理者。同时，建筑物与 GPS 系统相连，能在电子地图上准确、及时地反映出建筑物的空间地理位置、安全状况、人流量等信息。

3）文物保护和数字博物馆

数字博物馆采用物联网技术，通过对文物保存环境的温度、湿度、光照、降尘和有害气体等进行长期监测和控制，建立藏品环境参数数据库，研究文物藏品与环境影响因素之间的关系，创造最佳的文物保存环境，实现对文物蜕变损坏的有效控制。

4）古迹、古树实时监测

通过物联网采集古迹、古树的年龄、气候、损毁等状态信息，及时做出数据分析和保护措施。在古迹保护方面，实时监测能将有代表性的景点图像传递到互联网上，让景区对全世界做现场直播，达到扩大知名度和广泛吸引游客的目的。另外，还可以建立景区内部的电子导游系统。

5）数字图书馆和数字档案馆

在使用 RFID 设备的图书馆和档案馆中，从文献的采访、分编、加工到流通、典藏和读者证卡，RFID 标签和阅读器已经完全取代了原有的条码、磁条等传统设备。将 RFID 技术与图书馆数字化系统相结合，实现架位标识、文献定位导航、智能分拣等。在应用物联网技术的自助图书馆中，借书和还书都是自助的。借书时只要把身份证或借书卡插进读卡器里，再把要借的书在扫描器上扫描一下即可。还书过程更简单，只要把书投进还书口，传送设备就自动把书送到书库。同样通过扫描装置，工作人员能迅速了解书的类别和位置以进行分拣。

2．数字家庭

有了物联网，人们就可以在办公室"指挥"家庭电器。例如，在下班回家的途中，家里的饭菜已经煮熟，洗澡的热水已经烧好，个性化电视节目将会准点播放，家庭设施能够自动报修，冰箱里的食物能够自动补货。

3．可穿戴设备

可穿戴设备是直接穿在身上或整合到用户的衣服或配件中的一种便携式设备（图 1-12）。可穿戴设备能通过软件支持及数据交互、云端交互来实现强大的功能。可穿戴设备大多以具备部分计算功能、可连接手机及各类终端的便携式配件形式存在。主流产品形态包括用于手腕部的 Watch 类（包括手表和腕带等产品）、用于脚部的 Shoes 类（包括鞋、袜子及其他腿上佩戴产品）、用于头部的 Glass 类（包括眼镜、头盔、头带等）。此外还有智能服装、书包、拐杖、配饰等各类非主流产品形态。典型产品有 Apple Watch、三星 Galaxy Gear、PS-500 智能手表、PS-100 智能手环、耐克智能运动鞋、谷歌眼镜等。

4．定位导航

物联网与卫星定位技术、GSM/GPRS/CDMA 移动通信技术、GIS 地理信息系统相结合，能够在互联网和移动通信网络覆盖范围内使用 GPS 技术，使用和维护成本大大降低，并能实现端到端的多向互动。在我们日常生活中，各种定位技术已经得到了广泛的应用，GPS 系统是目前最成功的得到大规模商业应用的系统，而且取得了非常好的社会效益。比如大地测量、轮船的导航、汽车的导航以及飞机导航方面都用到了 GPS 定位系统。在很多的智能手机上面也都已经安装了 GPS 定位系统。

图 1-12　可穿戴设备

5．现代物流管理

通过在物流商品中植入传感芯片（节点），供应链上的购买、生产制造、包装、装卸、堆栈、运输、配送、分销、出售、服务等每一个环节都能准确无误地被感知和掌握。这些感知信息与后台的 GIS/GPS 数据库无缝结合，构成强大的物流信息网络。现代物流管理流程如图 1-13 所示。

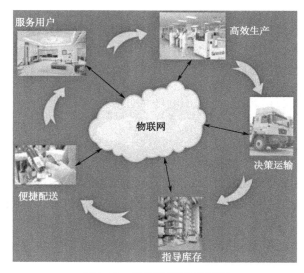

图 1-13　现代物流管理流程

6．食品安全控制

食品安全是国计民生的重中之重。通过标签识别和物联网技术，可以随时随地对食品生产过程进行实时监控，对食品质量进行联动跟踪，对食品安全事故进行有效预防，极大地提高食品安全的管理水平。比如基于物联网技术的食品追溯系统，包括电子信息标签、电子标签阅读器、信息采集装置、信息处理装置、通信装置、数据库、用户查询终端等。

其中电子信息标签上设置有编码，编码信息包含食品的产地、产品种类、生成日期、保质日期、出入库信息、运输信息、批发环节信息、零售环节信息中的一个或多个。系统可实现在食品产业链各个环节的实时来源查询，各环节工作流程数据通信，商户提供购买用户导向、监管部分实时监督等。

7. 零售业

2017 年 7 月 10 日，马云的首家无人超市正式开业（图 1-14）。该超市 24 小时营业，没有收银员，无须扫码支付。系统会自动在大门处识别顾客选购的商品，并自动从顾客的支付宝扣款，这一切离不开 RFID 技术。RFID 技术取代零售业的传统条码系统，使物品识别的穿透性（主要指穿透金属和液体）、距离以及商品的防盗和跟踪有了极大改进。

图 1-14　　无人超市和在线购物

8. 数字医疗

以 RFID 为代表的自动识别技术可以帮助医院实现对病人不间断地监控、会诊，实现全世界、全国各医院、各科室共享医疗记录，对医疗器械的追踪管理等功能。RFID 技术与医院信息系统（HIS）及药品物流系统的融合，是医疗信息化的必然趋势。常用的远程动态血压监护系统可以随时随地监护病人的血压状况。系统由动态血压监测仪、E+医终端、医生工作站、控制中心四部分组成，依托无线远程健康监护平台的信息采集与传输，对患者在某一时间的血压进行自动采集与发送保存。如果患者血压值超过预先设定值时，系统将自动向相关人员发送短信等报警提示，这对高血压并发症有着重要的临床意义。远程无线健康体检管理系统可建立个人电子健康档案，对影响个人身心健康的危险因素进行管理和干预，并定期进行干预效果评价与管理，从而有效排除影响个人身心健康的危险因素。

习　题

一、选择题

1. "智慧地球"是（　　　）提出的。
　　A．无锡研究院　　　B．温总理　　　　　　C．IBM　　　　　　　　D．奥巴马
2. 2009 年 8 月 7 日，温家宝总理在江苏无锡调研时提出（　　　）概念。

A．感受中国　　B．感应中国　　C．感知中国　　D．感想中国

3．云计算的概念是由（　　）提出的。

A．Google　　B．微软　　C．IBM　　D．腾讯

4．作为"感知中国"的中心，无锡市于 2009 年 9 月与（　　）就传感网技术研究和产业发展签署了合作协议，标志着中国物联网进入实际建设阶段。

A．北京邮电大学　B．南京邮电大学　C．北京大学　　D．清华大学

5．RFID 属于物联网的（　　）。

A．感知层　　B．网络层　　C．业务层　　D．应用层

6．物联网的概念是由（　　）最先提出的。

A．MIT Auto-ID 中心的 Ashton 教授　　B．IBM

C．比尔·盖茨　　　　　　　　　　　D．董浩

7．2009 年 8 月，（　　）在视察中科院无锡物联网产业研究所时，对于物联网应用也提出了一些看法和要求。

A．胡锦涛　　B．温家宝　　C．习近平　　D．吴邦国

8．智能物流系统建立在（　　）基础之上。

A．智能交通系统　　　　　　　B．智能办公系统

C．自动化控制系统　　　　　　D．电子商务系统

9．物联网通过各种信息传感设备，把物品与互联网连接起来，进行信息交换和通信，（　　）是物联网的信息传感设备。

A．RFID 芯片　　　　　　　　B．红外感应器

C．全球定位系统　　　　　　　D．激光扫描器

10．物联网是把（　　）融为一体，实现全面感知、可靠传送、智能处理的网络。

A．传感器及 RFID 等感知技术　　B．通信网技术

C．互联网技术　　　　　　　　　D．智能运算技术

二、简答题

1．物联网硬件平台由哪些部分组成？

2．什么技术是实现物联网的基础？

3．无线通信网络与物联网密切相关，无线通信是利用什么信号在自由空间中的传播特性进行信息交换的？

4．物联网的系统结构由哪几部分组成？

5．物联网中最重要的核心技术是什么？

6．不停车收费系统（ETC 系统）是利用什么技术完成车辆与收费站之间的无线数据通信的？

第2章
物联网感知层技术

2.1 条码技术

条码技术是 20 世纪中叶发展起来并广泛应用的，集光、机、电和计算机技术为一体的高新技术，是对数据进行自动采集并将其输入计算机的重要方法和手段。它解决了计算机应用中数据采集的瓶颈，实现了信息的快速、准确获取与传输，是信息管理系统和管理自动化的基础。条码技术有机地联系了各行各业的信息系统，为实现物流和信息流的同步提供了技术手段，有效地提高了供应链管理的效率，是电子商务、物流管理现代化等的必要前提。

随着计算机应用的不断普及，条码技术被广泛应用于商业流通、仓储、医疗卫生、图书情报、邮政、铁路、交通运输、生产自动化管理等领域。条码技术的应用极大地提高了数据采集和信息处理的速度，改善了人们的工作和生活环境，提高了工作效率，并为管理的科学化和现代化作出了重要贡献。

2.1.1 条码的发展历史

条码最早出现在 20 世纪 40 年代，但是得到实际应用和发展还是在 20 世纪 70 年代左右，现在世界上的各个国家和地区都已经普遍使用条码技术。

早在 20 世纪 40 年代，美国的乔·伍德兰德（Joe Woodland）和伯尼·西尔沃（Berny Silver）两位工程师就开始研究用代码表示食品项目及相应的自动识别设备，他们于 1949 年获得了美国专利。20 年后乔·伍德兰德作为 IBM 公司的工程师，成为北美统一代码 UPC 码的奠基人。以吉拉德·费伊塞尔（Girard Fessel）为代表的几名发明家，于 1959 年提请了一项专利，指出 0～9 中的每个数字可由 7 段平行条表示，这一构想促进了条码的产生与发展。不久之后，E·F·布宁克申请了另一项专利，该专利是将条码标记在有轨电车上。20 世纪 60 年代后期，西尔沃尼亚（Sylvania）发明的一个系统被北美铁路系统所采纳。这两项应用是条码技术最早期的应用。

1970 年，美国超级市场 Ad Hoc 委员会制定出通用商品代码 UPC 码，许多团体也提出了各种条码符号方案。UPC 码首先在杂货零售业中试用，这为以后条码的统一和广泛采用奠定了基础。次年，布莱西公司研制出布莱西码及相应的自动识别系统，用于库存验算，这是条码技术第一次在仓库管理系统中得到实际应用。1972 年，蒙那奇·马金（Monarch

Marking）等人研制出库德巴码，至此美国的条码技术进入新的发展阶段。1973 年，美国统一编码协会（UCC）建立了 UPC 条码系统，实现了码制标准化。同年，食品杂货业把 UPC 码作为该行业的通用标准码制，对条码技术在商业流通和销售领域的广泛应用起到了积极的推动作用。1974 年，Intermec 公司的戴维·阿利尔（Davide Allair）博士研制出了 39 码，并很快被美国国防部所采纳，作为军用条码码制。39 码是第一个字母、数字式条码，后来被广泛应用于工业领域。1976 年，UPC 码在美国和加拿大超级市场中的成功应用给了人们很大的鼓舞，尤其是欧洲人对此产生了极大兴趣。次年，欧洲共同体在 UPC-A 码的基础上制定出欧洲物品编码 EAN-13 码和 EAN-8 码，签署了"欧洲物品编码"协议备忘录，并正式成立了欧洲物品编码协会（EAN）。1981 年，EAN 已经发展成为一个国际性组织，并改名为国际物品编码协会（IAN）。

从 20 世纪 80 年代初开始，人们围绕提高条码符号的信息密度，开展了多项研究。128 码和 93 码就是其中的研究成果。128 码于 1981 年被推荐使用，而 93 码于 1982 年使用。这两种码的优点是条码符号密度比 39 码高出近 30%。随着条码技术的发展，条码码制种类不断增加，因而标准化问题十分突出，为此先后制定了军用标准 1189、交叉 25 码、39 码和库德巴码 ANSI 标准 MH10.8M 等。同时一些行业也开始建立行业标准，以适应发展需要。此后，戴维·阿利尔又研制出 49 码，这是一种非传统的条码符号，它比以往的条码符号具有更高的密度。接着特德·威廉姆斯（Ted Williams）推出了 16K 码，这是一种适用于激光系统的码制。到目前为止，共有 40 多种条码码制，相应的自动识别设备和印刷技术也得到了长足的发展。从 20 世纪 80 年代中期开始，我国一些高等院校、科研部门及出口企业，把条码技术的研究和推广应用逐步提上了议事日程，一些行业如图书、邮电、物资管理等已开始使用条码技术。

在经济全球化、信息网络化、生活国际化、文化国土化的资讯社会到来之时，起源于 20 世纪 40 年代、研究于 20 世纪 60 年代、应用于 20 世纪 70 年代、普及于 20 世纪 80 年代的条码与条码技术及各种应用系统，引发了世界流通领域里的大变革。20 世纪 90 年代，国际流通领域将条码誉为商品进入国际计算机市场的"身份证"，使全世界对它刮目相看。印刷在商品外包装上的条码，像一条条经济信息纽带，将世界各地的生产制造商、出口商、批发商、零售商和顾客有机地联系在一起。这一条条纽带，一经与 EDI 系统相连，便形成多项、多元的信息网，各种商品的相关信息犹如投入了一个无形的永不停息的自动导向传送机构，流向世界各地，活跃在世界商品流通领域。条码技术在自动识别技术中占有重要地位，自动识别技术的形成过程是与条码的发明、使用和发展分不开的。

2.1.2 条码的构成与工作原理

条码是由一组规则排列的条、空与相对应的字符组成的标记，用以表示一定的信息。这种用条、空组成的数据编码可以供机器识读，而且很容易译成二进制数和十进制数。这些条和空有各种不同的组合方法，从而构成不同的图形符号，即各种符号体系，也称码制，适用于不同的场合。

第一代条码是一维码（图 2-1）。日常生活中人们经常用到一维码，超市里的商品、图书馆里的图书等都贴有这种条码，用扫描器扫描一维码，就可以了解物品的品名、种类、价格等信息。

图 2-1 一维码

一维码最大的问题就是只能在一个方向表达信息，承载的信息量太少，必须用条码扫描器扫描，对条码附载的介质也有较高要求，应用范围受到了一定的限制。美国 Symbol 公司于 1991 年正式推出了 PDF417 二维码（图 2-2），常用于航班登机牌上。

二维码以矩阵形式来表达，可以在纵横两个方向存储信息，可存储的信息量是一维码的几十倍，并能整合图像、声音、文字等多媒体信息。

图 2-2 PDF417 二维码

条码系统由条码符号本身、条码识读装置、接口及计算机组成，完成信息的输入和输出。条码符号为长方形线条图形，光学扫描器的信息读出系统主要就是对这些条码符号进行识读。而数字符号是在线条外的数字和字母，包括数字 0～9 和字母 A～Z，可直接为肉眼所识别，一般为 8～16 位，码制不同，位数也不一样。

条码线条的排列、宽度及线数由各使用厂商自行规定，一般在其两端均有始读、终读的记号。常见的条码是由反射率相差很大的黑条（简称条）和白条（简称空）组成的，通常印在商品上或包装上，可以代替各种文字信息，并能通过识读装置随时读取数据。

条码系统能否正常使用，主要取决于系统的识读能力和条码的印刷质量。条码中有黑白粗细相间的线条符号，粗的黑线条在计算机中表示 1，细的黑线条表示 0，通过逻辑转换，可将线条符号表示成阿拉伯数字和数组。因此，必须有识读装置配合使用。

识读装置主要包括扫描器和译码器。扫描器由光发射器、光电检测器和光学镜片组成，能以极快的速度阅读条码。扫描时，从光发射器发出的光束照在条码上，光电检测器根据从条码上反射回来的光强度做出反应。当扫描到白纸面上或处于两条黑线之间的空白处时，反射光强，检测器输出一个大电流。当扫描到黑线时，反射光弱，检测器输出小电流，这些电流信号经放大后被输送到译码器中。译码器将信号翻译成数据，并将数据送往计算机进行处理。

2.1.3 一维码的结构

一维码由左侧空白区、起始符、左侧数据符、中间分隔符、右侧数据符、校验符、终止符、右侧空白区及供人识别字符组成，如图 2-3 所示。一维码中的数据符和校验符是代表编码信息的字符，扫描识读后须传输处理；左右两侧的空白区、起始符、终止符等都是不代表编码信息的辅助符号，仅供条码扫描识读时使用，不参与信息代码传输。

（1）左侧空白区：位于条码符号最左侧的与空的反射率相同的区域，其最小宽度为 11 个模块宽。

（2）起始符：位于条码符号左侧空白区的右侧，表示信息开始的特殊符号，由 3 个模块组成。

（3）左侧数据符：位于起始符右侧，表示 6 位数字信息的一组条码字符，由 42 个模块组成。

（4）中间分隔符：位于左侧数据符的右侧，是平分条码字符的特殊符号，由 5 个模块组成。

（5）右侧数据符：位于中间分隔符的右侧，表示 5 位数字信息的一组条码字符，由 35 个模块组成。

图 2-3　一维码的结构

（6）校验符：位于右侧数据符的右侧，表示校验码的条码字符，由 7 个模块组成。

（7）终止符：位于校验符的右侧，表示信息结束的特殊符号，由 3 个模块组成。

（8）右侧空白区：位于条码符号最右侧的与空的反射率相同的区域，其最小宽度为 7 个模块宽。为保证右侧空白区的宽度，可在条码符号右下角加"＞"符号，如图 2-4 所示。

图 2-4　右侧空白区

2．分隔符

在每个位置探测图形和编码区域之间有宽度为 1 个模块宽的分隔符，它全部由白色模块组成，如图 2-5 所示。

3．定位图形

定位图形为 1 个模块宽的一行和一列，水平定位图形位于上部的两个位置探测图形之间，在符号的第 6 行。垂直定位图形位于左侧的两个位置探测图形之间，在符号的第 6 列。它们由黑色和白色模块交替组成，开始模块和结尾模块都是黑色的。它们的作用是确定符号的密度和版本，提供决定模块坐标的基准位置，如图 2-5 所示。

4．校正图形

每个校正图形由 3 个黑白交替的、重叠且同心的正方形组成。形状似小型位置探测图形，由内到外依次为 1×1 个黑色模块、3×3 个白色模块和 5×5 个黑色模块，如图 2-5 所示。校正图形的数量依 QR 码的版本而定，版本 2 以上的符号均有校正图形。

5．格式信息

格式信息位于符号的第 9 行和第 9 列，在符号中出现两次以提供冗余，因此它的正确译码对整个符号的译码至关重要，如图 2-7 所示。

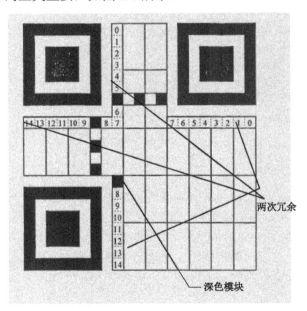

图 2-7　QR 码格式信息

格式信息为 15 位，其中有 5 个数据位，另外 10 个是用 BCH（15,5）编码计算得到的纠错位。在前 5 位数据位中，第 1、2 位代表符号的纠错等级，见表 2-1；第 3～5 位的内容为掩模图形参考。格式信息的最低位编码为 0，最高位编码为 14。

表 2-1 纠错等级指示符

纠错等级	二进制指示符
L	01
M	00
Q	11
H	10

6. 版本信息

版本信息位于符号右上角位置探测图形左侧的 6 行×3 行处，以及符号左下角位置探测图形上部的 3 行×6 行处。版本信息的正确译码对整个符号的译码也很重要，因此在符号中也出现两次以提供冗余，如图 2-8 所示。

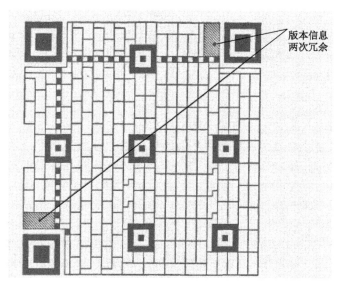

图 2-8 QR 码版本信息

版本信息共 18 位，前 6 位为数据位，后 12 位为通过 BCH（18,6）编码计算出的纠错码。6 位数据位包含版本信息，第 1 位是最高位。版本信息的最高位编号为 17，最低位编号为 0。

7. 编码区与空白区

编码区包括表示数据码字、纠错码字、版本信息和格式信息的符号字符。空白区为环绕在符号四周的 4 个模块宽的区域，其反射率应与白色模块相同，同时也将 QR 码符号和图像背景分割开来。

QR 码辨识就是对图片所包含信息的识读过程。二维码的解码过程可分为图像预处理、条码定位及纠错译码等几个主要步骤。国家质量技术监督局发布的 QR 码的参考译码方法如下：

（1）定位并获取符号图像。将深色与浅色模块识别为"0"与"1"的阵列。

（2）识读格式信息（如果需要，可去除掩模图形并完成对格式信息模块的纠错，识别纠错等级与掩模图形参考）。

（3）识读版本信息，确定符号的版本。

（4）用掩模图形参考（已经从格式信息中得出）对编码区的位图进行异或处理，消除掩模。

（5）根据模块排列规则，识读符号字符，恢复信息的数据与纠错码字。

（6）用与纠错级别信息相对应的纠错码字检测错误，如果发现错误，立即纠错。

（7）根据模式指示符和字符计数指示符将数据码字划分成多个部分。

（8）最后，按照使用的模式译码得出数据字符并输出结果。

2.1.5　二维码的应用

在无线互联网世界，二维码成为连接通道，用户随时随地轻松一扫就可以得到需要的信息。如今，二维码被广泛应用于各个行业，如物流、生产制造、交通运输、安防、票证、金融支付等。由于各行业特性不同，所以二维码被应用于不同行业的不同工作流程与模式之中。目前，二维码在应用得比较广泛的几个行业中的具体应用情况如下所述。

1．物流行业

二维码在物流行业中的应用主要包括4个环节。

（1）入库管理。入库时识读商品上的二维码标签，同时录入商品的存放信息，将商品的特性信息及存放信息一同存入数据库，存储时检查是否重复录入。

（2）出库管理。商品出库时，扫描商品上的二维码，对出库商品的信息进行确认，同时更改其库存状态。

（3）库存管理。在库存管理中，一方面，二维码可用于存货盘点；另一方面，二维码可用于出库备货。

（4）货物配送。配送前将配送商品资料和客户订单资料下载到移动终端中，到达客户处后，打开移动终端，调出客户相应的订单，然后根据订单情况挑选货物并验证其条码标签，确认配送完一个客户的货物后，移动终端会自动校验配送情况，并做出相应的提示。

2．生产制造业

二维码在生产制造业中的应用主要是管理产品的生产与流通。以二维码在食品生产与流通过程中的应用为例，主要分三个环节。

（1）原材料信息录入与核实。原材料供应商在向食品厂家提供原材料时，将原材料的原始生产数据（制造日期、食用期限、原产地、生产者、有无遗传基因组合、使用的药剂等信息）录入到二维码中并打印带有二维码的标签，粘贴在包装箱上后交给食品厂家。

（2）生产配方信息录入与核实。在根据配方进行分包的原材料上粘贴带有二维码的标签，其中含有原材料名称、重量、投入顺序、原材料号码等信息。

（3）成品信息录入与查询。在原材料投入后的各个检验工序，使用数据采集器录入检验数据；将数据采集器中记录的数据上传到电脑中，生成生产原始数据；使用该数据库，在互联网上向消费者公布产品的原材料信息。

3．安防类应用

二维码具有可读而不可改写的特性，因此被广泛应用于证卡的管理。将持证人的姓名、单位、证件号码、血型、照片、指纹等重要信息进行编码，并且通过多种加密方式对数据进行加密，可有效地解决证件的自动录入及防伪问题。此外，证件的机器识读能力和防伪能力是新一代证件的标志。

4．交通管理

二维码在交通管理中的应用主要包括：行车证和驾驶证管理、车辆的年审文件、车辆的随车信息、车辆违章处罚、车辆监控网络等方面。

（1）行车证和驾驶证管理。采用印制有二维码的行车证，将有关车辆的基本信息（包括车架号、发动机号、车型、颜色等）转化保存在二维码中，信息的数字化和网络化便于管理部门实时监控与管理。

（2）车辆的年审文件。在检测年审文件的过程中采用二维码自动记录的方式，保证通过每个检验程序的信息输入自动化。

（3）车辆的随车信息。将车辆的有关信息（包括通过年检时的技术性能参数、年检时间、年检机构、年检审核人员等）保存在随车标志的二维码中，以便随时查验核实。

（4）车辆违章处罚。交警可通过二维码掌上识读设备对违章驾驶员证件上的二维码进行识读，系统自动将二维码中的相关资料和违章情况记录于掌上设备的数据库中，然后通过连网完成违章信息与中心数据库信息的交换，实现全网监控与管理。

（5）车辆监控网络。以二维码为基本信息载体，建立局部或全国性的车辆监控网络。

5．商品比价

现在网上购物已成为大多数人喜爱的购物模式，但是网上商品种类繁多，如何才能买到性价比高的商品呢？只要拥有一部安装了二维码识别软件的手机就能做到。购物时只要用手机摄像头扫描商品的二维码，商品的名称、数量、价格等信息就会显示在手机上，同时还可以查看该商品在淘宝、京东商城等网上购物商城的价格，真正做到货比三家。

6．移动支付

二维码支付是电子商务新的营销模式和支付方式。国内第三方支付平台——支付宝率先推出了二维码支付。支付宝的二维码支付方案是一种基于账户体系的无线支付。首先商家可把账户、价格等交易信息编码成支付宝二维码，并印刷在报纸、杂志、广告、图书等载体上；然后用户使用手机扫描支付宝二维码，支付宝终端会识别这个二维码中包含的商品名称、价格等信息，客户只要确认就可以支付购买。近年来，腾讯公司推出的微信二维码支付系统备受广大用户推崇，发展十分迅速，几乎遍及大小商场、超市、酒店、农贸市场等应用环境。

7．食品溯源

食品安全是眼下最受老百姓关注的话题之一，如何才能得知所食用的商品是否绿色健康呢？手机二维码可以解决这个问题。例如，给猪、牛、羊佩戴二维码耳标，其饲养、运输、屠宰、加工、储藏、运输等各个环节的信息都将实现有源可溯。二维码耳标与传统物理耳标相比，增加了全面的信息存储功能。在猪、牛、羊的养殖免疫、产地检疫和屠宰检疫等环节中，都可以通过二维码识读器将各种信息输入耳标中。二维码的应用将彻底清除消费者获取溯源信息的障碍，有效保障消费者的利益。

8．个人名片

二维码名片就是把传统纸质名片和二维码相结合。传统纸质名片不管是携带还是信息存储都非常不方便。在名片上加印二维码，就可以直接利用手机扫描名片上的二维码，将名片上的姓名、电话号码、电邮地址等信息存入手机通讯录中，并且还可以直接拨打电话、发送电子邮件和短信等，免去了手工输入的烦恼。相信二维码名片在不久的将来会完全取代传统纸质名片。

9．电子凭证

二维码电子优惠券、二维码门票、二维码会议签到等是二维码电子凭证的不同形式。用手机作为二维码识别终端，除了携带方便以外，还可以减少传统纸质凭证的浪费和对环境的污染。采用二维码电子凭证对商家来说可以降低产品销售成本，节省企业资源，促进企业信息化。

10．防伪应用

二维码可以引入加密功能，因此具有极强的保密防伪性能。它可以采用密码防伪、软件加密等技术进行防伪，还可以利用指纹、照片等信息进行防伪。目前二维码演唱会门票、新版火车票及国航机票上的二维码都引入了加密功能。将一些不便公开的信息进行二维码加密，加密后的票据只有对应机构的专用解码软件才可解析出信息，这样就能做到有效防伪。特别是近年来身份证盗用事件频繁发生，如果能将身份证里的某些信息进行加密，就可以防止身份证的盗用和伪造。

11．品牌营销

如今纸质媒体上的分类广告资费高，有限空间内的信息承载量很小，如果在旁边印上二维码，读者利用手机内的读码软件直接扫码，就可以对自己感兴趣的内容做更详细的了解。手机二维码无疑为新媒体的运营开辟了新的空间。

12．投票选举

二维码可以应用在任何形式的票选活动中。例如，为每一个参选单位或者参赛选手分配一个二维码，用户可以通过手机扫描二维码为其投票，随时随地了解比赛的最新进展情况。使用二维码，还能开通征求民意的畅通渠道。

2.2 无线射频识别技术

第二次世界大战期间，盟军为了解决因天气原因造成能见度差而导致的难以识别敌我飞行器的问题，成功研发出一套利用无线电波进行敌我飞行器识别（Identification Friend or Foe，IFF）的装置。这个 IFF 装置是世界上公认的第一个利用无线射频识别（Radio Frequency Identification，RFID）技术的案例。

20 世纪六七十年代，RFID 技术在美国开始被应用于商品防盗、汽车防盗、工业自动化等商业领域。大约在同一时期，欧洲一些国家也利用 RFID 技术进行了家畜识别和跟踪系统的构建。到了 20 世纪 80 年代，随着半导体芯片技术的革命性发展，RFID 技术的非接触通信手段和半导体处理器、半导体存储器及网络信息技术相结合的应用获得了迅速的发展。美国和挪威率先把电子标签应用于电子不停车收费（Electronic Toll Collection，ETC）系统，显示出 RFID 技术在大规模社会公共综合服务系统中的巨大应用潜力。进入 20 世纪 90 年代，很多研究机关和企业开始进入 RFID 技术行业，并开展了一系列的投资和基础研发。20 世纪 90 年代后期，RFID 电子标签已基本实现了小型化和低成本化，达到了市场基本接受的程度，至此技术标准化和技术支撑体系也得到了充分重视并逐渐建立起来，RFID 技术开始走进人们的日常生活之中。

进入 21 世纪，RFID 技术得到了进一步完善和发展，应用领域也得到了极大扩展。我国虽然在基础研究方面起步比欧美发达国家晚，但在 RFID 技术的应用和普及方面走在了很多国家的前面。我国相继利用 RFID 技术研究开发了第二代身份证、城市交通一卡通、电子门票等，近年来新的应用案例更是层出不穷。例如，现在人们到景区游览，只要在景区入口租借一台电子导游机，不论走到哪个景点，电子导游机都会自动提供规范、详尽的多语种讲解。在城市交通领域，为解决"最后一公里"这个多年遗留的最难解决的问题，许多城市利用 RFID 技术建立了覆盖全区域的免费公共自行车租赁系统，将自行车纳入公共交通系统中，随用随借、公共使用，极大地方便了广大市民的出行，获得了良好的社会效益和经济效益。

2.2.1 RFID 技术的理论基础

RFID 技术是一种通信技术，RFID 电子标签和 RFID 读写器通过电磁波进行信息传递，它们之间的信息传递和能量耦合的性能完全由天线周围的电磁场特性决定。电磁场是非常复杂的物理现象，要了解电磁场严谨的理论必须参考电磁学的专业书籍和文献资料。本书舍弃繁杂深奥的电磁学理论，以实践或实验中能够观测到的现象的原理解释为目的，对 RFID 技术进行必要的基本原理说明。

电磁波的传播特性与波源的距离有很大的关系。通常可根据观测点距天线的距离，将天线周围的电磁场区域划分为近场区和远场区。如图 2-9 所示，d 为观测点到天线的距离，λ 为电磁波的波长。

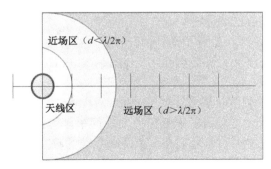

图 2-9　近场区和远场区

近场区的通信原理类似于变压器中的电场和磁场的逆转换，能量的耦合方式为电感耦合。RFID 读写器通过其天线（线圈）发射能量和信息重叠的电磁场信号，而 RFID 电子标签通过天线（线圈）获取电磁场信号来产生感应电流并读取信号。被动式电子标签自身没有电源，须获取读写器发射的电磁场来产生感应电流。RFID 低频段（124～135kHz）和高频段（13.56MHz）的信息传递是在近场区进行的。

远场区电磁场脱离天线的束缚进入自由空间，通过电场的辐射来传输能量和信息。电场的能量不会很快下降，标签的读取距离比较远，有的无源标签可读距离达 10m 左右，但其可读区域不好定义。在远场区 RFID 通信主要通过电容耦合的方式实现。RFID 超高频段（860～930MHz）和微波段（2.4GHz、5.8 GHz）的信息传递是在远场区进行的。

RFID 各个频段的信息传递和能量耦合方式如图 2-10 所示，如果在天线附近有金属物、水汽等，则会影响读写器和电子标签之间的通信。

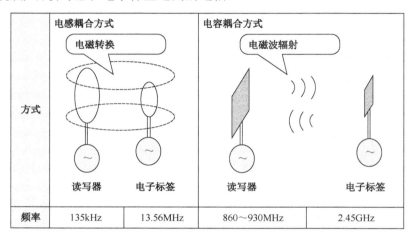

图 2-10　RFID 信息传递和能量耦合方式

进行无线通信需要把通信信号加载到一定频率的载波上进行发送。例如，人类的听觉可识别的频率为 20Hz～20kHz。按常理来讲，声音信号用 20Hz～20kHz 的频率传送就可以了，但要发送这样的无线信号几乎是不可能的，原因是发送 20Hz 的无线电波需要巨大无比的天线。信号调制是对信号源信息进行处理，将其加载到载波上，使其变为适合于信道传输形式的过程。在无线电技术中，原始信号叫基带信号，数字调制就是用数字基带信号控制高频载波的参数（振幅、频率和相位），使这些参数随基带信号变化。用来控制高频载波参数的基带信号称为调制信号。未调制的高频电磁振荡称为载波。被调制信号调制过的高频电磁振荡称为已调波或已调信号。

RFID 是数字无线通信，数字传输只须传输信息 0 和 1，其调制方法有振幅键控（Amplitude Shift Keying，ASK）、移频键控（Frequency Shift Keying，FSK）和移相键控（Phase Shift Keying，PSK）三种。

（1）振幅键控。用数字调制信号控制载波的通断。例如，在二进制中传输信息 0 时不发送载波，传输信息 1 时发送载波。振幅键控实现简单，但抗干扰能力差。

（2）移频键控。用数字调制信号的正、负控制载波的频率。当数字信号的振幅为正时，载波频率为 f_1；当数字信号的振幅为负时，载波频率为 f_2。移频键控能区分通路，但抗干扰能力不如移相键控。

（3）移相键控。用数字调制信号的正、负控制载波的相位。当数字信号的振幅为正时，载波起始相位取 0°；当数字信号的振幅为负时，载波起始相位取 180°。移相键控抗干扰能力强。

解调是调制的逆过程。调制方式不同，解调方法也不一样，其分类与调制的分类是一一对应的。

RFID 电子标签同样要把 ID 等信息传递给读写器，如果使用和读写器同样的频率信道进行传递，则须中断读写器的发送，这种接收和传送在同一频率信道，在不同时间段进行发收切换的通信方式叫时分双工（Time Division Duplexing，TDD）方式。无源电子标签本身没有电源，必须不断从读写器获得电磁波，因此不能中断读写器的发送，这就要求电子标签使用不同的频率信道，这种采用两个对称的频率信道分别发射和接收信号，发射和接收信道之间存在着一定的频段保护间隔的方式叫频分双工（Frequency Division Duplexing，FDD）方式。TDD 和 FDD 工作方式对比如图 2-11 所示。

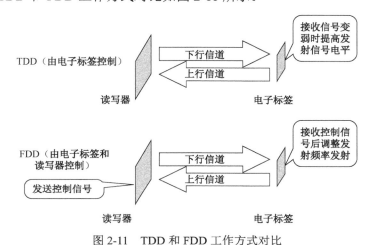

图 2-11　TDD 和 FDD 工作方式对比

2.2.2　RFID 技术的优点及面临的问题

RFID 技术已经融入人们的生活中，从中国国酒茅台的 RFID 防伪溯源系统，到日常的 RFID 不停车收费管理系统，应用范围非常广泛，应用案例不胜枚举。

1．RFID 技术的优点

RFID 技术具体有哪些优点呢？

（1）更高的安全性。不仅可以将 RFID 标签嵌入或附着在不同形状、类型的产品上，而且可以为 RFID 标签数据的读写设置密码保护，从而使其具有更高的安全性。

（2）RFID 标签数据可动态更改。利用编程器可以向 RFID 标签写入数据，从而赋予 RFID 标签交互式便携数据文件的功能，而且写入时间相比打印条码更少。

（3）动态实时通信。RFID 标签以每秒 50～100 次的频率与读写器进行通信，所以只要 RFID 标签所附着的物体出现在读写器的有效识别范围内，就可以对其位置进行动态追踪和监控。

（4）识别快。RFID 标签一旦进入电磁场，读写器就可以即时读取其中的信息，而且能够同时处理多个 RFID 标签，实现批量识别。

（5）数据容量大。数据容量最大的二维码，最多也只能存储 2725 个数字，若包含字母，存储量则会更小。而 RFID 标签的数据容量则可以根据用户的需要扩充到很大。

（6）使用寿命长，应用范围广。RFID 的无线通信方式使其可以应用于粉尘、油污等高污染环境和放射性环境，而且其封闭式包装使得其寿命大大超过印刷的条码。

（7）读取方便快捷。RFID 标签数据的读取不需要光源，甚至可以透过外包装来读取。有效识别距离更大，采用自带电池的主动标签时，有效识别距离可达 30～100m。

2．RFID 技术面临的问题

在物联网开始大规模普及和应用的同时，无论在技术上还是市场上，RFID 技术都面临着许多亟须解决的问题。

（1）成本问题。RFID 标签和读写器的成本虽然越来越低，但比条码和扫描器还是高得多，这在一定程度上阻碍了其大规模普及。

（2）技术问题。无线通信技术往往易受环境的干扰和影响，对于新领域的应用需要研发新产品，进行大量的仿真测试和评价。

（3）信息安全问题。网络数据安全与否直接影响物联网在敏感领域的应用。

（4）标准问题。RFID 多种标准体系的共存导致产品和系统规格不兼容，数据不匹配，加大了系统构建成本，影响 RFID 开环应用的发展。

（5）产业链和人才问题。物联网是一项非常复杂的综合性、系统性应用，没有完整的产业链，就很难大幅度降低成本和大规模推广应用。缺少具有综合知识结构的研发人员、应用工程人员也是物联网产业的发展瓶颈。

2.2.3　RFID 的工作原理

RFID 的工作原理是通过发射无线电波信号来传送数据信息，以进行无接触式的信息辨识与存取，实现身份及物品识别或信息存储的功能。在具体的应用过程中，根据不同的应用目的和应用环境，RFID 系统的组成会有所不同，但从 RFID 系统的工作原理来看，系统一般都由射频卡、读卡器两部分组成，下面分别加以说明。

1．射频卡

在 RFID 系统中，信号发射机基于不同的应用目的，会以不同的形式存在，典型的形式是射频卡。标签相当于条码技术中的条码符号，用来存储须识别和传输的信息。另外，与条码不同的是，标签必须能够自动或在外力的作用下，把存储的信息主动发射出去。

射频卡是 RFID 系统的精髓，射频卡一般由内部天线、IC 芯片组成，IC 芯片中记录着 ID 信息，读写芯片的 IC 还配有可存储数据的扇区，通过无线方式与读卡器通信，实现数据的读取和写入。射频卡进入磁场后，如果接收到读卡器发出的特殊射频信号，就能凭借感应电流所获得的能量发送存储在芯片中的产品信息，或者主动发送某一频率的信号，读卡器读取信息并解码后，送至中央信息系统进行有关数据处理。

按读取方式来分类，射频卡分为三种：自动式、半被动式和被动式。自动式射频卡一般配有电池，靠自身的能量发送信息数据，对应的读卡器能够读写的距离很远，理论上可以达到几百米，便于远距离通信，如目前常用的 2.4GHz 卡就属于自动式射频卡。

被动式射频卡内没有电池，必须在射频卡接近读卡器时接收读卡器的电磁波产生能量驱动 IC 芯片工作，实现数据传送和读写。被动式射频卡运用无线电波进行操作和通信，信号必须在读卡器允许的范围内，这类标签适合于中短距离信息识别，一般在 15m 之内，当前市场上较多的 915MHz、13.56MHz 和 125kHz 卡基本都属于被动式射频卡。

半被动式射频卡的工作模式是读卡器触发，但射频卡的能量由自身提供，如目前市场上的433MHz卡就属于半被动式射频卡。

射频卡与读卡器之间的作用距离是射频识别系统应用中的一个重要问题，通常情况下这种作用距离定义为射频标签与读写器之间能够可靠交换数据的距离。射频识别系统的作用距离是一项综合指标，与射频标签及读写器的配合情况密切相关。

根据射频识别系统作用距离的远近，射频标签天线与读写器天线之间的耦合可分为三类：密耦合系统、遥耦合系统、远距离系统。

1）密耦合系统

密耦合系统的典型读取距离范围是0～1cm。实际应用中，通常要将射频标签插入阅读器中或将其放到读写器天线的表面。密耦合系统是利用射频标签与读写器天线无功近场区之间的电感耦合（闭合LC磁路）构成无接触的空间信息传输射频通道来工作的。密耦合系统的工作频率一般局限在30MHz以下的任意频率。由于密耦合方式的电磁泄漏很小、耦合获得的能量较大，因而适合对安全性要求较高、对作用距离无要求的应用系统，如一些安全性要求较高的门禁系统。

2）遥耦合系统

遥耦合系统的典型读取距离可以达到1m。遥耦合系统又可细分为近耦合系统（典型作用距离为15cm）与疏耦合系统（典型作用距离为1m）两类。遥耦合系统是利用射频标签与读写器天线无功近场区之间的电感耦合（闭合LC磁路）构成无接触的空间信息传输射频通道来工作的。遥耦合系统的典型工作频率为125kHz和13.56MHz，也有其他频率，如6.75MHz、27.125MHz等，只是这些频率在应用中并不常见。遥耦合系统目前仍然是低成本射频识别系统的主流，其读卡方便，成本较低，被广泛应用在门禁、消费、考勤及车辆管理中。

3）远距离系统

远距离系统的典型读取距离为1～15m，有的甚至可以达到上百米。所有的远距离系统均是利用射频标签与读写器天线辐射远场区之间的电磁耦合（电磁波发射与反射）构成无接触的空间信息传输射频通道来工作的。远距离系统的典型工作频率为433MHz、915MHz、2.45GHz，还有其他频率，如5.8GHz等。远距离系统一般情况下均采用反射调制工作方式实现射频标签到读写器方向的数据传输。远距离系统一般具有典型的方向性，射频卡和读卡器的成本比较高，一般用在车辆管理、人员或物品定位、生产线管理、码头物流管理中。

2．读卡器

在RFID系统中，根据支持的标签类型不同与完成的功能不同，读卡器的复杂程度也显著不同。读卡器基本的功能就是提供与标签进行数据传输的途径。另外，读卡器还提供相当复杂的信号状态控制、奇偶错误校验与更正功能等。标签中除了存储须传输的信息外，还必须含有一定的附加信息，如错误校验信息等。识别数据信息和附加信息按照一定的结构编制在一起，并按照特定的顺序向外发送。读卡器通过接收到的附加信息来控制数据流的发送。一旦到达读卡器的信息被正确接收和译解后，读卡器就通过特定的算法决定是否需要发射机将发送的信号重发一次，或者通知发射器停止发信号，这就是"命令响应协议"。使用这种协议，即便在很短的时间、很小的空间内阅读多个标签，也可以有效地防止误读的产生。一般读卡器要和射频卡对应使用，同时读卡器还要配合相应的控制和运算设备，如一般读卡器都要配置相应的控制器。读卡器和控制器之间的通信方式常见的有 RS-485、W26、W34、RS-232 等，主要是将要读取的数据传送到控制器，以便实现更加复杂的通信、识别与管理。

有的读卡器还有写入功能，通过将数据写入射频卡，可以使系统在离线的情况下依然能实现消费和管理，这在公交和城市一卡通系统中显得尤为重要。

每个读卡器都必须配有天线，天线是射频卡与读卡器之间传输数据的发射、接收装置。在实际应用中，除了系统功率，天线的形状大小和相对位置也会影响数据的发射和接收。周围的电磁场会对读写距离产生巨大影响，在实际使用中要充分考虑现场环境的干扰。

2.2.4　RFID 电子标签的分类

RFID 电子标签的种类很多，装有电源（电池）的叫有源标签，没有电源（电池）的叫无源标签。有的可通过读写器重写数据，即读写型标签；有的只能读数据，即只读型标签。另外，RFID 电子标签有各种各样的封装和形状。这里主要以标签的工作方式和工作频率来划分大类。

1．按工作方式分类

按工作方式可分为被动式标签和主动式标签。

（1）被动式标签。被动式标签由读写器发出的信号触发后进入通信状态，通信能量从读写器发射的电磁波获得。被动式标签通常是无源标签，但有些具有传感器功能的标签为了给传感器供电而含有电源。

（2）主动式标签。主动式标签用自身的能量主动定期地发射数据。主动式标签一定是有源标签。

如果将电子标签比作找人过程中被找的人，被动式标签只有在听到"你在哪里"的呼声后，才被动地回答"我在这里"，而主动式标签每隔一段时间就会主动地大声呼喊"我在这里"。现阶段大量使用的是被动式标签，主动式标签由于成本高、电池寿命有限、难以维护等原因，主要用于对人或特定设备的位置探查、定位管理等特殊领域。

2．按工作频率分类

电子标签的工作频率决定着系统的射频识别工作原理、识别距离、读写速度，还决定着设备的用途和成本及工程建设的复杂度。国际上广泛采用的频率分为 4 个波段（图 2-12），即低频（135 kHz 以下，LF）、高频（13.56MHz，HF）、超高频（860～960MHz，UHF）和微波（2.45GHz 和 5.8GHz，Microwave）。对于超高频，由于各个国家无线电频谱的管制法令不同，所分配的频段也有所不同，如美国是 902～928MHz，而我国是 840～845 MHz 和920～925 MHz。

低频标签的主要特点是识别距离短，读写速度慢，易受环境中电磁场的影响，但对障碍物的穿透性能比较强，一般用于动物的识别。高频标签的识别距离稍大于低频标签，读写速度较快，穿透性能不如低频标签，主要应用于非接触式 IC 卡。超高频标签的识别距离较长，读写速度快，能够同时识别多个标签，适用于物流、资产管理等行业。微波标签读写速度快，读取数据的可靠性高，但使用频率接近 WiFi 无线网的频率，容易受到周围无线网通信的干扰，主要应用于定位管理、集装箱管理等领域。

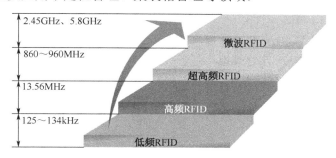

图 2-12　RFID 的工作频率波段

图 2-13 是各个频段标签的识别空间范围比较示意图。从该图中可以看出，低频的识别空间范围像横放的橄榄球，高频的识别空间范围像排球，而超高频和微波的识别空间范围像竖立着的棒槌状物，说明低频和高频标签受方向的影响较小（这里的方向指的是标签的正面位置偏离读写器天线正面的角度），超高频和微波标签则受方向的影响较大。

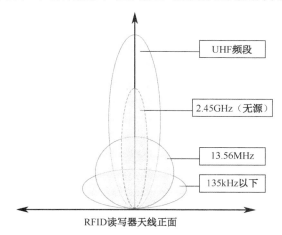

图 2-13　各个频段标签的识别空间范围比较示意图

2.2.5　RFID 技术的应用

RFID 技术的应用范围极其广泛，几乎覆盖所有的行业，其中包括人们所熟悉的第二代身份证、一卡通、电子门票等。

1. 零售业

RFID 技术对零售业的助益显而易见，RFID 技术对零售业的特性有较强的补充性，零售企业可以利用 RFID 技术掌控商品从采购、存储、包装、装卸、运输、配送、销售到服务的各环节信息。号称"男人的衣柜"的海澜之家早早就意识到 RFID 技术对服装零售的巨大价值。2014 年，海澜之家正式启动 RFID 流水化读取系统的研发工作，2015 年系统正式投入使用。在引入 RFID 技术后，海澜之家在将人工减至原来 1/3 的同时，还将效率提高了 5～14 倍。海澜之家也由此成为国内首家大规模应用物联网 RFID 技术的服装企业。

2．航空业

全球航空业 2014 年为丢失和延误的行李支付的费用竟高达 25 亿美元。许多航空公司已经采用无线射频识别系统来加强对行李的追踪、分配和传输，以避免误送情况的发生。航空公司每天都要处理上百万名乘客和托运行李，并将他们安全准时地运送到目的地。将 RFID 电子标签运用到航空包裹的追踪和管理中，能确保航空公司对乘客和托运行李都能够进行追踪管理和确认，保证乘客和托运行李安全准时到达目的地。RFID 系统可以简单地整合到现有的行李标签、办理登机手续的打印机和行李分类设备中。系统能够自动扫描行李，而不管行李的摆放方向如何和行李是否叠放。

实验证明 RFID 系统比现有的条码系统更安全可靠。RFID 智能标签更适合航空业的原因包括：可以方便地接入现有的启程控制系统（DCS）和行李包裹管理系统 （BRS）， 并可以和现有的条码系统结合在一起；在没有增加现有标签尺寸的情况下，增大了数据存储容量；可以携带包裹原始资料信息（BSM）中的一些关键信息，无须通过中心数据库就可对包裹进行相关操作；可以简单地整合到现有的包裹标签打印机中，而无须增加额外的设备；运用电子标签可以在运送过程中节省额外的花费。

3．智能制造

智能制造成为业界关注的热点。2015 年，工信部批准了 46 个智能制造试点示范项目和 94 个智能制造专项，发布了国家智能制造标准体系建设指南（2015 版）。很多企业跃跃欲试，希望通过推进智能制造实现"少人化"，降低成本，灵活应对市场变化，更好地满足客户需求。

借助 RFID 技术在识别、感知、连网、定位等方面的强大功能，将其应用于复杂零件制造过程管理，可以提升产品智能化形象，提高产品设计、生产、销售、售后、维修全程的质量和服务水平，实现产品全生命周期管理，有效提升其制造效率和品质。

4．防伪溯源

如何从根源上彻底杜绝假冒伪劣产品，并在防伪的同时监控产品原料、生产过程、物流信息等，成为近年来市场的重要诉求。基于 RFID 技术的优势，可以全程控制产品生产、流通、销售的跟踪与监管，解决目前防伪技术无法全程跟踪的问题。RFID 技术现在被广泛应用于酒类、食品安全等防伪溯源系统管理中。相信未来，RFID 技术在防伪溯源领域中将进一步普及。

5．资产管理

固定资产具有设备价值高、使用周期长、使用地点分散、使用环境恶劣、流动性强、安全管理难度大等特点。目前企业的资产管理大多采用资产设备卡片或纸质条码标签，通过手工方式对设备信息进行分类编辑管理，维护及使用情况仍然采用传统的记录及查询方式，效率低下，差错率高。基于 RFID 和信息技术的固定资产管理系统通过使用 RFID 电子标签、读写器和软件来对企业资产进行管理和监测，结合条码管理技术，赋予每个资产实物一张唯一的 RFID 电子标签，从资产购入企业开始到资产退出的整个生命周期中，针对固定资产实物进行全程跟踪管理，从而解决资产管理中账、卡、物不符，资产不明，设备不清，闲置浪费，虚增资产和资产流失问题，为企事业单位资产管理工作提供全方位、可靠、高效的动态数据与决策依据，实现资产管理工作信息化、规范化与标准化，全面提升企事业单位资产管理工作的工作效率与管理水平。

6. 智能交通

伴随着智能交通的发展，RFID 技术也迎来了新机遇，从诸多无线通信及识别技术中脱颖而出。RFID 技术在促进智能交通落地的同时，自身也得以更深入的发展应用。这与 RFID 技术的诸多性能特点分不开，诸如可快速扫描、体积小型化、形状多样化、可重复使用、具有穿透性、数据容量大、抗污染能力及耐久性强等。RFID 技术被越来越多地应用到城市交通管理领域。其中，汽车电子标识系统就是 RFID 技术在城市交通中的典型应用。通过在车辆前挡风玻璃上粘贴汽车电子标识，在城市道路中布设读写基站，实时准确地采集车辆信息，从而突破原有交通信息采集技术的瓶颈，实现车辆身份的精准识别、车辆信息的动态采集、交通信息的海量采集，有效提升车辆管理智能化水平，满足城市交通管理应用需求。

RFID 技术在城市交通中有着多样化的应用，涉及城市交通监管、车辆环保监察、涉车安全保障、车辆行业化管理、公众出行服务及涉车增值应用等多个方面，能够促进城市交通监管信息化、智能化、人性化，提升有关部门对城市交通的监管能力，推动城市交通安全有序进行，营造公众满意的城市交通氛围，同时还可以促进相关涉车行业的发展。随着基于 RFID 技术的汽车电子标识的不断推广，RFID 技术在城市交通中的作用将会更加重要。

2.2.6 RFID 标准之争

如果 RFID 电子标签和读写器不遵循同一个技术标准，它们就不能正常通信。RFID 技术标准主要由无线通信协议（空中接口规范）、物理特性、读写器协议、编码规则、测试应用规范、信息安全等标准组成。有关 RFID 技术的国际标准现在主要由国际标准化组织（International Organization for Standardization，ISO）和 EPC global 两大组织来制定。掌握了标准，就掌握了技术的制高点和专利。相关国家正在通过加快 RFID 技术标准的制定和推广，激烈争夺国际标准。

从表面上看，制定、发布和实施 RFID 标准的目的是解决编码、通信、空中接口和数据共享等问题，最大程度地促进 RFID 技术及相关系统在我国的应用。实际上，RFID 标准之争是物品信息控制权和 RFID 产业控制权之争，关系着国家安全、技术战略实施和 RFID 产业的发展，其本质是利益之争。

一项专利影响一个企业，一个技术标准影响一个产业。在信息技术领域，一个产业往往是围绕一个或几个标准建立起来的。RFID 标准之争的实质是规则制定的竞争，是市场控制权的竞争。"三流企业做产品，二流企业做技术，一流企业做标准"，如果我国 RFID 产业不能拥有自主知识产权，那么其生存与发展能力值得怀疑。自主建立 RFID 标准有如下现实意义。

1. 保障国家安全的需要

国家信息安全高于一切，在 RFID 标准的制定过程中，应牢牢把握这个核心。RFID 标准中涉及国家安全的核心问题是编码规则、传输协议、中央数据库等，我国必须警惕信息侵略，必须掌握电子标签领域发展的主动权。RFID 技术的使用离不开中央数据库，谁掌握了产品信息的中央数据库和电子标签的注册登记与密码发放权，谁就获得了全部产品、产品身份、产品结构、物流及市场信息的拥有权。没有自主知识产权的 RFID 编码标准、芯片和核心技术，就不可能有真正的信息安全。以 EPC global 为例，EPC 系统的中央数据库在美国，且美国国防部是 EPC global 的强力支持者，如果我国使用 EPC global 的编码体系，必然使我国物资的有关信息被美国所掌控，这显然会对我国国民经济运行、信息安全甚至国防安全造成重大隐患。

2. 突破技术壁垒的需要

我国是 WTO 成员国，WTO 协议要求成员在贸易中消除关税壁垒。但是，发达国家出于对本国产业的保护，探索出环保要求、反倾销、反补贴、质量认证、技术标准等非关税壁垒。20 世纪 80 年代以来，发达国家的非关税壁垒明显加强，而技术壁垒已占到其中的 30%以上。中国科技促进发展研究中心联合组织的一项调查显示，近几年我国有 60%的出口企业遇到国外的技术壁垒，技术壁垒给我国带来的影响每年超过 450 亿美元，占年出口总额的 25%以上。如果我们在 RFID 标准问题上还沿袭以往的"拿来主义"，不注重开发自主的 RFID 相关核心技术，建立具有自主知识产权的 RFID 标准体系，未来在面对以国外机构和厂商为主构建的 RFID 标准时，又只能位列从属，花费大量金钱去引进技术、购买专利。

3. 相关产业长远发展的需要

对技术和标准的垄断也就意味着对市场的垄断和对产业的控制。RFID 标准是 RFID 产业链利益分配的工具，无论 RFID 产业发展到什么地步，掌握 RFID 标准的企业和机构始终都能依靠收取专利费获取巨额利润。我国 RFID 产业要得到长远的发展，就必须研发核心技术，申请关键专利，掌握有关标准，否则就会像 DVD 影碟机产业一样，每生产一台机器就得向标准制定企业缴纳十几美元的专利费，从而落入产量越高，出口越多，生产企业亏损就越严重的怪圈。

4. 打开技术标准突破口的需要

标准是知识产权的高级形式，是打包出售自己技术的高级方式。新进入企业要想进入这一行业，就必须接受标准制定企业所制定的技术标准。由于历史的原因，我国的技术标准尤其是高技术标准大多遵循的是美国、日本、欧洲等国家和地区企业所制定的标准，因此我国企业在生产销售过程中必须向有关企业支付大量的专利使用费，而且在国际贸易中经常由于知识产权问题遭到出口对象国的处罚。为了摆脱我国企业在国际分工中处于低技术链条和附属地位的状况，我国亟须通过实施标准战略，提高我国自主技术标准的份额，从根本上优化国家产业结构，形成以技术为核心的竞争优势。RFID 的"新"给了我们时间上的机遇，中国 13 亿人口蕴涵的巨大市场给了我们自主的资本。因此，我国自主建立 RFID 标准拥有了优良的先决条件。同时，若能够实现自主制定 RFID 标准，将为我国在国际标准竞争中打开一个突破口，在国家标准战略上留下历史性的一笔。

我国的巨大市场及日益壮大的技术能力为我国提供了独一无二的优势，使我国有能力挑战国际经济领域中现有的体系结构，实现从加工制造大国向标准大国转变的梦想。在 RFID 标准争夺上，我们必须坚持自主知识产权，通过向国际标准借鉴、与国际标准兼容的方式，建立我国的 RFID 标准体系。

2.3 生物识别技术

生物识别技术（Biometric Identification Technology）是指利用人体生物特征进行身份认证的一种技术。更具体一点，生物识别技术就是将计算机与光学、声学、生物传感器和生物统计学原理等高科技手段密切结合，利用人体固有的生理特性和行为特征来进行个人身份的鉴定。在生物识别系统中，对生物特征进行取样，提取其唯一的特征并转化成数字代码，进一步将这些代码组合成特征模板。某人同生物识别系统交互进行身份认证时，生物识别系统获取其特征并与数据库中的特征模板进行比对，以确定是否匹配，从而决定接受或拒绝该人。

在目前的研究与应用领域中，生物识别主要涉及计算机视觉、图像处理与模式识别、计算机听觉、语音处理、多传感器技术、虚拟现实、计算机图形学、可视化技术、计算机辅助设计、智能机器人感知系统等其他相关的研究。已被用于生物识别的生理特征有手形、指纹、脸形、虹膜、视网膜、脉搏、耳廓等，行为特征有签字、步态、声音、按键力度等。基于这些特征，生物识别技术已经在过去的几年中取得了长足的进展。

生物识别技术的工作模式有两种：识别（Identification，Recognition）和认证（Verification，Authentication）。

识别指的是从数据库中找到与某人最匹配的身份，解决的是"他是谁"的问题。识别的基础是事先建立一个庞大的数据库，这需要前期投入较大的工作量。典型的生物识别系统包括传感器、特征提取、匹配器和系统数据库 4 个模块。识别的过程就是给定一个测试对象，提取其特征，然后通过分析比对，从事先建立的数据库中找出最接近的目标，如果两者之间达到一定的相似度（大于某一阈值），则认为从数据库中找到的目标与测试对象是同一人。显而易见，识别要完成测试对象与数据库中每一个人的比对，是"一对多"的匹配过程。这一过程工作量庞大，通常借助计算机通过自动识别系统来完成，是人力所不及的。

认证指的是验证某人是否为某个特定的身份，解决的是"他是某人吗"的问题。认证的过程是在知道测试对象身份的前提下，直接将测试对象与特定目标进行比对，若两者达到一定的相似度（大于某一阈值），则认定他们是同一个人，否则则得出否定的结论。由此可见，认证不需要与数据库中的每一个人进行比对，而是在有怀疑目标的前提下所进行的"一对一"的匹配。这一过程相对简单，在确定了比对指标的前提下，可以由有经验的技术人员通过手工完成，直接得出是或否的结论。

从生物识别技术的发展过程来看，早期的技术模式都是认证，如指纹识别、签名识别等，都是通过人工比对的方式，由有经验的技术人员对检材和样本进行分析比较，得出肯定或否定的结论。随着计算机技术的发展，后来出现的一些新型技术如人脸识别、虹膜识别等，都是基于识别的目的，通过建立计算机自动识别系统来进行的。而应用较早的技术也开发建立了自动识别系统，如指纹自动识别系统已经得到了广泛的应用。为了确保识别结果的准确性，在司法领域进行案件处理时，往往将识别和认证结合起来，先由计算机自动识别系统找出怀疑目标，再通过人工一对一比对，得出是或否的结论，这种方式的最典型代表是指纹识别在案件侦破中的应用。

2.3.1 指纹识别

指纹由于具有终生不变性、唯一性和方便性，已几乎成为生物特征识别的代名词。指纹是指人的手指末端正面皮肤上凹凸不平的纹线。纹线有规律的排列形成不同的纹形。纹线的起点、终点、结合点和分叉点，称为指纹的细节特征点（Minutiae）。指纹识别即通过比较不同指纹的细节特征点来进行鉴别。指纹识别技术涉及图像处理、模式识别、计算机视觉、数学形态学、小波分析等众多学科。由于每个人的指纹不同，即便是同一人的不同手指，指纹也有明显区别，因此指纹可用于身份鉴定。由于每次捺印的方位不完全一样，着力点不同会带来不同程度的变形，又存在大量模糊指纹，因此如何正确提取特征和实现正确匹配是指纹识别技术的关键。

1. 技术特点

指纹的特征分为总体特征和局部特征。两枚指纹经常会具有相同的总体特征，但它们的局部特征却不可能完全相同。

总体特征是指那些用人眼直接就可以观察到的特征，包括纹形、模式区、核心点、三角点和纹数等。指纹专家在长期实践的基础上，根据脊线的走向与分布情况将纹形分为三大类：环形（Loop，又称斗形）、弓形（Arch）、螺旋形（Whorl）。模式区即指纹上包括了总体特征的区域，由此区域就能够分辨出指纹属于哪一种类型。有的指纹识别算法只使用模式区的数据，有的则使用所取得的完整指纹。核心点位于指纹纹路的渐进中心，在读取指纹和比对指纹时将其作为参考点。许多算法是基于核心点的，即只能处理和识别具有核心点的指纹。三角点位于从核心点开始的第一个分叉点或断点处，或者两条纹路会聚处、孤立点、折转处，或者指向这些奇异点。三角点提供了指纹纹路计数跟踪的开始之处。纹数，即模式区内指纹纹路的数量。在计算指纹的纹数时，一般先连接核心点和三角点，这条连线与指纹纹路相交的数量即可认为是指纹的纹数。

局部特征指的是指纹节点的特征。指纹的纹路并不是连续、平滑、笔直的，经常会出现分叉、折转或中断。这些分叉点、折转点或断点称为特征点，它们提供了指纹唯一性的确认信息。特征点的主要参数包括以下三个。

（1）方向：相对于核心点，特征点所处的方向。

（2）曲率：纹路方向改变的速度。

（3）位置：节点的位置坐标，可以是绝对坐标，也可以是与三角点（或特征点）的相对坐标。

2. 技术流程

指纹识别系统是一个典型的模式识别系统，包括指纹图像获取和处理、指纹特征提取和指纹匹配等模块。

1）指纹图像获取和处理

通过专门的指纹采集仪可以采集指纹图像。指纹采集仪用到的指纹传感器按采集方式主要分为划擦式和按压式两种，按信号采集原理目前有光学式、压敏式、电容式、电感式、热敏式和超声波式等。另外，也可以通过扫描仪、数字相机等获取指纹图像。对于分辨率和采集面积等技术指标，公共安全行业已经形成了国际和国内标准，但其他行业还缺少统一标准。根据指纹采集面积大体可以分为滚动捺印指纹和平面捺印指纹，公共安全行业普遍采用滚动捺印指纹。

采集的指纹原始图像必须进行处理才能用于识别和比对。指纹图像处理包括指纹区域检测、图像质量判断、方向图和频率估计、图像增强、图像二值化和细化等。预处理是指对含噪声及伪特征的指纹图像采用一定的算法加以处理，使其纹线结构清晰，特征信息突出。其目的是改善指纹图像的质量，提高特征提取的准确性。通常，预处理过程包括归一化、图像分割、增强、二值化和细化，但根据具体情况，预处理的步骤也不尽相同。

2）指纹特征提取

指纹形态特征包括中心（上、下）和三角点（左、右）等，指纹的细节特征点主要包括纹线的起点、终点、结合点和分叉点。从预处理后的图像中提取指纹的特征点信息，主要包括类型、坐标、方向等参数。指纹中的细节特征，通常包括端点、分叉点、孤立点、短分叉、环等。而纹线端点和分叉点在指纹中出现的机会最多、最稳定，且容易获取。

3）指纹匹配

指纹匹配是用现场采集的指纹特征与指纹库中保存的指纹特征进行比较，判断是否属于同一指纹。可以根据指纹的纹形进行粗匹配，进而利用指纹形态和细节特征进行精确匹配，给出两枚指纹的相似性得分。根据应用的不同，对指纹的相似性得分进行排序或给出是否为同一指纹的判决结果。

指纹匹配有两种方式：第一种是一对一比对，根据用户 ID 从指纹库中检索出待对比的用户指纹，再与新采集的指纹比对；第二种是一对多比对，将新采集的指纹和指纹库中的所有指纹逐一比对。

3．主要指标

指纹识别系统的性能指标在很大程度上取决于所采用的算法性能。为了便于采用量化的方法表示其性能，引入了拒识率、误识率两个指标。拒识率（False Rejection Rate，FRR）是指将相同的指纹误认为是不同的而加以拒绝的出错概率。公式为

$$FRR=（拒识的指纹数 / 考察的指纹总数）×100\%$$

误识率（False Accept Rate，FAR）是指将不同的指纹误认为是相同的指纹而加以接受的出错概率。公式为

$$FAR=（错判的指纹数 / 考察的指纹总数）×100\%$$

对于一个已有的系统而言，通过设定不同的系统阈值，就可以看出这两个指标是互相关联的，FRR 与 FAR 成反比关系。这很容易理解，"把关"越严，误识的可能性就越低，但是拒识的可能性就越高。

测试这两个指标，通常采用循环测试方法，即给定一组图像，然后依次两两组合，提交进行比对，统计提交比对的总次数及发生错误的次数，并计算出出错的比例，就是 FRR 和 FAR。针对 FAR=0.000 1%，应采用不少于 1 415 幅不同的指纹图像做循环测试，总测试次数为 1 000 405 次，如果测试中发生一次错判，则 FAR=1/1 000 405；针对 FRR=0.1%，应采用不少于 46 幅属于同一指纹的图像组合配对进行测试，总测试次数为 1 035 次，如果发生一次错误拒绝，则 FRR=1/1 035。测试所采用的样本越多，结果越准确。作为测试样本的指纹图像应满足可登记的条件。

指纹识别技术是成熟的生物识别技术。因为每个人包括指纹在内的皮肤纹路，其图案、

断点和交叉点各不相同，是唯一的，并且终生不变。通过将采集的指纹和预先保存的指纹进行比较，就可以验证个人的真实身份。自动指纹识别是利用计算机来进行指纹识别的一种方法。它得益于现代电子集成制造技术和快速而可靠的算法理论研究。尽管指纹只是人体皮肤的一小部分，但用于识别的数据量相当大，对这些数据进行比对采用的是需要进行大量运算的模糊匹配算法。利用现代电子集成制造技术生产的小型指纹图像读取设备和速度更快的计算机，提供了在微机上进行指纹比对运算的可能。另外，匹配算法可靠性也在不断提高。由于计算机处理指纹时只涉及有限的信息，而且比对算法并不是十分精确，因此其结果也不能保证 100%准确。

4．应用领域

（1）刑侦：最早应用指纹识别技术和产品的领域。

（2）指纹门禁：应用指纹识别技术和产品较多的领域，大多与计算机系统集成为门禁控制与管理系统。主要产品有指纹锁、指纹保险柜等。

（3）金融：鉴于金融业务涉及资金和客户的经济机密，在金融电子化的进程中，为保证资金安全，保护银行客户和银行自身的利益，在业务管理和经营管理中利用指纹验证身份的必要性和安全性越来越受到关注。指纹身份鉴别产品在金融行业的应用已经呈现出不断增长的势头，如银行指纹密码储蓄、指纹密码登录、各类智能信用卡的防伪、自动提款机的用户身份确认、银行保管箱业务的客户身份确认等。

（4）社保：社保系统尤其是养老金的发放存在着个人身份严格鉴别的需求。指纹身份鉴别能可靠地保障社保卡及其持有人之间的唯一约束对应关系，是非常适合采用指纹身份认证的领域。

（5）户籍：随着新一代公民身份证的发行，在户籍和人口管理方面，指纹身份鉴别技术和产品是提高政府行政准确度和力度的最佳方法。

2.3.2　人脸识别

人脸识别是基于人的脸部特征信息进行身份识别的一种生物识别技术，又称人像识别、面部识别。它是指用摄像机或摄像头采集含有人脸的图像或视频流，并自动在图像中检测和跟踪人脸，进而对检测到的人脸进行一系列相关技术处理。

人脸识别系统的研究始于 20 世纪 60 年代，80 年代后随着计算机技术和光学成像技术的发展得到提高，而真正进入初级应用阶段则在 90 年代后期，并且以美国、德国和日本的技术实现为主。人脸识别系统成功的关键在于拥有尖端的核心算法，并使识别结果具有实用化的识别率和识别速度。人脸识别系统集成了人工智能、机器识别、机器学习、模型理论、专家系统、视频图像处理等多种专业技术，同时须结合中间值处理的理论与实现，是生物特征识别的最新应用，其核心技术的实现展现了弱人工智能向强人工智能的转化。

1．技术特点

传统的人脸识别技术主要是基于可见光图像的人脸识别，这也是人们熟悉的识别方式，已有 30 多年的研发历史。但这种方式有着难以克服的缺陷，尤其在环境光照发生变化时，识别效果会急剧下降，无法满足实际系统的需要。解决光照问题的方案有三维图像人脸识别和热成像人脸识别。但这两种技术还远不成熟，识别效果不尽如人意。

迅速发展起来的一种解决方案是基于主动近红外图像的多光源人脸识别技术。它可以克服光线变化的影响，已经取得了卓越的识别性能，在精度、稳定性和速度方面的整体性能超过了三维图像人脸识别。这项技术在近两三年发展迅速，使人脸识别技术逐渐走向实用化。

人脸与人体的其他生物特征（指纹、虹膜等）一样与生俱来，它的唯一性和不易被复制的良好特性为身份鉴别提供了必要的前提。与其他类型的生物识别技术相比，人脸识别技术具有如下特点。

（1）非强制性：用户无须专门配合人脸图像采集设备，几乎可以在无意识的状态下获取人脸图像，这样的取样方式没有强制性。

（2）非接触性：用户无须和设备直接接触就能获取人脸图像。

（3）并发性：在实际应用场景下可以进行多个人脸的分拣、判断及识别。

（4）符合视觉特性："以貌识人"，操作简单，结果直观，隐蔽性好等。

2. 技术流程

人脸识别系统主要包括 4 个组成部分，分别为人脸图像采集及检测、人脸图像预处理、人脸图像特征提取和人脸图像匹配与识别。

1）人脸图像采集及检测

人脸图像采集：不同的人脸图像都能通过摄像镜头采集下来，如静态图像、动态图像、不同的位置、不同的表情等。当用户在采集设备的拍摄范围内时，采集设备会自动搜索并拍摄用户的人脸图像。

人脸图像检测：人脸图像检测在实际中主要用于人脸识别的预处理，即在图像中准确标定出人脸的位置和大小。人脸图像中包含的模式特征十分丰富，如直方图特征、颜色特征、模板特征、结构特征及 Haar 特征等。人脸图像检测就是把其中有用的信息挑出来，并利用这些特征实现人脸识别。

2）人脸图像预处理

人脸图像预处理是基于人脸图像检测结果，对图像进行处理并最终服务于特征提取的过程。系统获取的原始图像由于受到各种条件的限制和随机干扰，往往不能直接使用，必须在图像处理的早期阶段对它进行灰度校正、噪声过滤等预处理。对于人脸图像而言，其预处理过程主要包括光线补偿、灰度变换、直方图均衡化、归一化、几何校正、滤波及锐化等。

3）人脸图像特征提取

人脸识别系统可使用的特征通常包括视觉特征、像素统计特征、人脸图像变换系数特征、人脸图像代数特征等。人脸图像特征提取就是针对人脸的某些特征进行的。人脸图像特征提取，是对人脸图像进行特征建模的过程。人脸图像特征提取的方法归纳起来分为两大类：一类是基于知识的表征方法，另一类是基于代数特征或统计学习的表征方法。

基于知识的表征方法主要是根据人脸器官的形状描述及它们之间的距离特性来获得有助于人脸分类的特征数据，其特征分量通常包括特征点间的欧氏距离、曲率和角度等。人脸由眼睛、鼻子、嘴、下巴等局部构成，对这些局部和它们之间结构关系的几何描述，可作为识别人脸的重要特征，这些特征被称为几何特征。基于知识的人脸表征方法主要包括基于几何特征的方法和模板匹配法。

4）人脸图像匹配与识别

将提取的人脸图像的特征数据与数据库中存储的特征模板进行匹配，设定一个阈值，当相似度超过这一阈值时，则输出匹配结果。人脸识别就是将待识别的人脸特征与已得到的人脸特征模板进行比较，根据相似程度对人脸的身份信息进行判断。这一过程又分为两类：一类是确认，是一对一进行图像比较的过程；另一类是辨认，是一对多进行图像对比的过程。

3. 应用领域

人脸识别技术已广泛应用于金融、司法、军队、公安、边检、政府、航天、电力、教育、医疗等领域。随着技术的进一步成熟和社会认同度的提高，人脸识别技术将应用于更多的领域。

① 企业、住宅安全和管理，如人脸识别门禁考勤系统、人脸识别防盗门等。

② 电子护照及身份证。公安部一所正在加紧规划和实施电子护照计划。

③ 公安、司法和刑侦，如利用人脸识别系统和网络，在全国范围内搜捕逃犯。

④ 自助服务。

⑤ 信息安全，如计算机登录、电子政务和电子商务。电子商务中的交易全部在网上完成，电子政务中的很多审批流程也都搬到了网上。而当前，交易或者审批的授权都是靠密码来实现的，如果密码被盗，就无法保证安全。使用生物特征，就可以确保当事人在网上的数字身份和真实身份统一，从而大大增强电子商务和电子政务系统的可靠性。

2.3.3　虹膜识别

虹膜识别技术是人体生物识别技术的一种，人眼的外观由巩膜、虹膜、瞳孔三部分构成。巩膜即眼球外围的白色部分，约占总面积的 30%；眼睛中心为瞳孔部分，约占 5%；虹膜位于巩膜和瞳孔之间，包含了最丰富的纹理信息，约占 65%。从外观上看，虹膜由许多腺窝、皱褶、色素斑等构成，是人体中最独特的结构之一。虹膜的形成由遗传基因决定，人体基因表达决定了虹膜的形态、颜色和外观。人发育到 8 个月左右，虹膜就基本上发育到了足够尺寸，进入了相对稳定的时期。虹膜可保持数十年不发生变化，只有极少见的反常状况、身体或精神上大的创伤才可能造成虹膜外观上的改变。另一方面，虹膜是外部可见的，但同时又属于内部组织，位于角膜后面。要改变虹膜外观，需要非常精细的外科手术，而且要冒着视力受损的危险。虹膜的高度独特性、稳定性及不可更改的特点，是虹膜用于身份鉴别的物质基础。

在包括指纹识别在内的所有生物识别技术中，虹膜识别是当前最为精确的一种。虹膜识别技术被广泛认为是 21 世纪最具发展前途的生物认证技术，未来安防、国防、电子商务等多种领域的应用也必然会以虹膜识别技术为重点。这种趋势已经在全球各地的各种应用中逐渐显现出来，市场应用前景非常广阔。

虹膜识别研究机构主要有美国的 Iridian、Iriteck 公司，韩国的 Jiris 公司，我国的北京中科虹霸、北京虹安翔宇，以及日本松下。Iridian 公司掌握了虹膜识别核心算法，是目前全球最大的专业虹膜识别技术和产品提供商，它和 LG、松下、OKI、NEC 等企业进行合作，以授权方式提供虹膜识别核心算法，支持合作伙伴生产虹膜识别系统。Iridian 公司的核心技术还包括图像处理协议和数据标准 Private ID&reg、识别服务器 KnoWho&reg、KnoWho&reg 开发工具及虹膜识别摄像头等。

2000 年以前国内在虹膜识别方面一直没有自己的核心知识产权，经过十几年的不断努力，截至 2013 年，国内已形成了以北京为中心的虹膜研发生产聚集地，在多年研究的基础上开发出了各种虹膜识别核心算法。

作为我国首个开展虹膜识别机理研究的基地，中科院自动化所模式识别国家重点实验室研究的具有自主知识产权的虹膜识别活体检测技术，不仅填补了我国活体虹膜识别技术在国际领域的空白，而且可以和世界主流的算法相媲美。2005 年，该实验室的虹膜识别科研成果荣获"国家科学技术发明二等奖"。2006 年 9 月，该实验室作为我国虹膜识别技术的权威，参加了由国际生物识别组织举办的生物识别技术测评，其虹膜识别算法的速度和精度得到了国际同行的认可。此外，该实验室的虹膜图像数据库已成为国际上规模最大的虹膜共享库，已有 70 个国家和地区的 2 000 多个研究机构申请使用，其中国外单位有 1 500 多个。2016 年，基于中科院自动化所移动虹膜识别技术的中国第一款量产的虹膜识别手机问世。

1. 技术特点

虹膜是位于眼睛黑色瞳孔和白色巩膜之间的圆环状部分，总体上呈现一种由里到外的放射状结构，由相当复杂的纤维组织构成，包含有很多相互交错的斑点、细丝、冠状、条纹、隐窝等细节特征，这些特征在人出生之前就以随机组合的方式确定下来了，一旦形成便终生不变。虹膜识别的准确性是各种生物识别技术中最高的。

1）采集

虹膜的直径约为 11mm，Dr. Daugman 的算法用 3～4 个字节的数据来代表每平方毫米的虹膜信息，这样一个虹膜约有 266 个量化特征点，而一般的生物识别技术只有 13～60 个特征点。266 个量化特征点的虹膜识别算法在众多虹膜识别技术资料中都有讲述。Dr. Daugman 指出，在算法和人类眼部特征允许的情况下，通过他的算法可获得 173 个二进制自由度的独立特征点。在生物识别技术中，这个特征点的数量是相当大的。

2）算法

通过一个距离眼睛 3 英寸（约 7.62cm）的精密相机确定虹膜的位置。当相机对准眼睛后，算法逐渐将焦距对准虹膜左右两侧，确定虹膜的外沿，这种水平方法受到了眼睑的阻碍。算法同时将焦距对准虹膜的内沿（即瞳孔）并排除眼液和细微组织的影响。单色相机利用可见光和红外线，红外线定位在 700～900mm 的范围内。算法通过二维 Gabor 子波的方法来细分和重组虹膜图像，第一个细分的部分被称为 Phasor，要理解二维 Gabor 子波的原理需要很深的数学知识。

3）精确度

虹膜识别技术是精确度最高的生物识别技术，两个不同的虹膜信息有 75%匹配的可能性是 1∶106，两个不同的虹膜产生相同虹膜代码的可能性是 1∶1 052。

4）录入和识别

虹膜的定位可在 1s 之内完成，产生虹膜代码的时间也仅为 1s，数据库的检索时间也相当短。处理器速度是大规模检索的一个瓶颈，另外网络和硬件设备的性能也制约着检索的速度。由于虹膜识别技术采用的是单色成像技术，因此有时很难把它从瞳孔的图像中分离出来，但是虹膜识别技术所采用的算法允许图像质量在某种程度上有所变化。相同的虹膜所产生的虹膜代码也有 25% 的变化，这听起来好像是这一技术的致命弱点，但在识别过程中，这种虹膜代码的变化只占整个虹膜代码的 10%，这一比例是相当小的。

2．技术流程

虹膜识别就是通过对比虹膜图像特征之间的相似性来确定人的身份。虹膜识别的过程一般来说包含如下 4 个步骤。

（1）虹膜图像获取。使用特定的摄像器材对人的整个眼部进行拍摄，并将拍摄到的图像传输给虹膜识别系统的图像预处理软件。

（2）图像预处理。对获取到的虹膜图像进行如下处理，使其满足提取虹膜特征的需求。

① 虹膜定位。确定内圆、外圆和二次曲线在图像中的位置。其中，内圆为虹膜与瞳孔的边界，外圆为虹膜与巩膜的边界，二次曲线为虹膜与上下眼皮的边界。

② 虹膜图像归一化。将图像中的虹膜大小，调整到识别系统设置的固定尺寸。

③ 图像增强。针对归一化后的图像，进行亮度、对比度和平滑度等处理，提高图像中虹膜信息的识别率。

（3）特征提取。采用特定的算法从虹膜图像中提取出虹膜识别所需的特征点，并对其进行编码。

（4）特征匹配。将特征提取得到的特征编码与数据库中的虹膜图像特征编码逐一匹配，判断是否为同一虹膜，从而达到身份识别的目的。

3．应用领域

美国新泽西州肯尼迪国际机场和纽约奥尔巴尼国际机场均安装了虹膜识别仪，用于工作人员安检，只有通过虹膜识别仪的检测才能进入如停机坪和行李提取处等受限制的场所。德国柏林的法兰克福机场、荷兰史基浦机场及日本成田机场也安装了虹膜出入境管理系统，应用于乘客通关。

由于恐怖袭击的存在，安全防范一直以来都是历届奥运会关注的焦点，虹膜识别技术以其独有的优点正越来越多地被应用在奥运安防中。例如，1998 年日本长野冬季奥运会中，虹膜识别系统被应用于运动员和政府官员进入奥运村的控制管理，并使用虹膜识别技术对射击项目的枪支进行安全管理。2004 年雅典奥运会中，雅典奥组委启用了包括虹膜识别在内的生物特征识别身份鉴别系统，通过人脸、眼睛、指纹等身体器官及声音、步态、笔迹等肢体行为的全套生物特征识别技术来确认一个人的身份，对所有进出机场、海关、火车站、奥运场馆的人通过摄像机自动识别。

在阿富汗，联合国（UN）与美国联邦难民署（UNHCR）使用虹膜识别系统鉴定难民的身份，以防止同一个难民多次领取救济品。同样的系统被用于巴基斯坦与阿富汗的难民营中，总共有超过 200 万名难民使用了虹膜识别系统，这套系统对于联合国公平地分配人道主义援助物资起到了关键的作用。

我国的第二代身份证就为虹膜、指纹等生物特征识别预留了空间。早在 2004 年 4 月 10 日，国际民用航空组织（ICAO）已经要求 188 个成员国将含有持证人信息、虹膜、指纹等特定生物信息的 IC 芯片嵌入电子护照。湖北省武汉市将试点建立生物虹膜识别数据库，不远的未来，虹膜识别技术或将在打击拐卖儿童行动中发挥作用。该项目在武汉建立了 100 个数据采集点。家长可以带着孩子到采集点扫描采集虹膜数据。在数据库中有记录的孩子走失被找回后，扫描虹膜便可迅速确定其身份，比 DNA 身份核验更加快捷。

2.3.4 步态识别

步态识别是一种新兴的生物特征识别技术，旨在通过人们走路的姿态进行身份识别。与其他的生物识别技术相比，步态识别具有非接触、远距离和不容易伪装的优点。在智能视频监控领域，它比人脸识别更具优势。

步态是指人们走路的姿态，这是一种复杂的行为特征。罪犯或许会给自己化装，不让自己身上的哪怕一根毛发掉在作案现场，但有一样东西是很难控制的，这就是走路的姿态。英国南安普敦大学电子与计算机系马克·尼克松教授的研究显示，人人都有截然不同的走路姿态，因为人们的肌肉力量、肌腱和骨骼的长度、骨骼的密度、视觉的灵敏程度、协调能力、经历、体重、重心、肌肉或骨骼受损的程度、生理条件及个人走路的"风格"都存在细微差异。对一个人来说，要伪装走路姿态非常困难。不管罪犯是戴着面具自然地走向银行出纳员还是从犯罪现场逃跑，他们的步态都会让他们露出马脚。

人类自身很善于进行步态识别，大多数人都能够根据步态辨别出熟悉的人。步态识别的输入是一段行走的视频图像序列，因此其数据采集与人脸识别类似，具有非侵犯性和可接受性。但是，由于序列图像的数据量较大，因此步态识别的计算复杂度比较高，处理起来也比较困难。尽管生物力学中对于步态进行了大量的研究工作，但基于步态的身份鉴别的研究工作却刚刚开始。步态识别主要提取的特征是人体每个关节的运动。到目前为止，还没有商业化的基于步态的身份鉴别系统。

1. 技术特点

步态识别是计算机视觉和模式识别领域内一个非常新的研究方向。近 10 年来，研究者在这方面取得了许多成绩，但是要设计并实现一个实用性强的步态识别系统非常复杂且困难。由于人的行走姿势受各种因素的影响，在不同环境条件下行走姿势有或多或少的变化，因此步态识别的计算较复杂，识别的准确度还不够高。目前该系统的准确率为 80%～90%，低于第一代身份识别技术。许多客观因素的存在，给步态的最终识别带来了困难，如何更准确地识别步态特征，是步态识别领域面临的难题。然而，医学研究所确定的特征，或者因为特征本身没有可重复性，或者由于观察角度的限制和自遮挡问题，并不适于基于计算机视觉的系统去提取。从计算的角度来看，从低质量和没有标记的视频序列中对运动物体进行跟踪和分割的算法的不精确性导致了所提取特征的不可靠性，而由摄像机深度和角度不同造成的透视的影响使特征提取工作变得十分繁重。

运动目标的有效检测对于目标识别、跟踪和行为理解等后期的处理是非常重要的。步态序列图像是一个复杂、具有非常高维数的视觉模式，图像获取过程中的不确定性，使得步态识别过程必然会受到各种外界因素的干扰，从而导致复杂背景图像中的目标检测非常困难。如何消除复杂背景的影响，准确提取运动人体的目标特征，成为步态特征提取及后续处理的关键。

目前已有几种常用的模式分类器应用于步态识别，但是尚处于实验研究阶段，没有一种完美无缺的算法。常见的方法有最近邻（Nearest Neighbor，NN）分类、人工神经网络（Artificial Neural Network，ANN）及隐马尔可夫模型（Hidden Markov Model，HMM）等，这些方法有许多缺点。其中，最近邻分类是根据欧几里得距离对已知向量和待识别量进行比对，该方法没有深入挖掘数据内部包含的变化信息，即哪种数据变化是由同一个体内部变化信息引起的，哪种变化是由不同个体之间的差别造成的。另外，最近邻分类技术对于权重的分配具有不可靠性，这在步态识别及数据融合中是非常重要的因素。对步态数据进行简单的融合也会严重影响步态识别率。而人工神经网络和隐马尔可夫模型的理论基础是经典统计学，采用的是样本数目趋于无穷大时的渐进理论。然而在步态识别的实际研究中，样本数目往往有限，因此这些在理论上有显著长处的分类方法在实际应用中却不尽如人意。

影响步态识别的外界因素也很多。Laszlo 等认为地面状况会影响一个人走路的平衡性，因而会对步态识别产生影响。Murray 等认为受伤尤其是腿部受伤会严重影响一个人的步态。Tscharner 等证实赤脚与鞋子的类型均会影响步态识别。观测角度、携带物品状况、观测时间等都严重影响步态特征的识别。另外，可供研究人员使用的数据库目前大部分提供的是二维形象，这也在很大程度上严重制约了步态识别的研究。遮挡现象在实际应用中随时都可能出现，如携带提包、雨伞、背包等掩盖部分人体的物品。另外，同一个人穿着不同种类的鞋和衣服，也会导致身体在二维平面的投影出现变化，对于基于统计特征的方法而言，这显然会造成影响。

2．技术流程

步态识别是一个相当新的发展方向，它旨在从相同的行走行为中寻找和提取个体之间的变化特征，以实现自动的身份识别。它是融合了计算机视觉、模式识别与视频/图像序列处理的一门技术。

首先由监控摄像机采集人的步态，通过检测与跟踪获得步态的视频序列，经过预处理后提取人的步态特征（即对图像序列中的步态运动进行运动检测、运动分割、特征提取等步态识别前期的关键处理）。然后经过进一步处理，使提取的步态特征具有与存储在数据库中的步态特征相同的模式。最后，将新采集的步态特征与数据库中的步态特征进行比对，有匹配的即进行预报警；无匹配的，则由监控摄像机继续进行步态采集。

因此，一个智能视频监控的自动步态识别系统，主要由监控摄像机、计算机与一套步态视频序列的处理与识别软件所组成。其中，最关键的是步态识别软件算法。所以，对智能视频监控的自动步态识别系统的研究，主要是对步态识别软件算法的研究。

3．应用领域

随着数字时代的到来，基于步态特征的身份识别技术愈加显示出它的价值。对于军事基地、停车场、机场、高档社区等重要场所，出于管理和安全的需要，必须知道该区域内发生的事件，有效且准确地识别人员，快速检测威胁，提供不同人员的进入权限级别，因此必须采用某种特定方法来监视该场景，特别是场景中的人。在这一应用场景中，人脸、指纹和虹膜等生理特征识别不再适用，而步态识别作为有效的行为特征，不需要任何交互性接触就可以实现远距离情况下的身份识别。美国国防高级研究计划署（DARPA）资助的远距离身份识别（HID）计划，其任务就是开发多模式、大范围的视觉监控技术，以实现远距离条件下的检测、分类和识别，从而增强国防、民用等场合的自动保护能力。美国五角大楼也打算采用步态识别技术进行反恐。美国 911 恐怖袭击以后，人们已经意识到安全的脆弱性。目前各国都高度重视这样一个问题，即如何对国家重要安全部门和敏感场所进行全天候、自动、实时的远距离监控和身份识别。而基于步态特征的身份识别技术就是解决这一问题的有效手段之一。虽然目前步态识别技术的效果还不尽如人意，准确率不够高，而且成本较高，但这项技术有着美好的应用前景。预计 5 年后，步态识别机将实现商品化。届时，世界各国均可享受到这一新型识别设备的好处，在各国机场及其他重要场所的出入口安装这种机器，可结成一张无形的反恐巨网，提高人类社会的安全度，构筑一个和谐、安全的人类家园。

在临床工作中，对人体行走方式进行客观记录并对步行功能进行系统评价，是康复评定的重要组成部分。现实中有很多疾病会引起步态变化，即产生走路姿态异常。为此可通过对步行规律的研究，分析人体骨骼、关节的三维空间定位及生物力学特性，准确评价人体各部位在运动过程中的动态变化，从而揭示步态异常的病理原因。步态评价也是神经病学、风湿病学、矫形学和康复医学在日常临床实践中的重要方面。对患有神经系统或骨骼肌肉系统疾病而可能影响行走能力的患者进行步态分析，评估患者是否存在异常步态及步态异常的性质和程度，可以为分析异常步态的原因和矫正异常步态、制定治疗方案提供必要的依据。通过步态分析还可以了解步态异常的基本过程和机制，从而对关节角度和肌肉活动进行详细分析，进而进行相关的医学研究。

另外，步态识别问题是人体运动分析的一个子问题，因而步态识别问题的研究成果有可能被用于解决计算机视觉领域里的其他问题，如区分不同的运动（走路、跑步、打网球的击球动作）、解释手语等。

2.3.5 其他生物特征识别

1．手掌几何学识别

手掌几何学识别就是通过测量使用者的手掌和手指的物理特征来进行身份识别，高级的产品还可以识别三维图像。作为一种已经确立的方法，手掌几何学识别不仅性能好，而且使用比较方便。这种方法的准确性非常高，而且可以灵活地调整性能以适应相当广泛的使用要求。手形读取器使用的范围很广，且很容易集成到其他系统中，因此成为许多生物特征识别项目中的首选技术。

2．DNA 鉴别

人体内的 DNA 在整个人类范围内具有唯一性（除了同卵双胞胎可能具有同样结构的 DNA 外）和永久性。因此，DNA 鉴别方法具有绝对的权威性和准确性。DNA 鉴别方法主要根据人体细胞中 DNA 分子的结构因人而异的特点进行身份鉴别。这种方法的准确性优于其他任何身份鉴别方法，同时有较好的防伪性。然而，DNA 的获取和鉴定方法（DNA 鉴定必须在一定的化学环境下进行）限制了 DNA 鉴别技术的实时性；另外，某些特殊疾病可能改变人体 DNA 的结构组成，该技术无法正确地对这类人群进行鉴别。

3．声音和签字识别

声音和签字识别属于行为识别的范畴。声音识别主要是利用人的声音特点进行身份识别。声音识别的优点在于它是一种非接触识别技术，容易为公众所接受，但声音会随音量、语速和音质的变化而变化。比如，一个人感冒时说话和平时说话就会有明显差异。再者，一个人也可有意识地对自己的声音进行伪装和控制，从而给鉴别带来一定困难。签字识别是一种传统的身份认证手段。现代签字识别技术，主要是通过测量签字者的字形及不同笔画间的速度、顺序和压力特征，对签字者的身份进行鉴别。签字识别与声音识别一样，也是一种行为测定，因此同样会受人为因素的影响。

2.4 语音识别技术

语音识别技术，又称自动语音识别（Automatic Speech Recognition，ASR），其目标是将人类语音中的词汇内容转换为计算机可读的输入，如按键、二进制编码或者字符序列。其与说话人识别及说话人确认不同，后者尝试识别或确认发出语音的说话人而非其中所包含的词汇内容。语音识别技术所涉及的领域包括信号处理、模式识别、概率论和信息论、发声机理和听觉机理、人工智能等。

语音识别技术的应用包括语音拨号、语音导航、室内设备控制、语音文档检索、简单的听写数据录入等。语音识别技术与其他自然语言处理技术如机器翻译及语音合成技术相结合，可以构建出更加复杂的应用，如语音到语音的翻译。

早在计算机发明之前，自动语音识别的设想就已经被提上了议事日程，早期的声码器可被视作语音识别及合成的雏形。而 20 世纪 20 年代生产的"Radio Rex"玩具狗可能是最早的语音识别器，当人们呼唤这只狗的名字时，它能够从底座上弹出来。最早的基于电子计算机的语音识别系统是由 AT&T 贝尔实验室开发的 Audrey 语音识别系统，它能够识别 10 个英文数字，其识别方法是跟踪语音中的共振峰，该系统具有 98%的正确率。20 世纪 50 年代末，伦敦学院（College of London）的 Denes 已经将语法概率加入语音识别中。20 世纪 60 年代，人工神经网络被引入语音识别。这一时代的两大突破是线性预测编码（Linear Predictive Coding，LPC）及动态时间规整（Dynamic Time Warp，DTW）技术。语音识别技术的最重大突破是隐马尔可夫模型（Hidden Markov Model，HMM）的应用。从 Baum 提出相关数学推理，经过 Labiner 等人的研究，卡内基·梅隆大学的李开复最终实现了第一个基于隐马尔可夫模型的大词汇量语音识别系统 Sphinx。此后严格来说，语音识别技术并没有脱离 HMM 框架。

2.4.1 语音识别基本方法

一般来说，语音识别的方法有三种：基于声道模型和语音知识的方法、模板匹配方法，以及利用人工神经网络的方法。

1．基于声道模型和语音知识的方法

该方法起步较早，在语音识别技术刚提出时，就有了这方面的研究，但由于其模型及语音知识过于复杂，目前还没有达到实用阶段。

通常认为常用语言由有限个不同的语音基元组成，而且可以通过其语音信号的频域或时域特性来区分。这种方法分两步实现。

第一步：分段和标号。把语音信号按时间分成离散的段，每段对应一个或几个语音基元的声学特性。然后根据相应声学特性对每个分段给出相近的语音标号。

第二步：得到词序列。根据第一步所得语音标号序列得到一个语音基元网格，从词典得到有效的词序列，也可结合句子的文法和语义同时进行。

2. 模板匹配方法

模板匹配方法发展比较成熟，目前已达到了实用阶段。在模板匹配方法中，要经过 4 个步骤：特征提取、模板训练、模板分类、判决。常用的技术有三种：动态时间规整、隐马尔可夫模型、矢量量化（Vector Quantization，VQ）。

1）动态时间规整

语音信号的端点检测是语音识别中的一个基本步骤，它是特征训练和识别的基础。所谓端点检测就是检测语音信号中各种段落（如音素、音节、词素）的始点和终点的位置，从语音信号中排除无声段。在早期，进行端点检测的主要依据是能量、振幅和过零率，但效果往往不明显。20 世纪 60 年代日本学者 Itakura 提出了动态时间规整算法。该算法的思想就是把未知量均匀伸长或缩短，直到与参考模式的长度一致。在这一过程中，未知单词的时间轴会不均匀地扭曲或弯折，以使其特征与模型特征对正。

2）隐马尔可夫模型

隐马尔可夫模型是 20 世纪 70 年代引入语音识别理论的，它的出现使得自然语音识别系统取得了实质性的突破。该方法现已成为语音识别的主流技术，目前大多数大词汇量、连续语音的非特定人语音识别系统都是基于隐马尔可夫模型的。该方法是对语音信号的时间序列结构建立统计模型，将之看作一个数学上的双重随机过程：一个是用具有有限状态数的 Markov 链来模拟语音信号统计特性变化的隐含的随机过程，另一个是与 Markov 链的每一个状态相关联的观测序列的随机过程。前者通过后者表现出来，但前者的具体参数是不可测的。人的言语过程实际上就是一个双重随机过程，语音信号本身是一个可观测的时变序列，是由大脑根据语法知识和言语需要（不可观测的状态）发出的音素的参数流。可见 HMM 合理地模仿了这一过程，很好地描述了语音信号的整体非平稳性和局部平稳性，是较为理想的一种语音模型。

3）矢量量化

矢量量化是一种重要的信号压缩方法。与 HMM 相比，矢量量化主要适用于小词汇量、孤立词的语音识别。其过程是：将语音信号波形的 k 个样点的每一帧，或有 k 个参数的每一参数帧，构成 k 维空间中的一个矢量，然后对矢量进行量化。量化时，将 k 维无限空间划分为 M 个区域边界，然后将输入矢量与这些边界进行比较，并被量化为"距离"最小的区域边界的中心矢量值。矢量量化器的设计就是从大量信号样本中训练出好的码书，从实际效果出发找到好的失真测度定义公式，设计出最佳的矢量量化系统，用最少的搜索和计算失真的运算量，实现最大可能的平均信噪比。

在实际应用过程中，人们还研究了多种降低复杂度的方法，这些方法大致可以分为两类：无记忆的矢量量化和有记忆的矢量量化。无记忆的矢量量化包括树形搜索的矢量量化和多级矢量量化。

3. 利用人工神经网络的方法

利用人工神经网络的方法是 20 世纪 80 年代末期提出的一种新的语音识别方法。人工神经网络本质上是一个自适应非线性动力学系统，模拟了人类神经活动的原理，具有自适应性、并行性、鲁棒性、容错性和学习特性，其强大的分类能力和输入输出映射能力在语音识别中都很有吸引力。但由于存在训练、识别时间太长的缺点，该方法目前仍处于实验探索阶段。

由于 ANN 不能很好地描述语音信号的时间动态特性，所以常把 ANN 与传统识别方法相结合，分别利用各自优点来进行语音识别。

2.4.2 语音识别系统结构

一个完整的基于统计的语音识别系统可大致分为三部分。

（1）语音信号预处理与特征提取。

（2）声学模型与模式匹配。

（3）语言模型与语言处理。

选择识别单元是语音识别研究的第一步。语音识别单元有单词（句）、音节和音素三种，具体选择哪一种，由实际研究任务决定。单词（句）单元广泛应用于中、小词汇量语音识别系统，但不适合大词汇量系统，原因在于模型库太庞大，训练模型任务繁重，模型匹配算法复杂，难以满足实时性要求。音节单元多见于汉语语音识别，主要因为汉语是单音节结构的语言，而英语是多音节，并且汉语虽然有大约 1 300 个音节，但若不考虑声调，约有 408 个无调音节，数量相对较少。因此，对于中、大词汇量汉语语音识别系统来说，以音节为识别单元基本是可行的。音素单元以前多见于英语语音识别的研究中，但目前中、大词汇量汉语语音识别系统也越来越多地采用。原因在于汉语音节仅由声母（包括零声母有 22 个）和韵母（共有 28 个）构成，且声、韵母声学特性相差很大。实际应用中常把声母依后续韵母的不同而构成细化声母，这样虽然增加了模型数目，但提高了易混淆音节的区分能力。由于协同发音的影响，音素单元不稳定，所以如何获得稳定的音素单元，还有待研究。

语音识别一个根本的问题是合理选用特征。特征参数提取的目的是对语音信号进行分析处理，去掉与语音识别无关的冗余信息，获得影响语音识别的重要信息，同时对语音信号进行压缩。在实际应用中，语音信号的压缩率介于 10 和 100 之间。语音信号包含了大量不同的信息，提取哪些信息，用哪种方式提取，须综合考虑各方面因素，如成本、性能、响应时间、计算量等。非特定人语音识别系统一般侧重提取反映语义的特征参数，尽量去除说话人的个人信息；而特定人语音识别系统则希望在提取反映语义的特征参数的同时，尽量也包含说话人的个人信息。

线性预测（LP）分析技术是目前应用广泛的特征参数提取技术，许多成功的应用系统都采用基于 LP 技术提取的倒谱参数。但线性预测模型是纯数学模型，没有考虑人类听觉系统对语音的处理特点。

梅尔参数和基于感知线性预测（PLP）分析提取的感知线性预测倒谱，在一定程度上模拟了人耳对语音的处理特点，应用了人耳听觉感知方面的一些研究成果。实验证明，采用这种技术，语音识别系统的性能有一定提高。从目前使用的情况来看，梅尔刻度式倒频谱参数已逐渐取代原本常用的线性预测编码导出的倒频谱参数，原因是它考虑了人类发声与接收声音的特性，具有更好的鲁棒性（Robustness）。也有研究者尝试把小波分析技术应用于特征提取，但目前性能难以与上述技术相比，有待进一步研究。

声学模型通常是将获取的语音特征使用训练算法进行训练后得到的。在识别时将输入的语音特征同声学模型（模式）进行匹配与比较，得到最佳的识别结果。声学模型是识别系统的底层模型，并且是语音识别系统中最关键的一部分。声学模型的目的是提供一种有效的方法计算语音的特征矢量序列和每个发音模板之间的距离。声学模型的设计和语言发音特点密切相关。声学模型单元大小（字发音模型、半音节模型或音素模型）对语音训练数据量大小、系统识别率及灵活性有较大的影响。必须根据不同语言的特点、识别系统词汇量的大小决定识别单元的大小。

基于统计的语音识别模型常用的就是隐马尔可夫模型 λ（N，M，π，A，B），相关理论包括模型的结构选取、模型的初始化、模型参数的重估及相应的识别算法等。

语言模型包括由识别语音命令构成的语法网络或由统计方法构成的语言模型，语言处理可以进行语法、语义分析。

语言模型对中、大词汇量的语音识别系统特别重要。当分类发生错误时，可以根据语言学模型、语法结构、语义学进行判断纠正，特别是一些同音字必须通过上下文结构才能确定词义。语言学理论包括语义结构、语法规则、语言的数学描述模型等有关方面。目前比较成熟的语言模型是采用统计语法的语言模型与基于规则语法的结构命令语言模型。

2.5 磁识别与 IC 卡技术

磁卡和 IC 卡是当前信息化社会中最常使用的两种卡，是人们钱包中的"常客"，我国每年的发卡量已超过两亿张。

磁卡是一种卡片状的磁性记录介质，利用磁性载体记录字符与数字信息，用来标识身份或用于其他用途。磁卡由高强度、耐高温的塑料或纸质涂覆塑料制成，能防潮、耐磨且有一定的柔韧性，携带方便，使用较为稳定可靠。

磁卡使用方便，造价便宜，用途极为广泛，可用于制作信用卡、银行卡、地铁卡、公交卡、门票卡、电话卡、电子游戏卡、车票、机票及各种交通收费卡等。今天在许多场合都会用到磁卡，如食堂就餐、商场购物、乘公共汽车、打电话、进入管制区域等，不一而足。随着磁卡应用的不断扩大，磁卡安全技术已难以满足越来越多的对安全性要求较高的应用需求。以前在磁卡上应用的安全技术，如水印技术、全息技术、精密磁记录技术等，随着时间的推移，其相对安全性已大为降低。实际应用时依靠"卡的号码"来识别不同磁卡，因此在读卡时卡号相对公开，比较容易复制。

IC 卡（Integrated Circuit Card，集成电路卡），也称智能卡（Smart Card）、智慧卡（Intelligent Card）、微电路卡（Microcircuit Card）或微芯片卡等。它是将一个微电子芯片嵌入符合 ISO 7816 标准的卡基中，做成卡片形式。IC 卡与读写器之间的通信方式可以是接触式，也可以是非接触式。根据通信接口把 IC 卡分为接触式 IC 卡、非接触式 IC 卡和双界面卡（同时具备接触式与非接触式通信接口）。

IC 卡由于其固有的信息安全、便于携带、比较完善的标准化等优点，在身份认证、银行、电信、公共交通、车场管理等领域正得到越来越多的应用，如二代身份证、银行的电子钱包、手机 SIM 卡、公交卡、地铁卡、用于收取停车费的停车卡等，都在人们的日常生活中扮演着重要角色。

2.5.1 磁卡技术

按照电磁学理论，可假定磁性体是由许多非常细小的磁畴所构成的。磁畴的体积很小，较大的磁畴只有$10^{-7} \sim 10^{-3}$ cm，每一个磁畴包含有$10^{12} \sim 10^{15}$个分子，本身有南极和北极，相当于一块小小的永久磁铁。在磁性体未经磁化的情况下，这些磁畴的排列是杂乱无章的，彼此的磁性互相抵消，就整体来说，对外并不显示磁性。如果将磁性体外面的线圈通上电流，磁性体处于磁场内，磁畴受到磁化力的影响，就产生一种统一排列的趋势，如外部磁化力不够强，磁畴排列的方向还不能完全一致，互相抵消磁力的现象就不能完全消除，磁性体对外所显示的磁性就不能达到最大值。进一步增大线圈电流，磁性体的磁性就会达到最大值。此后，即使继续增大线圈电流，磁性体也不会有更大的磁性。换句话说，磁性体在此时的磁力线已经达到饱和程度。当外界的磁场消失后，磁性体磁畴的排列仍保持整齐的状态，这就是永久磁体。

记录磁头由内有空隙的环形铁芯和绕在铁芯上的线圈构成。磁卡是由一定材料的片基和均匀地涂布在片基上面的微粒磁性材料制成的。在记录时，磁卡的磁性面以一定的速度移动，或记录磁头以一定的速度移动，并分别和记录磁头的空隙或磁性面相接触。磁头的线圈一旦通上电流，空隙处就产生与电流成比例的磁场，于是磁卡与空隙接触部分的磁性体就被磁化。如果记录信号电流随时间而变化，则磁卡上的磁性体通过空隙时（因为磁卡或磁头是移动的），便随着电流的变化而不同程度地被磁化。磁卡被磁化之后，离开空隙的磁卡磁性层就留下相应于电流变化的剩磁。

如果电流信号（或者说磁场强度）按正弦规律变化，那么磁卡上的剩余磁通也同样按正弦规律变化。当电流为正时，就引起从左到右（从 N 到 S）的磁极性；当电流反向时，磁极性也跟着反向。其最后结果可以看作磁卡上从 N 到 S 再返回到 N 的一个波长，也可以看作同极性相接的两块磁棒，这是在某种程度上简化的结果。然而，必须记住的是，剩磁是按正弦规律变化的。当信号电流最大时，纵向磁通密度也达到最大。信号就以正弦变化的剩磁形式被记录并存储在磁卡上。

通常，磁卡的一面印刷有提示性信息，如插卡或刷卡方向；另一面则有磁条或磁带，包含 2～3 个磁道（Track），每个磁道宽度相同，大约为 2.80mm，用于存放用户的数据信息。相邻两个磁道间约有 0.05mm 的间隙（Gap）。整个磁带宽度在 10.29mm 左右（应用 3 个磁道的磁卡），或者 6.35mm 左右（应用 2 个磁道的磁卡）。银行卡上的磁带通常会加宽 1～2mm，磁带总宽度在 12～13mm。

在磁带上，记录有效磁道数据的起始数据位置和终结数据位置不在磁带的边缘，在磁带边缘向内缩减约 7.44mm 为起始数据位置（引导 0 区），在磁带边缘向内缩减约 6.93mm 为终止数据位置（尾随 0 区），这是为了确保磁卡上的数据不易丢失。

按照国家标准 GB/T 15120 的相关规定，银行卡磁道位置最大可以上下偏移 0.5mm（同一磁条边沿最上可以到达位置与最下可以到达位置之间的距离最大为 1mm），磁道的宽度一般为 2.8mm 左右，而 C730 要求的读磁卡磁头的磁道宽度为 1.4±0.1mm，C730 磁头定位孔允许偏差的距离为±0.05mm，在最坏情况下磁头定位偏差 0.1mm，磁头磁道宽度为 1.5mm，磁头磁条允许活动空间为 1.7mm。因此只要所有构件定位均符合设计要求，则无论上边沿卡还是下边沿卡，磁头磁条始终保持在卡片磁道中，从而保证了刷卡的可靠性。

磁卡上的 3 个磁道一般都使用"位"（bit）来编码。根据数据所在的磁道不同，5bit 或 7 bit 组成一个字节。

Track1（IATA）：记录密度为 210bpi。可以记录数字 0～9 及字母 A～Z 等，总共可以记录多达 79 个数字或字符（包含起始结束符和校验符），每个字符（一个字节）由 7bit 组成。由于 Track1 上的信息不仅可以用数字 0~9 来表示，还能用字母 A~Z 来表示，因此 Track1 上一般记录磁卡的使用类型、范围等说明性信息。例如银行卡中，Track1 记录了用户的姓名、卡的有效使用期限及其他信息。

Track2（ABA）：记录密度为 75bpi。可以记录数字 0~9，不能记录字母 A~Z，总共可以记录多达 40 个数字或字符（包含起始结束符和校验符），每个字符（一个字节）由 5bit 组成。

Track3（THRIFT）：记录密度为 210bpi。可以记录数字 0~9，不能记录字母 A~Z，总共可以记录多达 107 个数字或字符（包含起始结束符和校验符）。每个字符（一个字节）由 5bit 组成。Track2 和 Track3 上的信息只能用数字 0~9 来表示，不能用字母 A~Z 来表示。

数据存储在磁条上通常采用双频相位相干记录，数据由数据位和定时位一起构成，在两个时钟之间产生的磁通翻转记为"1"，无磁通翻转记为"0"。数据按照字符的同步序列记录，而不插入间隙。

正向刷卡正确的情况下，首先获得数据 B0（即该字节最低位），然后依次获得 B1、B2、B3、P，其中 P 为该字节的奇偶校验位。如果逆向刷卡，则首先获得的是该字节的奇偶校验位。国标 GB/T 15120 中规定磁卡采用奇校验，即保证每个字节中"1"的个数为奇数。磁卡数据中的起始、结束和纵向冗余校验字节本身都有奇偶校验。

按照磁卡数据构成格式，磁卡解码电路通过磁头检测到磁卡中磁信号在固定时间内的变化，将磁信号转化为 0、1 数据流输出，目前使用的磁卡解码芯片为 M3-2200-33（双磁道，工作电压为 3.3~5V）。在刷卡开始时，系统进入刷卡模式，轮询磁卡时钟输出脚电平变化，在时钟下降沿读取 1bit 解码数据。

反推磁卡数据及磁卡刷卡流程，磁卡解码驱动应当包含如下几部分：获取数据、解码、纵向冗余校验。

（1）获取数据：在刷卡过程中（硬件表现为磁卡解码芯片 CLS 信号输出低电平），在磁卡解码芯片时钟信号下降沿读取 1bit 数据。为了降低内存消耗，在获取数据的同时，将数据按照 16bit 一个字节的方式存储，存储顺序为先到 bit 存储在最高位，一个字节存满则启用下一个字节，即第一个 bit 存储在第一个字节的最高位上，依次类推。

（2）解码：磁卡解码过程最重要的是获取起始位。二、三磁道的数据均以 0X0B 开始，0X0F 结束，为了兼顾刷卡方向，解码程序设计思想大致如下：第一个非零数据位开始的前 5bit 解码为 0X0B，而紧接着的下 5bit 解码不等于 0X1F（最高位"1"为奇偶校验位），则判定该方向为正确的刷卡方向；如果不符合，则尝试逆向解码。如果正反向均解不出来，则判定该次解码失败。解码在获得起始字节之后，每 5bit 为一个字节，用奇偶校验判定每一个字节是否正确。程序以 0X1F 作为判定解码结束的依据，在获取 0X1F 后且下一个字节（下 5bit）奇偶校验正确，则判定解码过程结束，将磁卡数据送交冗余校验。

（3）纵向冗余校验：纵向冗余校验算法思想很简单，就是将所有数据全部按位异或，若结果为 0，则判定刷卡、解码正确，否则判定校验错误。

2.5.2 IC 卡技术

IC 卡于 1974 年诞生于法国，当时一位名叫罗兰·莫雷诺（Roland Moreno）的工程师为了将一些个人信息存放在一个便于携带、保存的存储媒体上，提出了将一个集成电路芯片嵌装于一块塑料基片上构成一张存储卡的想法，并按此想法做了一张卡片，这就是世界上第一张 IC 卡。但是由于当时集成电路技术水平有限，市场也没有形成迫切的需要，这种想法并没有得到推广。后来随着集成电路技术的发展，芯片的集成度、容量、安全性都得到了很大的提高，尤其是 EEPROM 技术的成熟，使 IC 卡的生产、应用成为现实。

IC 卡由一个或多个集成电路芯片组成，并封装成方便携带的卡片形式。IC 卡按其内部封装的芯片种类和功能可分为存储卡（Memory Card）和智能卡（Smart Card），存储卡和智能卡的区别就在于存储卡芯片内不含微处理器（CPU），只具有存储数据信息的功能。存储卡又分为非加密存储卡（一般存储卡）和加密存储卡（逻辑加密）。智能卡又名 CPU卡、电脑卡、智慧卡、聪明卡，它不仅具有与存储卡一样的数据存储功能，也具有与微电脑一样的逻辑处理、逻辑判断、I/O 控制、指令执行功能。智能卡既具有智能性，又具有便于携带的特点，这就为现代信息处理带来了一种全新的思维和手段。IC 卡按使用方法和信息交换方式又可分为接触式 IC 卡和非接触式 IC 卡（射频卡）。接触式 IC 卡采用物理接触方式，将卡插入卡座后，与外界交换信息，所用集成电路芯片露在塑料卡外面的一面是接触片，大部分都镀金。非接触式 IC 卡通过电磁波与外界交换信息，带有射频收发及相关电路的芯片与环形天线全部封装在塑料基片中。读写时，读写设备向非接触式 IC 卡发射一组固定频率的电磁波，卡片内与读写设备发射频率相同的 LC 串联谐振电路在电磁波的激励下产生共振，从而使电容内有了电荷。在这个电容的另一端，接有一个单向导通的电子泵，将该电容内的电荷送到另一个电容内贮存。当所积累的电荷达到 2V 时，此电容可作为电源为其他电路提供工作电压，从而完成将卡内数据发射出去或接收读写设备的数据。

1．接触式 IC 卡的优势

接触式 IC 卡相对于磁卡的优势有以下几点。

（1）其先进的硅片制作工艺完全可以保证卡的抗磁性、抗静电及抗各种射线的能力，而且硅片的体积很小，里面有环氧液的保护，外面有 PCB 板及基片的保护，因此抗机械、抗化学破坏的能力很强。

（2）其容量远比磁卡大，可以达到几千字节（当前已达到 2Mb），而且 EEPROM 可以分区，并设置不同的访问级别，这就为不同的信息处理及一卡多用提供了方便。

（3）其加密性为磁卡所不及，首先体现在芯片的结构和读取方式上，由于容量大，而且存储器的读取和写入区域可以任意选择，因此灵活性大，即使一般的非加密存储卡，采用特定的技术，也具备较强的保密性。对于加密存储卡，存储区的访问受逻辑电路的控制，只有密码核对无误后，才能进行读写操作。而且密码核对次数有规定，超过限制的次数，卡将被锁死。

（4）其相关设备的成本也比磁卡低。因此，目前市场上广泛使用的磁卡有被 IC 卡替代的趋势。

2．接触式 IC 卡的不足之处

尽管接触式 IC 卡作为一种成熟的高技术产品，促进了人们工作、生活的现代化程度，但其也存在如下问题。

（1）使用时存在 IC 卡芯片触点与读写设备插座之间频繁的机械接触，容易造成二者的磨损与各种故障。例如，由于粗暴、倾斜或不到位插卡，非卡外物插入，以及灰尘、氧化、脱落物或油污导致接触不良等原因造成的故障。

（2）由于集成电路芯片有一面裸露在卡片表面，容易造成芯片脱落、静电击穿、弯曲、扭曲损坏等问题。

（3）卡片触点上产生的静电可能会破坏卡中的数据。

（4）存在因环境腐蚀及保管、使用不当而造成卡触点损坏，使 IC 卡失效的问题。

（5）由于插拔卡的速度较慢，完成一次操作需要的时间比较长，不利于其应用在需要快速响应的场合，如地铁、公交及高速公路收费。

3．非接触式 IC 卡的优点

非接触式 IC 卡又称射频卡，是最近几年发展起来的一项新技术，它成功地将射频识别技术和 IC 卡技术结合起来，解决了无源（卡中无电源）和免接触这一难题，是电子器件领域的一大突破。非接触式 IC 卡实际上是 RFID 电子标签的一种特殊形式，其工作原理及结构可参看本章 RFID 的相关内容。

与接触式 IC 卡相比，非接触式 IC 卡具有以下优点。

（1）操作方便、快捷。由于采用非接触无线通信，只要卡在感应范围内，读写器就可以对其进行操作，免去了插拔卡的步骤，所以使用非常方便。而且非接触式 IC 卡在使用时既没有正反面之分，也没有方向性与角度限制，卡片可以随意掠过读写器表面，完成一次操作仅需 0.1s，大大提高了使用速度。

（2）抗干扰能力强。非接触式 IC 卡中有快速防冲突机制，能有效防止卡片之间出现数据干扰，在多卡同时进入读写范围内时，读写设备可一一对卡进行处理。这提高了应用的并行性，也无形中提高了系统工作的速度。

（3）可靠性高。非接触式 IC 卡与读写器之间没有机械接触，这就从根本上消除了由于接触读写而产生的各种故障。而且 IC 芯片和感应天线完全密封在标准的 PVC 卡片中，这也进一步提高了应用的可靠性和卡的使用寿命。

（4）安全性高。非接触式 IC 卡的序列号是唯一的，制造商在产品出厂前已将此序列号固化在芯片中，不可以更改。非接触式 IC 卡与读写器之间采用双向互认验证机制，即读写器要验证 IC 卡的合法性，IC 卡也要验证读写器的合法性。非接触式 IC 卡在数据交换前要与读写器进行三次相互认证，而且在通信过程中所有的数据都要加密。此外，卡中各个区域都有自己的操作密码和访问条件。

（5）适合于多种应用。非接触式 IC 卡的存储结构特点使其可以做到一卡多用，能应用于不同的场合或系统。例如，企业或机关内部员工"一卡通"，可用于考勤、食堂就餐、电话管理、停车场、门禁等；校园"一卡通"，可用作学生证、借书证、消费卡等。用户可根据不同的应用设置不同的密码和访问条件。

6．适应多种要求。非接触式 IC 卡系统可根据环境与应用对象的不同而做到作用距离不同，如用于高速公路或一般路、桥收费，可选用作用距离为 0.6～20m 的系统；用于电子钱包或公交收费，可选用作用距离仅几厘米的系统。系统配置相当灵活。

2.6 传感器及检测技术

2.6.1 传感器的概念

国家标准 GB/T 7665—2005 中对传感器的定义如下：能够感受规定的被测量并按照一定规律转换成可用输出信号的器件或装置，通常由敏感元件和转换元件组成。由此可获得传感器以下几方面的信息。

（1）传感器是一种测量"器件或装置"，能完成一些检测任务。

（2）它的输入量是某一"被测量"，可能是物理量、化学量、生物量等。

（3）它的输出量是"可用"的信号，便于传输、转换、处理和显示等，这种信号主要是易于处理的电物理量，如电压、电流、频率等。

（4）输出与输入之间的对应关系应具有"一定规律"，且应有一定的精确度，可以用确定的数学模型来描述。

2.6.2 传感器的基本组成及检测原理

1. 传感器的基本组成

根据传感器的定义可知，传感器一般由敏感元件和转换元件两部分组成，分别完成检测和转换两个基本功能。传感器组成框图如图 2-14 所示。

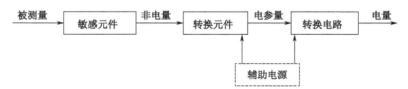

图 2-14　传感器组成框图

（1）敏感元件是能直接感受被测量（一般为非电量），并输出与被测量成确定关系的其他物理量的元件（如对力敏感的电阻应变片、对光敏感的光敏电阻、对温度敏感的热敏电阻等），它是构成传感器的核心部分。

（2）转换元件也称传感元件，是能将敏感元件感受或响应的被测量转换成适合传输或测量的输出信号的部件，这种输出信号通常以电参量的形式出现，如将光信号转换成电信号的光电管、把压力信号转换成电信号的压电晶体片等。

（3）转换电路是将转换元件输出的电参量转换成电压、电流或频率的电路。

（4）辅助电源主要用于为转换元件和转换电路提供工作能量。

不是所有的传感器都有敏感元件和转换元件。例如：光电池传感器既能直接感知光线变化，又能直接将光能转换成电压输出，将两种元件合二为一。

2. 传感器的检测原理

传感器检测系统由具有检出、变换、传输、分析、处理、判断和显示等不同功能的环节组成，如图 2-15 所示。

图 2-15　传感器检测系统框图

传感器作为检测系统的第一环节，将检测系统或检测过程中需要检测的信息转化为人们所熟悉的各种信号，它在检测与控制系统中占有重要的位置，它获得信息的准确与否，关系到整个检测系统的精确度；如果传感器的误差很大，后面的检测电路、放大器、指示仪等的精度再高，也难以提高整个检测系统的精确度。

按照检测结果的表现形式可将检测电路分为模拟检测电路和数字检测电路。

（1）模拟检测电路。

模拟检测电路是传感器检测电路中最常用，也是最基本的电路。当传感器的输出信号以电压、电荷、电流等电参量变化时，或为动态的电阻、电容和电感等参数时，通常由模拟电路将信号按模拟电路的制式传输到测量系统的终端。模拟检测电路框图如图 2-16 所示。

图 2-16　模拟检测电路框图

① 传感器的作用是感受被测量并按照一定规律转换成可用输出信号。

② 放大器的作用是对传感器较弱的输出信号进行放大以便传输。

③ 解调器的作用是对调制过的模拟信号进行解调，从而获取所需信号。

④ 滤波器的作用是滤除被测信号中的干扰信号，从而获取所需的信号。

⑤ 运算电路的作用是对某些比较复杂的被测参数进行运算，从而获取被测量。

⑥ 变换电路的作用是将电压、电流、频率三种形式的模拟电信号进行相互转化，以便于远距离传送、显示或 A/D 转换。

（2）数字检测电路。

在一些数字化测试仪表特别是微机化检测与控制系统中，测试结果要用数字形式来表示，并要用微机进行处理，所以其检测电路除对被测量进行必要的调整外，还要将模拟信号转换为便于显示或微机处理的数字信号，因此数字检测电路一般由传感器、信号调理电路和数据采集电路三部分组成，数字检测电路框图如图 2-17 所示。

图 2-17　数字检测电路框图

① 传感器的作用是感受被测量并按照一定规律转换成可用输出信号。

② 信号调理的作用是对传感器输出的信号进行必要的调整，以便传输。

③ 多路开关的作用是对多路模拟信号进行采样。

④ 主放大器的作用是对采样所得到的信号进行程控增益放大或瞬时浮点放大。

⑤ 采样保持器的作用是对放大后的信号进行保持。

⑥ 模/数转换器的作用是将保持的模拟信号电压转换成相应的数字信号电压。

2.6.3 传感器的分类

传感器的种类很多，常用的分类方法有以下几种。

（1）按输入量分类。输入量分别为温度、压力、位移、速度等非电量，则相应的传感器是温度传感器、压力传感器、位移传感器、速度传感器等。

（2）按测量原理分类。主要是基于电磁原理和固体物理学理论。根据变电阻原理，有相应的应变式传感器；根据变磁阻原理，有相应的电感式、电涡流式传感器；根据半导体有关理论，有相应的半导体力敏传感器、气敏传感器等。

（3）按输出信号分为模拟传感器、数字传感器、膺数字传感器、开关传感器等。

（4）按用途分为压力/力敏传感器、位置传感器、液位传感器、能耗传感器、速度传感器、加速度传感器、射线辐射传感器、热敏传感器等。

2.7 智能检测系统

2.7.1 智能检测系统的组成及特征

智能检测系统一般由信息采集单元、智能检测处理单元及执行机构组成，信息采集单元包括传感器和先验知识两部分，智能检测处理单元包括感知信息处理、智能处理器及智能检测处理三部分，执行结构包括广义对象和综合检测，智能检测系统组成框图如图 2-18 所示。

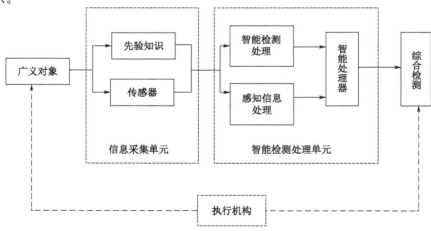

图 2-18 智能检测系统组成框图

智能检测解决了传统检测理论与技术难以解决的复杂系统的检测问题，智能检测系统具有以下几个方面的功能。

① 学习功能。
② 适应功能。
③ 组织功能。
④ 多源信息处理功能。
⑤ 检测智能化功能。

2.7.2　常用智能检测系统的设计

智能检测系统设计一般包括硬件设计和软件设计，这里以管道泄漏检测系统为例，主要介绍管道泄漏检测系统的软件设计。管道泄漏检测系统的软件由工作站软件包和调度中心软件两个部分组成，工作站软件包包括压力信号采集、时间校准模块及 Modbus 通信程序，调度中心软件包括通信软件包、防误报软件包、泄漏判别软件包、泄漏定位软件包、管理软件包及操作系统软件包。管道泄漏检测系统的软件框图如图 2-19 所示。

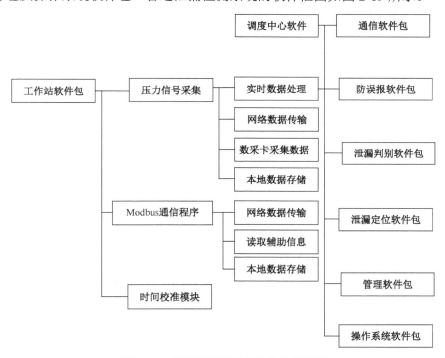

图 2-19　管道泄漏检测系统的软件框图

2.8　微机电系统

微机电系统（Micro-Electro-Mechanical System，MEMS）是将微电子技术与机械工程融合到一起的一种工业技术，它的操作范围在微米级。 MEMS 是指集微型传感器、执行器，以及信号处理和控制电路、接口电路、通信和电源于一体的微型机电系统。

2.8.1 MEMS 的特点及应用领域

1. MEMS 的特点

MEMS 的发展目标在于，通过微型化、集成化来探索新原理、新功能的元件和系统，开辟一个新技术领域和产业。MEMS 可以完成大尺寸机电系统所不能完成的任务，也可嵌入大尺寸机电系统中，把自动化、智能化和可靠性提高到一个新的水平，其具备以下几个特点。

（1）微型化。MEMS 器件体积小、重量轻、耗能低、惯性小、谐振频率高、响应时间短。

（2）以硅为主要材料，机械与电气性能优良。硅的强度、硬度和杨氏模量与铁相当，密度与铝相当，热传导率接近钼和钨。

（3）批量生产。用硅微加工工艺在一片硅片上可同时制造成百上千个微型机电装置或完整的 MEMS。批量生产可大大降低生产成本。

（4）集成化。可以把不同功能、不同敏感方向或致动方向的多个传感器或执行器集成于一体，或形成微传感器阵列、微执行器阵列，甚至把多种功能的器件集成在一起，形成复杂的微系统。微传感器、微执行器和微电子器件的集成可制造出可靠性、稳定性很高的 MEMS。

（5）多学科交叉。MEMS 涉及电子、机械、材料、制造、信息与自动控制、物理、化学和生物等多种学科，并集成了当今科学技术发展的许多尖端成果。

2. MEMS 的应用领域

目前，MEMS 传感器主要应用在汽车、医疗和消费电子三大领域。

汽车工业是传感器的一个重要应用领域。每台汽车会有 40 到上百个传感器，而汽车智慧化的发展趋势也将促进汽车市场对传感器的需求。其应用方向和市场需求包括车辆的防抱死系统（ABS）、电子车身稳定程序（ESP）、电控悬挂（ECS）、电动手刹（EPB）、斜坡起动辅助（HAS）、胎压监控（EPMS）、引擎防抖、车辆倾角计量和车内心跳检测等。其中电子车身稳定程序 ESP 得到众 MEMS 厂商的高度关注。由于其主动防滑功能要求更多的传感器和先进的处理系统，因此将带动汽车电子 MEMS 传统应用市场的需求。

随着人口老龄化和中国医疗保健系统的健全，各种远距离监护和高精度治疗设备将越来越多地被引入。医疗保健市场逐渐成为 MEMS 传感器应用的又一大市场。MEMS 具有微型的特点，可以代替器官植入、微量检测，主要的发展方向是血管内手术和颅内手术以及细胞手术。

MEMS 传感器在消费电子领域中主要应用于运动/坠落检测、导航数据补偿、游戏/人机界面、电源管理、GPS 增强/盲区消除、速度/距离计数、其他体育和保健应用等。这些 MEMS 技术都在很大程度上提高了用户体验，并带来了全新的电子消费产品。其中加速度计是该市场中第一大应用产品，而近期陀螺仪增长迅速，已经成为继加速度计后的第二大应用产品。

除去以上三个领域，在工业领域中 MEMS 也有很多的应用。小体积、低成本的 MEMS 传感器越来越多地用在各种机械振动监测上，它可以用来监测马达、轴承等的振动，从而实现预见性维护；利用 MEMS 加速度计实现的倾角仪也被广泛用在各种工业测量设备上；还有遥控直升机的伺服系统、两轮车的平衡系统、天线稳定平台等。

2.8.2　常用的 MEMS 传感器

MEMS 传感器是指用微电子和微机械工艺加工出来的，依靠敏感元件感受转换电信号的器件和系统。它包括速度、压力、湿度、加速度、气体、磁、光、声、生物、化学等各种传感器。目前手机常用的 MEMS 传感器有声波传感器、加速度传感器、角加速度传感器等。

1．声波传感器

声波传感器，俗称麦克风。iPhone4 为了提高声音质量，使用两组麦克风与相关运算来达到降噪（降低噪声）的效果，这种技术称为数组麦克风（Array MIC）。

2．加速度传感器

加速度传感器可以感应物体的加速度。加速度传感器的实现方式有多种，用 MEMS 实现加速度传感器是目前的趋势。

加速度传感器一般有两轴与三轴两种，两轴多用于车、船等平面移动物体，三轴多用于飞弹、飞机等飞行物。

3．角加速度传感器

角加速度传感器俗称陀螺仪，有机械式与光学式两种。

习　题

一、选择题

1．条码技术属于物联网的（　　）层技术。
　　A．感知　　　　　　　　　　　　B．传输
　　C．应用　　　　　　　　　　　　D．网络

2．物联网感知层技术是综合性极强的技术，下列不属于感知层技术的是（　　）。
　　A．二维码技术　　　　　　　　　B．人脸识别技术
　　C．智能传感器技术　　　　　　　D．信息系统管理技术

3．QR 二维码编码规则共有（　　）个纠错等级。
　　A．2　　　　　　　　　　　　　　B．4
　　C．6　　　　　　　　　　　　　　D．8

4．RFID 低频段（124～135kHz）和高频段（13.56MHz）的信息传递是在近场区进行的，其能量的耦合方式为（　　）。
　　A．电感耦合　　　　　　　　　　B．电容耦合
　　C．电场耦合　　　　　　　　　　D．电磁耦合

5. 下列应用不属于 RFID 技术的是（　　　）。

    A. 二代身份证　　　　　　　　　　B. 公交卡

    C. 移动 NFC　　　　　　　　　　　D. 磁卡

6. 生物识别技术主要通过生理特征或行为特征的比对来确定身份，以下生物识别技术中基于行为特征识别的是（　　　）。

    A. 人脸识别　　　　　　　　　　　B. 虹膜识别

    C. DNA 识别　　　　　　　　　　　D. 步态识别

7. RFID 技术按频段分为低频、高频、超高频和微波，其中高频通常是指（　　　）。

    A. 915MHz　　　　　　　　　　　　B. 134kHz

    C. 13.56MHz　　　　　　　　　　　D. 860MHz

8. 传感器一般包括敏感元件和（　　　）。

    A. 转换元件　　　　　　　　　　　B. 敏感头

    C. 温敏器件　　　　　　　　　　　D. 压敏器件

9. 下列传感器不属于按基本效应分类的是（　　　）。

    A. 半导体传感器　　　　　　　　　B. 磁传感器

    C. 物理传感器　　　　　　　　　　D. 真空传感器

10. 智能检测系统中不包括（　　　）。

    A. 信息处理单元　　　　　　　　　B. 智能检测处理单元

    C. 执行机构　　　　　　　　　　　D. 微处理器

二、简答题

1. RFID 技术相对于其他自动识别技术有明显的优势，请简要列举这些优势。

2. 阐述二维码的特点及其主要应用领域。

3. 比较指纹、人脸、虹膜三种生物识别技术的优缺点，并阐述它们的应用范畴。

4. 比较接触式 IC 卡、非接触式 IC 卡、磁卡的技术特点。

5. 传感器由哪几部分组成？每部分的作用是什么？

6. 列举几种常见的 MEMS 传感器。

第 3 章
互联网技术

3.1 Internet 概述

什么是 Internet？在英语中"inter"作为前缀的含义是"交互的"，"net"是指"网络"。简单而言，Internet 是指一个由计算机构成的交互网络。它是一个世界范围内的巨大的计算机网络体系，它把全球数万个计算机网络和数千万台主机连接起来，包含了难以计数的信息资源，向全世界提供信息服务。它的出现是世界由工业化走向信息化的必然和象征。从网络通信的角度来看，Internet 是一个以 TCP/IP 网络协议连接各个国家、各个地区、各个机构的计算机网络的数据通信网。从信息资源的角度来看，Internet 是一个集各个部门、各个领域的各种信息资源于一体，供网上用户共享的信息资源网。现在 Internet 的概念已经远远超过了一个网络，它是一个信息社会的缩影。虽然至今还没有一个准确的定义来概括 Internet，但是这个定义应从通信协议、物理连接、资源共享、相互联系、相互通信等角度来综合加以考虑。

3.1.1 Internet 的起源与发展

1. Internet 的起源

Internet 的雏形是由美国国防部高级计划资助建成的 ARPAnet，它是冷战时期由军事需要驱动而产生的高科技成果。

ARPA 是美国国防高级研究计划署的英文缩写，是为了与苏联展开军备竞赛于 1958 年初成立的国防科学研究机构。当时冷战双方所拥有的原子弹都足以把对方的军队毁灭多次，因此美国国防部最担心的莫过于战争突发时美国军队的通信联络能力。而当时美国军队采用的是中央控制网络，这种网络的弊病在于，只要摧毁网络的控制中心，就可以摧毁整个网络。

1968 年 6 月 21 日，美国国防高级研究计划署正式批准了名为"资源共享的计算机网络"的研究计划，力图使连入网络的计算机和军队都能从中受益。这个计划的目标实质上是研究用于军事目的的分布式计算机系统，通过这个名为 ARPAnet 的网络把美国的几个军事及研究用的计算机主机连接起来，形成一个新的军事指挥系统。这个系统由一个个分散的指挥点组成，当部分指挥点被摧毁后，其他指挥点仍能正常工作，而这些分散的指挥点又能通过某种形式的通信网取得联系。在 Internet 面世之初，由于建网出于军事目的，参加试验的人又全是熟练的计算机操作人员，个个都熟悉复杂的计算机命令，因此没有人考虑过对 Internet 的界面及操作方面加以改进。

2. Internet 的第一次快速发展

Internet 的第一次快速发展出现在 20 世纪 80 年代中期。1981 年，另一个美国政府机构——全国科学基金会开发了由 5 个超级计算机中心相连形成的网络。当时美国许多大学和学术机构建成的一批地区性网络与 5 个超级计算机中心相连，形成了一个新的大网络——NSFnet，该网络上的成员可以互相通信，由此开始了 Internet 的真正快速发展阶段。

最初，NSF 曾试图用 ARPAnet 作为 NSFnet 的通信干线，但这个决策没有取得成功。由于 ARPAnet 属于军用性质，并且受控于政府机构，所以要从 ARPAnet 起步，把它作为 Internet 的基础并不是一件容易的事情。20 世纪 80 年代是网络技术取得巨大进展的年代，不仅涌现出大量用诸如以太网电缆和工作站组成的局域网，而且奠定了建立大规模广域网的技术基础，正是在那时提出了发展 NSFnet 的计划。1982 年，在 ARPA 的资助下，加州大学伯克利分校将 TCP/IP 协议嵌入 UNIXBSD 4.1 版，这极大地推动了 TCP/IP 协议的应用进程。1983 年，TCP/IP 协议成为 ARPAnet 上标准的通信协议，这标志着真正意义的 Internet 出现了。1988 年年底，NSF 把美国建立的五大超级计算机中心用通信干线连接起来，组成了全国科学技术网 NSFnet，并以此作为 Internet 的基础，实现同其他网络的连接。

采用 Internet 这一名称是在 MILnet（系由 ARPAnet 分出）实现和 NSFnet 连接后开始的。随后，其他联邦部门的计算机网络相继并入 Internet，如能源科学网 ESnet、航天技术网 NASAnet、商业网 COMnet 等。NSF 巨型计算机中心则一直肩负着扩展 Internet 的使命。

Internet 在 20 世纪 80 年代的扩张不仅带来了量的改变，同时也带来了某些质的变化。由于多种学术团体、企业研究机构甚至个人用户的进入，Internet 的使用者不再限于"纯粹"的计算机专业人员。新的使用者发现，加入 Internet 除了可共享 NSF 的巨型计算机外，还能进行相互间的通信，而这种相互间的通信对他们来讲更有吸引力。于是，他们逐步把 Internet 当做一种交流与通信的工具，而不仅仅是共享 NSF 巨型计算机的运算能力。

3. Internet 的第二次飞跃

Internet 的第二次飞跃应当归功于 Internet 的商业化。在 20 世纪 90 年代以前，Internet 的使用一直仅限于研究领域和学术领域，商业性机构进入 Internet 一直受到这样或那样的法规或传统问题的困扰。例如，美国国家科学基金颁发的 Internet 使用指南（Acceptable Use Policies）就指出："NSFnet 主干线仅限于美国国内科研及教育机构把它用于公开的科研及教育目的，以及美国企业的研究部门把它用于公开学术交流，任何其他使用均不允许。"其实，这类指南有许多模糊不清的地方。例如，企业研究人员向大学的研究伙伴通过 Internet 发出一份新产品的介绍，以帮助该伙伴掌握该领域的最新动向，这一行为属于学术交流还是商业广告？到了 20 世纪 90 年代初，Internet 已不是全部由政府机构出钱，出现了一些私人投资的老板。正是这些私人老板的加入，使得在 Internet 上进行商业活动成为可能。

1991 年，General Atomics、Performance Systems International、UUnet Technologies 三家公司组成了"商业 Internet 协会"（Commercial Internet Exchange Association），宣布用户可以把它们的 Internet 子网用于任何的商业用途。因为这三家公司分别经营着自己的 CERFnet、PSInet 及 Alternet 网络，可以在一定程度上绕开由美国国家科学基金出钱的

Internet 主干网络 NSFnet，而向客户提供 Internet 连网服务。真可谓"一石激起千层浪"，其他 Internet 的商业子网也看到了 Internet 用于商业用途的巨大潜力，纷纷作出类似的承诺。到 1991 年年底，连专门为 NSFnet 建立高速通信线路的 Advanced Network and Service 公司也宣布推出自己的名为 CO+RE 的商业化 Internet 骨干通道。Internet 商业化服务提供商的接连出现，使工商企业终于可以堂堂正正地从正门进入 Internet。

4．Internet 的完全商业化

商业机构一踏入 Internet 这一陌生的世界，很快就发现了它在通信、资料检索、客户服务等方面的巨大潜力。于是世界各地无数的企业及个人纷纷涌入 Internet，带来了 Internet 发展史上一次质的飞跃。到 1994 年年底，Internet 已通往全世界 150 个国家和地区，连接着 3 万多个子网和 320 多万台主机，直接用户超过 3 500 万，成为世界上最大的计算机网络。

看到 Internet 的羽毛已丰满，NSFnet 意识到已经完成了自己的历史使命。1995 年 4 月 30 日，NSFnet 正式宣布停止运作，代替它的是由美国政府指定的上述三家私营企业。至此，Internet 的商业化彻底完成。

3.1.2　Internet 的特点

Internet 丰富的联机信息几乎已覆盖人们想象的所有领域，一旦与 Internet 连接，就如同进入了一个全新的虚拟世界，这个虚拟世界表现出以下特点。

1．全球信息传播

Internet 连入了分布在世界各地的计算机，并且按照"全球统一"的规则为每台计算机命名，制定了"全球统一"的协议来约束计算机之间的交往。而从技术的角度来看，Internet 从一开始就打破了中央控制的网络结构，让全世界都能拥有 Internet，而不必担心谁控制谁的问题。加入 Internet，就可以与世界各地的人交换信息，及时获得最新信息，还可以实现针对某一问题的远程讨论。Internet 使世界变成了一个"地球村"，而我们每一个人则变成了地球村的"村民"。

2．信息容量大、时效长

由于现代计算机存储技术的发展提供了近乎无限的信息存储空间，Internet 现已成为一个涉及政治、经济、科研、文化、教育、体育、娱乐、企业产品广告、招商引资信息等各方面内容的全球最大的信息资源库。信息一旦进入发布平台，即可长期存储、长效发布。

3．检索使用便捷

与一般媒体相比，Internet 上的信息可以更为方便地检索，传输过程也极为迅速。如通过网络搜索引擎，可以很容易地检索出全球大部分生产、销售某种产品的厂商，实现与厂商的直接接触。光纤技术的运用使得信息的发送与检索瞬间即可完成。由于电脑空间把全球信息"一网打尽"，人们可以很容易地从一个国家到另一个国家，或者同时向不同国家的不同厂商订购不同的产品，而这一切只需几分钟时间，足不出户即可完成。

4．入网方式灵活多样

入网方式灵活多样是 Internet 获得高速发展的重要原因。任何计算机只要采用 TCP/IP

协议与 Internet 中的任何一台主机通信，就可以成为 Internet 的一部分。Internet 所采用的 TCP/IP 协议族成功地解决了不同硬件平台、不同网络产品和不同操作系统之间的兼容性问题，标志着网络技术的一个重大进步。因此，无论是大型机、小型机、微机或工作站都可以运行 TCP/IP 协议并与 Internet 进行通信。正因为如此，目前 TCP/IP 已经成为事实上的国际标准。

加入 Internet 也是自愿的，似乎可以笼统地说，Internet 是由它的所有成员自愿组成的。多年以前，Internet 还处在形成期，一些美国联邦部门的网络通过协商以相同的连接方式加入 Internet，各个网络都采用 TCP/IP 协议。一些不执行 TCP/IP 协议的网络，诸如 BITnet、USEnet、DECnet，通过开发异型网络的连接技术，也都自愿地同 Internet 连接起来。起初，将这些连接设施称为"网关"（Gateway），只用于在两个网络之间转换与传输电子邮件。后来，有的网关不断扩充功能，直到成为两个网络之间的完全服务转换器。

3.1.3　Internet 的基本功能

Internet 的基本功能主要有电子邮件、远程登录、文件传送。

1．电子邮件（E-mail）

电子邮件是指 Internet 上或常规计算机网络上各个用户之间，通过电子信件的形式进行通信的一种现代邮政通信方式，是 Internet 上使用最早也最广泛的工具之一。电子邮件使网络用户能够发送或接收文字、图像、语音、图形、照片等多种形式的信息。目前 Internet 上 60%以上的活动都与电子邮件有关。

使用电子邮件的前提是拥有自己的电子信箱。电子信箱又称电子邮件地址（E-mail Address），由用户名、@符号、用户所连接的主机地址三个部分组成。例如：xicha@163.com，其中 xicha 是用户名，163.com 是用户所连接的主机地址。为了方便记忆和识别，用户名一般采用有关人员的真实姓名，当然也可以使用其他有特殊意义的单词。

电子信箱是电子邮件服务机构为用户建立的，实际上是该机构在与 Internet 连接的计算机上为用户分配的一个专门用于存放往来邮件的磁盘存储区域，这个区域是由电子邮件系统管理的。电子邮件系统是采用"存储转发"方式为用户传送电子邮件的，通过在一些 Internet 的通信节点计算机上运行相应的软件，可以使这些计算机充当"邮局"的角色，用户使用的"电子邮箱"就是建立在这类计算机上的。当用户希望通过 Internet 给某人发送信件时，先要与为自己提供电子邮件服务的计算机联机，然后将要发送的信件与收信人的电子邮件地址发送给电子邮件系统。电子邮件系统会自动将用户的信件通过网络一站一站地送到目的地，整个过程对用户来讲是透明的。若在传递过程中某个通信站点发现用户给出的收信人电子邮件地址有误而无法继续传递，系统会将原信逐站退回并通知不能送达的原因。当信件送到目的地的计算机后，该计算机的电子邮件系统就将它放入收信人的电子邮箱中，等候用户自行读取。用户只要随时以计算机联机的方式打开自己的电子邮箱，便可以查阅自己的邮件。

2．远程登录（Telnet）

远程登录是指在网络通信协议 Telnet 的支持下，用户的计算机通过 Internet 成为远程计算机的仿真终端的过程。Telnet 主要通过两个软件程序实现用户计算机的远程登录，一个是用户发出远程登录请求的 Telnet 客户机程序（Client），另一个是提供远程连接服务的 Telnet 服务器程序（Server），计算机网络则通过 TCP（Transmission Control Protocol，网络传输控制协议）或 UDP（User Datagram Protocol，用户数据报协议）为上述两个程序提供信息传输。

在使用 Telnet 进行远程登录时，首先要知道对方计算机的域名或 IP 地址，然后根据对方系统的询问，正确输入自己的用户名和密码；但对于一些开放式的远程登录服务，则可以使用该系统的公共用户名，因为许多远程登录的数据库都是免费的，用户访问时只须支付网络上的通信费用。

Telnet 可以使用户很容易地共享软件和研究成果，目前 Telnet 最普遍的应用是接入世界各地的大学数据库，查询各大学的科研成果索引和图书馆的图书卡目录。使用 Telnet 同样可以享受到电子邮件、网络新闻和 FTP 服务，因为大多数早期的电子邮件、网络新闻和 FTP 服务都是基于 UNIX 系统实现的，而很多 Internet 用户的个人计算机往往使用的是 Windows 操作系统，要享受基于 UNIX 的各种 Internet 服务就必须通过 Telnet。有趣的是，使用 Telnet 时，在用户的计算机屏幕上出现的完全是 UNIX 风格的界面而不是 Windows 的界面，这就是为什么说 Telnet 使用户计算机成为远程计算机的"仿真"终端。

3．文件传送（FTP）

事实上，无论是电子邮件还是新闻论坛，本质上都是发送和接收"信件"，然而对于 Internet 的"网民"，特别是编写软件的人而言，从别人的计算机中取回一些文件，应该是比收发信件更为激动人心的事。

文件传送是指通过 Internet 从别人的计算机中取回文件放到自己的计算机中（反之亦可）。由于文件传送服务是由 TCP/IP 协议中的 FTP（File Transfer Protocol，文件传输协议）支持的，因此人们就把 Internet 的这种服务称为"FTP"。如果两台计算机都是 Internet 上的用户，无论它们在地理位置上相距多远，只要二者都支持 FTP，就可以在两台计算机之间互相传送文件。文件的形式多种多样，可以是文本文件、图形文件、语音文件和压缩文件等。

FTP 服务要求用户在登录远程计算机时提供用户名和口令，但也允许网络上的任何用户以"Anonymous"（匿名）用户名登录远程计算机以免费获得文件。匿名 FTP 还要求把用户的 E-mail 地址作为匿名登录的口令。一般匿名用户只能获取文件（下载），而不能装入或修改文件（上载）。目前全球共有上千个匿名 FTP，它们大都属于大学、公司或某些个人计算机，用户可以利用这些服务功能和公用的联机数据库，获取所需的文件或免费下载软件。

也许使用 FTP 获益最多的就是那些软件厂商和软件"发烧友"。软件厂商通过 FTP 把自己刚编好的软件（有时包括源代码）交给公众测试，公众也通过 FTP 把测试的意见反馈给软件厂商；而"发烧友"们则可以通过 FTP 搜集自己感兴趣的软件，或者把自己编写的软件提供给别人进行交流。可以说，FTP 是 Internet 上技术交流的一个良好工具，也是软件"发烧友"传送软件的乐园。

3.2 Internet 接入方式

提到接入网，首先要涉及带宽问题。随着互联网技术的不断发展和完善，接入网的带宽被人们分为窄带和宽带，业内专家普遍认为宽带接入是未来的发展方向。整个城市网络由核心层、汇聚层、边缘汇聚层、接入层组成。社区端到末端用户接入部分就是通常所说的"最后一公里"。在接入网中，目前可供选择的接入方式主要有 PSTN、ISDN、DDN、LAN、ADSL、VDSL、Cable-Modem、PON 和 LMDS，它们各有各的优缺点。

1. PSTN 拨号：使用最广泛

PSTN（Published Switched Telephone Network，公用电话交换网）拨号是利用 PSTN 通过调制解调器（Modem）拨号实现用户接入的方式。这种接入方式是大家非常熟悉的一种接入方式，目前最高速率为 56Kbps，已经达到香农定理确定的信道容量极限，这种速率远远不能满足宽带多媒体信息的传输需求；但是电话网非常普及，用户终端设备 Modem 很便宜，价格在 100～500 元，而且不用申请就可开户，只要家里有电脑，把电话线接入 Modem 就可以直接上网。PSTN 提供的是一个模拟的专有通道，通道之间经由若干个电话交换机连接。当两个主机或路由器需要通过 PSTN 连接时，在两端的网络接入侧（即用户回路侧）必须使用调制解调器实现信号的模/数、数/模转换。从 OSI 七层模型的角度来看，PSTN 可以看成物理层的简单延伸，没有向用户提供流量控制、差错控制等服务。而且，由于 PSTN 是一种电路交换的方式，所以一条通路自建立直至释放，其全部带宽仅能被通路两端的设备使用，即使它们之间并没有任何数据需要传送。因此，这种电路交换的方式不能实现对网络带宽的充分利用。

2. ISDN 拨号：通话上网两不误

综合业务数字网（Integrated Services Digital Network，ISDN）是一个数字电话网络国际标准，是一种典型的电路交换网络系统。它通过普通的铜缆以更高的速率和质量传输语音和数据。ISDN 是欧洲普及的电话网络形式。GSM 移动电话标准也可以基于 ISDN 传输数据。因为 ISDN 是全部数字化的电路，所以它能够提供稳定的数据服务和连接速度，不像模拟线路那样对干扰比较敏感。在数字线路上更容易开展更多的模拟线路无法或者比较难以保证质量的数字信息业务。例如，除了基本的打电话功能之外，还能提供视频、图像与数据服务。ISDN 需要一个全数字化的网络来承载数字信号（只有 0 和 1 这两种状态），其与普通模拟电话网络最大的区别就在这里。

ISDN 有两种信道：B 信道和 D 信道。B 信道用于数据和语音信息，D 信道用于信号和控制（也能用于数据）。B 代表承载，D 代表 Delta。

ISDN 有两种访问方式，基本速率接口（BRI）由两个带宽 64Kbps 的 B 信道和一个带宽 16Kbps 的 D 信道组成，三个信道设计成 2B+D。主速率接口（PRI）由多个 B 信道和一个带宽 64Kbps 的 D 信道组成。不同国家采用不同的 B 信道数量。北美和日本为 23B+1D，总位速率 1.544 Mbit/s（T1）；澳大利亚为 30B+D，总位速率 2.048 Mbit/s（E1）。语音呼叫通过数据通道（B 信道）传送，控制信号通道（D 信道）用来设置和管理连接。呼叫建立的时候，一个 64Kbps 的同步信道被建立和占用，直到呼叫结束。每一个 B 信道都可以建

立一个独立的语音连接。多个 B 信道可以通过复用合并成一个高带宽的单一数据信道。D
信道也可以用于发送和接收 X.25 数据包，接入 X.25 报文网络。

用户采用 ISDN 拨号方式接入须申请开户，初装费根据地区不同而不同。ISDN 的极限
带宽为 128Kbps，各种测试数据表明，双线上网速度并不能翻番。从发展趋势来看，窄带
ISDN 也不能满足高质量的 VOD 等宽带应用。

3．DDN 专线：面向集团企业

数字数据网（Digital Data Network，DDN）是利用数字信道传输数据信号的数据传输
网，它的传输媒介有光缆、数字微波、卫星信道，以及用户端可用的普通电缆和双绞线。
利用数字信道传输数据信号与采用传统的模拟信道相比，具有传输质量高、速度快、带宽
利用率高等一系列优点。DDN 向用户提供的是永久性或半永久性数字连接，沿途不进行复
杂的软件处理，因此延时较短，避免了分组网中传输时延大且不固定的缺点；DDN 采用交
叉连接装置，可根据用户需要，在约定的时间内接通所需带宽的线路，信道容量的分配和
接续在计算机控制下进行，具有极大的灵活性，使用户可以开通种类繁多的信息业务，传
输任何合适的信息。DDN 是同步数据传输网，不具备交换功能，通过数字交叉连接设备可
向用户提供永久性或半永久性信道，并提供多种速率的接入；DDN 是任何协议都可以支持、
不受约束的全透明网，从而可满足数据、图像、声音等多种业务的需要。DDN 由数字传输
电路和相应的数字交叉连接设备组成。其中，数字传输电路以光缆传输电路为主，数字交
叉连接设备对数字电路进行半固定交叉连接和子速率的复用。

DDN 将数字通信技术、计算机技术、光纤通信技术及数字交叉连接技术有机地结合在
一起，提供了高速度、高质量的通信环境，可以向用户提供点对点、点对多点透明传输的
数据专线出租电路，为用户传输数据、图像、声音等信息。DDN 的通信速率可根据用户需
要在 $N\times64$Kbps（N=1～32）之间进行选择，当然速率越高，租用费也越高。

用户租用 DDN 业务须申请开户。DDN 的收费一般采用包月制和计流量制，这与一般
用户拨号上网的按时计费方式不同。DDN 的租用费较贵，普通个人用户负担不起，DDN
主要面向集团企业。DDN 不适合社区住户的接入，只对社区商业用户有吸引力。

4．ADSL：个人宽带流行风

ADSL（Asymmetric Digital Subscriber Line，非对称数字用户环路）是一种新的数据传
输方式，其上行和下行带宽不对称。它采用频分复用技术把普通的电话线分成电话、上行
和下行三个相对独立的信道，从而避免了相互之间的干扰。即使边打电话边上网，也不会
发生上网速率和通话质量下降的情况。通常 ADSL 在不影响正常电话通信的情况下，可以
提供最高 3.5Mbps 的上行速率和最高 24Mbps 的下行速率。ADSL 是一种异步传输模式
（ATM）。传统的电话线系统使用的是铜线的低频部分（4kHz 以下频段）。而 ADSL 采用 DMT
（离散多音频）技术，将原来电话线路 4kHz～1.1MHz 频段划分成 256 个频宽为 4.3kHz 的
子频带。其中，4kHz 以下频段用于传送 POTS（传统电话业务），20～138kHz 频段用来传
送上行信号，138kHz 到 1.1MHz 频段用来传送下行信号。DMT 技术可以根据线路的情况
调整在每个信道上所调制的比特数，以便充分利用线路。一般来说，子信道的信噪比越大，
在该信道上调制的比特数就越多，如果某个子信道信噪比很小，则弃之不用。

ADSL 是一种能够通过普通电话线提供宽带数据业务的技术，也是目前极具发展前景

的一种接入技术。ADSL 素有"网络快车"的美誉，具有下行速率高、频带宽、性能好、安装方便、无须交纳电话费等特点，深受广大用户喜爱，成为继 Modem、ISDN 之后又一种全新的高效接入方式。

ADSL 方案的最大特点是无须改造信号传输线路，完全可以利用普通铜质电话线作为传输介质，配上专用的 Modem 即可实现数据高速传输。ADSL 的有效传输距离在 3～5km。在 ADSL 接入方案中，每个用户都有单独的一条线路与 ADSL 局端相连，类似星形结构，数据传输带宽是由每一个用户独享的。

5. VDSL：更高速的宽带接入

简单地说，VDSL（Very-high-bit-rate Digital Subscriber Loop，甚高速数字用户环路）就是 ADSL 的快速版本。使用 VDSL，短距离内的最大下行速率可达 55Mbps，上行速率可达 19.2Mbps，甚至更高。不同厂家的芯片组支持的速率不同，同一厂家的芯片组，使用的频段不同，提供的速率也不同。目前市场上用得比较多的是英飞凌的套片，支持 512Kbps～15Mbps 带宽。此外科胜讯公司的套片可以支持 100Mbps/50Mbps 带宽。以前不同厂家的 VDSL 不能实现互通，导致 VDSL 不能大规模商业应用。如今新一代的 VDSL2 实现了互通，为 VDSL 大规模商业应用提供了条件。

目前有一种基于以太网方式的 VDSL，接入技术使用 QAM 调制方式，它的传输介质也是一对铜线，在 1.5km 范围之内能够达到双向对称的 10Mbps 传输，即达到以太网的速率。如果将这种技术用于宽带运营商社区接入，可以大大降低成本。分别测算采用 VDSL 方案与 LAN 方案的社区建设成本，可以发现对于一个 1 000 户的社区而言，如果上网率为 8%，采用 VDSL 方案要比采用 LAN 方案节省 5 万元左右的投资。虽然表面上看 VDSL 方案增加了 VDSL 用户端和局端设备，但它比 LAN 方案省去了光电模块，并且用室外对绞线替代光缆，从而减少了建设成本。

6. Cable-Modem：用于有线网络

Cable-Modem（线缆调制解调器）是近几年开始使用的一种超高速 Modem，它利用现成的有线电视（CATV）网进行数据传输，已是比较成熟的一种技术。随着有线电视网的发展壮大和人们生活质量的不断提高，通过 Cable-Modem 利用有线电视网访问 Internet 已成为越来越受业界关注的一种高速接入方式。

由于有线电视网采用的是模拟传输协议，因此网络需要用一个 Modem 来协助完成数字数据的转化。Cable-Modem 与普通 Modem 在原理上都是将数据进行调制后在 Cable（电缆）的一个频率范围内传输，接收时进行解调，不同之处在于它是通过有线电视网的某个传输频带进行调制解调的。

Cable-Modem 连接方式可分为两种，即对称速率型和非对称速率型。前者的数据上传速率和数据下载速率相同，都为 500Kbps～2Mbps；后者的数据上传速率为 500Kbps～10Mbps，数据下载速率为 2～40Mbps。

Cable-Modem 模式采用的是相对落后的总线型网络结构，这就意味着网络用户必须共同分享有限带宽；另外，购买 Cable-Modem 和初装费都不算便宜，这些都阻碍了 Cable-Modem 接入方式在国内的普及。但是，它的市场潜力是很大的，毕竟我国有线电视网已成为世界第一大有线电视网，其用户已达 8 000 多万。

7. PON 接入：光纤入户

PON（无源光网络）是指光配线网 ODN 中不含有任何电子器件及电子电源，ODN 全部由光分路器（Splitter）等无源器件组成，不需要贵重的有源电子设备。一个无源光网络包括一个安装于中心控制站的光线路终端（OLT），以及一批配套的安装于用户场所的光网络单元（ONU）。在 OLT 与 ONU 之间的光配线网包含光纤及无源分光器或者耦合器（ONV）。PON 接入设备主要由 OLT、ONT、ONU 组成，由无源光分路器将 OLT 的光信号分到树形网络的各个 ONU。一个 OLT 可接 32 个 ONT 或 ONU，一个 ONT 可接 8 个用户，而一个 ONU 可接 32 个用户。因此，一个 OLT 最大可负载 1 024 个用户。PON 技术的传输介质采用单芯光纤，局端到用户端最大距离为 20km，接入系统总的传输容量为上行和下行各 155Mbps，每个用户使用的带宽可以从 64Kbps 到 155Mbps 灵活划分，一个 OLT 上所接的用户共享 155Mbps 带宽。PON 的复杂性在于信号处理技术。在下行方向上，交换机发出的信号是广播式发给所有用户的。在上行方向上，各 ONU 必须采用某种多址接入协议，如时分多路访问（Time Division Multiple Access，TDMA）协议，才能完成共享传输通道信息访问。

PON 技术是一种点对多点的光纤传输和接入技术，下行采用广播方式，上行采用时分多址方式，可以灵活地组成树形、星形、总线型等拓扑结构，在光分支点不需要节点设备，只要安装一个简单的光分路器即可，具有节省光缆资源、带宽资源共享、节省机房投资、设备安全性高、建网速度快、综合建网成本低等优点。

PON 包括 ATM-PON（APON，即基于 ATM 的无源光网络）和 Ethernet-PON（EPON，即基于以太网的无源光网络）两种。APON 技术发展得比较早，它还具有综合业务接入、服务质量保证等独有的特点，ITU-T G.983 建议规范了 APON 的网络结构、基本组成和物理层接口，我国工业和信息化部也已制定了完善的 APON 技术标准。

分别测算采用 EPON 方案与 LAN 方案的社区成本投入，可以发现对于一个 1 000 户的社区，如果上网率为 8%，采用 EPON 方案相比采用 LAN 方案（室内布线进行了优化）在成本上没有优势，但在以后的维护上会节省费用。而室内布线采用优化和没有采用优化的两种 LAN 方案在建设成本上差距较大。出现这种差距的原因是：优化方案节省了室内布线的材料，施工费相对也降低了；另外，由于采用集中管理方式，交换机的端口利用率大大增加，从而减少了楼道交换机的数量，相应也就降低了在设备上的投资。

8. LMDS 接入：无线通信

LMDS（Local Multi-point Distribution Service）系统是一种宽带固定无线接入系统，其中文名称为本地多点分配业务系统。第一代 LMDS 系统为模拟系统，没有统一的标准。通常所说的 LMDS 系统为第二代数字系统，主要使用 ATM（异步传输模式）传送协议，具有标准化的网络侧接口和网管协议。LMDS 具有很高的带宽和双向数据传输的特点，可提供多种宽带交互式数据及多媒体业务，能满足用户对高速数据和图像通信日益增长的需求，因此 LMDS 是解决通信网无线接入问题的锐利武器。LMDS 系统利用毫米波传输信息，工作在 20～40GHz 频段上，可提供高达 55.52Mbps 的用户接入速率。此外，LMDS 系统支持所有主要的话音和数据传输标准，如 ATM、TCP/IP、MPEG-2 等。LMDS 系统采用类似蜂窝式的结构配置，由一个或多个基站组成，基站的收发信机经点到多点无线链路与服务区的固定用户通信。每个基站都可支持 4～24 个独立的扇区，并通过高速骨干链路连接至公共交换平台上。LMDS 系统分为用户远端站、基站、骨干网和网管中心 4 个部分，同时也可将这几部分看成接入层、边缘层和中心层的组合。接入层是用户站接入业务处，在硬件上指用户端设备，包括室外单元、网络接口单元和调制解调模块。边缘层实现信号在骨干网和无线传输间转换，并提供相应的 QoS 和 CoS，主要包括节点发送/接收无线单元和连接到 ATM 或 L2/L3 边缘交换机的基本信道组。中心层经有效地传送、交换和分配带宽来优化成本，是采用 SDH 传输技术、ATM 或 IP 或 ATM IP 交换技术的交换平台，提供与 PSTN、Internet 和其他专用网的互连接口。相对于其他的接入技术而言，宽带无线接入技术具有初期投资少、网络建设周期短、提供业务迅速、资源可重复利用等独特优势和广泛的应用前景。宽带无线接入技术已成为当今通信网络发展最快的领域之一。主要的宽带无线接入技术有三类，即已经投入使用的 MMDS（多路多点分配业务）和 DBS（直播卫星系统），以及正在兴起的 LMDS，而 LMDS 又是这一领域中最热门的技术。

LMDS 是目前可用于社区宽带接入的一种无线接入方式。在该接入方式中，一个基站可以覆盖直径 20km 的区域，每个基站可以负载 2.4 万个用户，每个终端用户的带宽可达到 25Mbps。但是，它的带宽总容量为 600Mbps，每个基站下的用户共享带宽，因此一个基站如果负载用户较多，那么每个用户所分到的带宽就会很小。因此这种技术对于社区用户的接入是不合适的，但它的用户端设备可以捆绑在一起，用于宽带运营商的城域网互连。具体做法是：在汇聚机房建一个基站，而汇聚机房周边的社区机房可作为基站的用户端，社区机房如果捆绑 4 个用户端，汇聚机房与社区机房的带宽就可以达到 100Mbps。采用这种方案的好处是可以使已建好的宽带社区迅速开通运营，缩短建设周期。

9．LAN：技术成熟，成本低

局域网（Local Area Network，LAN）是指在某一区域内由多台计算机互连形成的计算机组，一般是方圆几千米以内。局域网可以实现文件管理、应用软件共享、打印机共享、工作组内的日程安排、电子邮件和传真通信服务等功能。局域网是封闭型的，可以由办公室内的两台计算机组成，也可以由一个公司内的上千台计算机组成。局域网的名字本身就隐含了这种网络地理范围的局限性。由于地理范围的局限性，LAN 通常要比广域网（WAN）具有高得多的传输速率。例如，目前 LAN 的传输速率为 10Mbps，FDDI 的传输速率为 100Mbps，而 WAN 的主干线速率国内目前仅为 64Kbps 或 2.048Mbps，最终用户的上行速率通常为 14.4Kbps。LAN 的拓扑结构目前常用的是总线型、星形和环形。LAN 具有可靠性高、易扩缩、易于管理及安全等多种特性。

LAN 方式接入是利用以太网技术，采用光缆+双绞线的方式对社区进行综合布线。具体实施方案是：从社区机房敷设光缆至住户单元楼，楼内布线采用 5 类双绞线敷设至用户家里，双绞线总长度一般不超过 100m，用户家里的电脑通过 5 类跳线接入墙上的 5 类模块就可以实现上网。社区机房的出口通过光缆或其他介质接入城域网。

采用 LAN 方式接入可以充分利用小区局域网的资源优势，为居民提供 10Mbps 以上的共享带宽，并可根据用户的需求升级到 100Mbps 以上。

以太网技术成熟，成本低，结构简单，稳定性和可扩充性好，便于网络升级，同时可实现实时监控、智能化物业管理、小区/大楼/家庭保安、家庭自动化（如远程遥控家电、可视门铃等）、远程抄表等，还可提供智能化、信息化的办公与家居环境，满足不同层次的人们对信息化的需求。

上述 9 种接入方式的比较见表 3-1。

表 3-1　9 种接入方式的比较

名称	传输介质	最大上传速度	最大下载速度	用户终端设备	接入方式
PSTN	电话线	33.4 Kbps	33.4 Kbps	Modem	拨号连接
ISDN	电话线	128 Kbps	128 Kbps	路由器	拨号连接，局域网分享
DDN	电话线	2 Mbps	2 Mbps	DTU+路由器	先连接到 DTU 和路由器，再接入局域网
ADSL	电话线	1 Mbps	8 Mbps	ADSL Modem	通过 ADSL Modem 直接和用户的计算机相连
VDSL	电话线	10 Mbps/19.2 Mbps	10 Mbps/55 Mbps	VDSL Modem	通过 VDSL Modem 直接和用户的计算机相连
Cable-Modem	有线电视同轴电缆	10 Mbps	10 Mbps	Cable-Modem	先通过光纤到楼道，然后通过调制解调系统和以太交换机连接
PON	光纤	155 Mbps	155 Mbps	ONT/ONU	由无源光分路器将 OLT 的光信号分到树形网络的各个 ONU，ONU 再分到各个用户
LMDS	微波	155 Mbps	155 Mbps	无线网卡	用户只要拥有经过许可的网卡就可以直接上网
LAN	双绞线	10 Mbps	10 Mbps	网卡	直接连接到网卡上即可

3.3　互联网协议

IPv4 是互联网协议（Internet Protocol，IP）的第 4 版，也是第一个被广泛使用，构成现今互联网技术的基础协议。1981 年 Jon Postel 在 RFC791 中定义了 IP。IPv4 可以运行在各种各样的底层网络上，如端对端的串行数据链路（PPP 和 SLIP）、卫星链路等，局域网中最常用的是以太网。IPv4 存在以下几个方面的局限性。

（1）基于 IPv4 的网络难以实现网络实名制，一个重要原因就是 IP 资源的共用，因为 IP 资源不够，所以不同的人在不同的时间段共用一个 IP，IP 和上网用户无法实现一一对应。

（2）在 IPv4 下，根据 IP 查人也比较麻烦。通常因为数据量很大，运营商只保留三个月左右的上网日志，要查更早时候用某个 IP 发帖子的用户就不能实现。

而 IPv6 的出现可以从技术上一劳永逸地解决实名制这个问题，因为 IP 资源将不再紧张，运营商在受理入网申请的时候，可以直接给每个用户分配一个固定 IP 地址，这样就实现了实名制，也就是一个真实用户和一个 IP 地址一一对应。

IPv6 是 IETF（Internet Engineering Task Force，互联网工程任务组）设计的用于替代现行版本互联网协议（IPv4）的下一代互联网协议。IPv6 的使用，不仅能解决网络地址资源数量的问题，而且能清除多种接入设备连入互联网的障碍。

1. IPv6 地址

IPv6 提供 128 位的地址空间，地址长度是 IPv4 的 4 倍，充分解决了地址匮乏问题。IPv6 共有 2^{128} 个不同的地址，IPv6 的 128 位地址长度形成的巨大的地址空间能够为所有可以想象出的网络设备提供一个全球唯一的地址，将极大地满足那些伴随着网络智能设备的出现而产生的对地址增长的需求，如个人数据助理、移动电话、家庭网络接入设备等。

（1）IPv6 地址的表示方法。

IPv6 地址有 128 位，由使用冒号分隔的 8 组十六进制数表示，每组 16 位，写成 4 个十六进制数。例如：

  ABCD:EF01:2345:6789:ABCD:EF01:2345:6789

另外，对于中间位连续为 0 的情况，还提供了简易表示方法，可以将十六进制格式中相邻的连续零位合并，用双冒号 "::" 表示，"::" 符号在一个地址中只能出现一次，该符号也能用来压缩地址中头部或尾部相邻的连续零位。例如：

  FF01:0:0:0:0:0:0:1101 → FF01::1101
  0:0:0:0:0:0:0:1→::1
  0:0:0:0:0:0:0:0→::

（2）IPv6 地址前缀。

IPv6 地址前缀表示为 ipv6-address/prefix-length，其中 ipv6-address（十六进制）表示 128 位地址，prefix-length（十进制）表示地址前缀长度。

（3）IPv6 地址的分类。

IPv6 地址分为单播地址、任播地址、组播地址。与原来的 IPv4 地址相比，新增了任播地址类型，取消广播地址类型，因为 IPv6 中的广播功能是通过组播来完成的。

① 单播地址：用来唯一标识一个接口，类似于 IPv4 中的单播地址。发送到单播地址的数据报文将被传送给此地址所标识的一个接口。

② 组播地址：用来标识一组接口（通常这组接口属于不同的节点），类似于 IPv4 中的组播地址。发送到组播地址的数据报文被传送给此地址所标识的所有接口。

③ 任播地址：用来标识一组接口（通常这组接口属于不同的节点）。发送到任播地址的数据报文被传送给此地址所标识的一组接口中距离源节点最近（根据使用的路由协议进行度量）的一个接口。

IPv6 地址类型是由地址前缀部分确定的，主要地址类型与地址前缀的对应关系见表 3-2。

表 3-2　IPv6 地址类型与地址前缀的对应关系

地址类型		地址前缀（二进制）	IPv6 前缀标识
单播地址	未指定地址	00…0（128 bit）	::/128
	环回地址	00…1（128 bit）	::1/128
	链路本地地址	1111111010	FE80::/10
	站点本地地址	1111111011	FEC0::/10
	全球单播地址	其他形式	
组播地址		11111111	FF00::/8
任播地址		从单播地址空间中进行分配，使用单播地址的格式	

2. IPv6 报文格式

IPv6 报文的整体结构分为 IPv6 报头、扩展报头和上层协议数据 3 个部分。IPv6 报头是必选报头，长度固定为 40B，包含该报文的基本信息；扩展报头是可选报头，可能存在 0 个、1 个或多个，IPv6 协议通过扩展报头实现各种丰富的功能；上层协议数据是该 IPv6 报文携带的上层数据，可能是 ICMPv6 报文、TCP 报文、UDP 报文或其他报文。

IPv6 报头结构如图 3-1 所示。

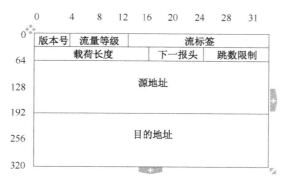

图 3-1   IPv6 报头结构

IPv6 报头结构各部分说明见表 3-3。

表 3-3   IPv6 报头结构各部分说明

版本号	表示协议版本，值为 6
流量等级	主要用于 QoS
流标签	用来标识同一个流里面的报文
载荷长度	表明该 IPv6 报文基本头以后包含的字节数，包含扩展报头
下一报头	该字段用来指明报头后接的报文头部的类型，若存在扩展报头，则表示第一个扩展报头的类型，否则表示其上层协议的类型，它是 IPv6 各种功能的核心实现方法
跳数限制	该字段类似于 IPv4 中的 TTL，每次转发跳数减一，该字段达到 0 时包将会被丢弃
源地址	标识该报文的来源地址
目的地址	标识该报文的目的地址

IPv6 报文中不再有"选项"字段，而是通过"下一报头"字段配合 IPv6 扩展报头来实现选项的功能。使用扩展报头时，将在 IPv6 报文"下一报头"字段表明首个扩展报头的类型，再根据该类型对扩展报头进行读取与处理。每个扩展报头同样包含"下一报头"字段，若接下来有其他扩展报头，即在该字段中继续标明接下来的扩展报头的类型，从而达到添加连续多个扩展报头的目的。在最后一个扩展报头的"下一报头"字段中，则标明该报文上层协议的类型，用以读取上层协议数据。扩展报头使用示例如图 3-2 所示。

3．IPv6 相关技术

1）地址配置协议

IPv6 使用两种地址自动配置协议，分别为无状态地址自动配置协议（SLAAC）和 IPv6 动态主机配置协议（DHCPv6）。SLAAC 不需要服务器对地址进行管理，主机直接根据网络中的路由器通告信息与本机 MAC 地址结合计算出本机 IPv6 地址，实现地址自动配置；DHCPv6 由 DHCPv6 服务器管理地址池，用户主机从服务器请求并获取 IPv6 地址及其他信息，达到地址自动配置的目的。

TPv6报头 下一报头=TCP	TCP头+TCP数据

（a）0个扩展报头

TPv6报头 下一报头=路由器	路由扩展头 下一报头=TCP	TCP头+TCP数据

（b）1个扩展报头

TPv6报头 下一报头=路由器	路由扩展头 下一报头=分片	分片扩展头 下一报头=TCP	TCP头+TCP数据

（c）2个扩展报头

图 3-2　扩展报头使用示例

（1）无状态地址自动配置协议。无状态地址自动配置协议的核心是不需要额外的服务器管理地址状态，主机可自行计算地址并进行地址自动配置，包括 4 个基本步骤。

① 链路本地地址配置，主机计算本地地址。

② 重复地址检测，确定当前地址唯一。

③ 全局前缀获取，主机计算全局地址。

④ 前缀重新编址，主机改变全局地址。

（2）IPv6 动态主机配置协议。DHCPv6 是由 IPv4 场景下的 DHCP 发展而来的。客户端通过向 DHCP 服务器发出申请来获取本机 IP 地址并进行自动配置，DHCP 服务器负责管理并维护地址池及地址与客户端的映射信息。

DHCPv6 在 DHCP 的基础上，进行了一定的改进与扩充。其中包含 3 种角色：DHCPv6 客户端，用于动态获取 IPv6 地址、IPv6 前缀或其他网络配置参数；DHCPv6 服务器，负责为 DHCPv6 客户端分配 IPv6 地址、IPv6 前缀和其他配置参数；DHCPv6 中继，它是一个转发设备。通常情况下，DHCPv6 客户端可以通过本地链路范围内组播地址与 DHCPv6 服务器进行通信。若服务器和客户端不在同一链路范围内，则需要 DHCPv6 中继进行转发。有了 DHCPv6 中继，就不必在每一个链路范围内都部署 DHCPv6 服务器，可节省成本，并便于集中管理。

2）路由协议

IPv4 初期对 IP 地址规划的不合理，使得网络变得非常复杂，路由表条目繁多。尽管通过划分子网及路由聚集在一定程度上缓解了这个问题，但这个问题依旧存在。IPv6 在设计之初就把地址从用户拥有改成运营商拥有，且在此基础上，路由策略发生了一些变化，加之 IPv6 地址长度发生了变化，因此路由协议也发生了相应的改变。

与 IPv4 相同，IPv6 路由协议也分成内部网关协议（IGP）与外部网关协议（EGP），其中 IGP 包括由 RIP（路由信息协议）变化而来的 RIPng，由 OSPF（链路状态协议）变化而来的 OSPFv3，以及由 IS-IS（中间系统到中间系统路由协议）变化而来的 IS-ISv6。EGP 则主要是由 BGP（边界网关协议）变化而来的 BGP4+。

3）过渡技术

IPv6 不可能立刻替代 IPv4，因此在相当长一段时间内 IPv4 和 IPv6 会共存在一个环境中。要提供平稳的转换过程，使得对现有使用者的影响最小，就必须有良好的转换机制。IETF 推荐了双协议栈技术、隧道技术及网络地址转换技术等转换机制。

（1）IPv6/IPv4 双协议栈技术。双栈机制就是使 IPv6 网络节点具有一个 IPv4 栈和一个 IPv6 栈，同时支持 IPv4 和 IPv6 协议。IPv6 和 IPv4 协议是功能相近的网络层协议，两者都应用于相同的物理平台，并承载相同的传输层协议 TCP 或 UDP，如果一台主机同时支持 IPv6 和 IPv4 协议，那么该主机就可以和仅支持 IPv4 或 IPv6 协议的主机通信。

（2）隧道技术。隧道技术就是必要时将 IPv6 数据包作为数据封装在 IPv4 数据包里，使 IPv6 数据包能在已有的 IPv4 基础设施（主要是指 IPv4 路由器）上传输。随着 IPv6 的发展，出现了一些被运行 IPv4 协议的骨干网络隔离开的局部 IPv6 网络，为了实现这些 IPv6 网络之间的通信，必须采用隧道技术。隧道对于源站点和目的站点是透明的。在隧道的入口处，路由器将 IPv6 的数据分组封装在 IPv4 中，该 IPv4 分组的源地址和目的地址分别是隧道入口和出口的 IPv4 地址。在隧道出口处，再将 IPv6 分组取出转发给目的站点。隧道技术的优点在于隧道的透明性，IPv6 主机之间的通信可以忽略隧道的存在，隧道只起到物理通道的作用。隧道技术在 IPv4 向 IPv6 演进的初期应用非常广泛。但是，隧道技术不能实现 IPv4 主机和 IPv6 主机之间的通信。

（3）网络地址转换技术。网络地址转换（Network Address Translator，NAT）技术是将 IPv4 地址和 IPv6 地址分别看作内部地址和全局地址，或者相反。例如，当内部的 IPv4 主机要和外部的 IPv6 主机通信时，在 NAT 服务器中将 IPv4 地址（相当于内部地址）变换成 IPv6 地址（相当于全局地址），服务器维护一个 IPv4 与 IPv6 地址的映射表。反之，当内部的 IPv6 主机和外部的 IPv4 主机进行通信时，则 IPv6 主机映射成内部地址，IPv4 主机映射成全局地址。NAT 技术可以解决 IPv4 主机和 IPv6 主机之间的互通问题。

3.4　Web 2.0 服务

1．Web 2.0 的概念

Web 2.0 目前没有一个统一的定义，它只是一个符号，表明的是正在变化中的互联网，这些变化相辅相成，彼此联系在一起，才促使互联网变成今天的模样，才让社会性、用户、参与和创作浮到表面成为互联网文化的中坚力量并表征未来。

互联网协会对 Web 2.0 的定义是：Web 2.0 是互联网的一次理念和思想体系的升级换代，由原来的自上而下的由少数资源控制者集中控制主导的互联网体系转变为自下而上的由广大用户集体智慧和力量主导的互联网体系。Web 2.0 内在的动力来源是将互联网的主导权交还个人，从而充分发掘个人的积极性，广大个人所贡献的影响和智慧及个人联系形成的社群的影响就替代了原来少数人所控制和制造的影响，从而极大地解放了个人创作和贡献的潜能，使互联网的创造力上升到新的量级。

2．Web 2.0 服务应用

随着各式各样 Web 2.0 服务的兴起，诞生了很多很有用的 Web 2.0 网站，这些 Web 2.0 网站能够为用户提供各种各样的服务，提高用户的工作效率，下面介绍其中一些常用的网站。

（1）阅读：Google Reader——作为最佳的 RSS 阅读器之一，Google Reader 具有高速、高效、易用的特点，可以让人们在最短的时间内阅读大量文章，其阅读分享功能也非常简单易用。

（2）邮件：Gmail——Google 的 Gmail 是一个功能强大的邮件系统，过滤垃圾邮件大部分都非常准确，可以让人免受 SPAM 骚扰之苦，各项功能如 SMTP、POP、IMAP 等也很强大，还整合了 Gtalk 聊天功能，可在邮件中修改 Gtalk 的状态。

（3）照片：Flickr——Yahoo 的 Flickr 在速度和易用性方面都很不错，还可以使用 Windows Live 照片库方便地上传照片，唯一的不足就是免费用户有 200 张照片的限制，这点不如 Google Picasa Web Albums 好用。

（4）音乐：Last.fm——社会化音乐分享是 Last.fm 的一大特色，Last.fm 支持大部分国外的音乐播放器（Windows 媒体播放器、iTunes、Winamp、Foobar 2000 等），可以实现用户对于喜爱音乐的发掘，并找到和自己音乐投缘的朋友。国内的豆瓣虽然主要是书籍分享，不过也有部分音乐分享功能。

（5）视频：YouTube——用户可以在 YouTube 上上传和分享视频，YouTube 的巨大影响力，使得很多原本默默无闻的用户一炮走红。

（6）微博客：Twitter——人们可以使用 Twitter 发布一些短小的文字和视频，其提供开放的 API，有大量的第三方应用。

（7）新闻：DIGG——作为用户通过投票方式产生的新闻网站，DIGG 做得非常好，不过其中文用户不多。

（8）社交：Facebook——开放的接口使得 Facebook 拥有大量的第三方应用，国内也有不少类似的网站，如实行完全实名制的海内网。

（9）聚合：FriendFeed——FriendFeed 提供 Web2.0 聚合服务，借助 FriendFeed，用户可以把上面介绍的所有常用 Web2.0 服务上的相关信息聚合到一个 Feed 上，形成一个颇具吸引力的全新服务。

3.5 Internet 的体系架构及网络协议

计算机网络是一个复杂的具有综合性技术的系统，为了实现不同系统的实体互连和互操作，不同系统的实体在通信时都必须遵从相互均能接受的规则，这些规则的集合称为协议（Protocol）。其中，系统指计算机、终端和各种设备；实体指各种应用程序、文件传输软件、数据库管理系统、电子邮件系统等；互连指不同计算机能够通过通信子网互相连接起来进行数据通信；互操作指不同的用户能够在通过通信子网连接的计算机网络中，使用相同的命令或操作，使用其他计算机中的资源与信息，就如同使用本地资源与信息一样。

通常所说的 Internet 的体系架构，是指在世界范围内统一协议，制定软件标准和硬件标准，并精确定义计算机网络及其部件所应完成的功能，从而使不同的计算机能够在相同的功能中进行信息对接。

Internet 的体系架构可以看成网络协议的层次划分与各层协议的集合，同一层中的协议根据该层所要实现的功能来确定。各对等层之间的协议功能由相应的底层提供服务完成。层次化的网络体系的优点在于每层实现相对独立的功能，层与层之间通过接口来提供服务，每一层都对上层屏蔽实现协议的具体细节，使网络体系结构做到与具体物理实现无关。层次结构允许连接到网络的主机和终端型号、性能不同，只要遵守相同的协议即可实现互操作。高层用户可以从具有相同功能的协议层开始进行互连，使网络成为开放式系统。这里"开放"指按照相同的协议，任意两系统之间可以进行通信。因此，层次结构便于系统的实现和维护。

3.5.1 OSI 参考模型

国际标准化组织（ISO）在 20 世纪 80 年代提出了开放系统互连（Open System Interconnection，OSI）参考模型，这个模型将计算机网络通信协议分为 7 层。这个模型是一个定义异构计算机连接标准的框架结构，其具有如下特点。

（1）网络中异构的每个节点均有相同的层次，相同的层次具有相同的功能。

（2）同一节点内相邻层次之间通过接口通信。

（3）相邻层次间接口定义原语操作，由低层向高层提供服务。

（4）不同节点的相同层次之间的通信由该层次的协议管理。

（5）每个层次完成对该层次所定义的功能，修改本层次功能不影响其他层次。

（6）仅在最低层进行直接数据传送。

（7）定义的是抽象结构，并非具体实现的描述。

在 OSI 网络体系结构中，除了物理层之外，网络中数据的实际传输方向是垂直的。数据由用户发送进程发送给应用层，向下经表示层、会话层等到达物理层，再经传输媒体传到接收端，由接收端物理层接收，向上经数据链路层等到达应用层，再由用户获取。数据在由发送进程交给应用层时，由应用层加上该层有关控制和识别信息，再向下传送，这一过程一直重复到物理层。在接收端信息向上传递时，各层的有关控制和识别信息被逐层剥去，最后将数据送到接收进程。

现在一般在制定网络协议和标准时，都把 ISO/OSI 参考模型作为参照基准，并说明与该参照基准的对应关系。

1．物理层

物理层（Physical Layer）直接与传输介质相连，是 OSI 分层结构体系中的最底层，也是最重要、最基础的一层。它建立在通信介质基础上，实现设备之间的物理接口。

物理层的主要功能是完成相邻节点之间原始比特流的正确传输。其利用传输介质为通信的网络节点之间建立、管理和释放物理连接；实现比特流的透明传输，为数据链路层提供数据传输服务；数据传输单元是比特。

物理层所关心的是如何把通信双方连起来，为数据链路层实现无差错的数据传输创造环境。物理层不负责传输的检错和纠错工作，检错和纠错工作由数据链路层完成。物理层协议规定了为此目的建立、维持与拆除物理信道有关的特性，如物理特性（机械特性）、电气特性、功能特性和规程特性。物理层涉及的参数有信号电平、比特宽度、通信方式（单工、半双工、全双工）。

网卡、中继器及调制解调器是连接在物理层的网络连接设备。

2．数据链路层

物理层通过通信介质，实现实体之间链路的建立、维护和拆除，形成物理连接。物理层只接收和发送一串比特信息，不考虑信息的意义和信息的结构。物理层不能解决真正的数据传输与控制，如异常情况处理、差错控制与恢复、信息格式、协调通信等。为了实现真正有效、可靠的数据传输，就需要对传输操作进行严格的控制和管理，这就是数据链路传输控制规程，也就是数据链路层协议。

数据链路层（Data Link Layer）的主要功能是在两个相邻节点间的物理线路上进行数据无差错传输，加强物理层原始比特流的传输功能，建立、维持和释放网络实体之间的数据链路连接，使之对网络层呈现为一条无差错通路（因为物理传输的过程中可能产生错误）。

数据链路层的基本任务就是数据链路的激活、保持和去活，以及对数据的检错与纠错，使本质上不可靠的传输媒介变成可靠的传输通路提供给网络层。对应的传输单元是帧，将数据封装在不同的帧中发送，并处理接收端送回的确认帧。

网桥、网关及交换机是连接在数据链路层的网络连接设备。

3．网络层

网络层（Network Layer）也称通信子网层。网络层是通信子网的最高层，是高层与低层协议之间的接口层。网络层用于控制通信子网的操作，是通信子网与资源子网的接口。网络层关系到通信子网的运行控制，体现了网络应用环境中资源子网访问通信子网的方式。

网络层的主要功能是通过数据链路层的服务将每个分组或包从源端传输到目的端，完成网络中计算机间的分组或包传输。其通过路由选择算法为分组通过通信子网选择最适当的路径，为数据在节点之间传输创建逻辑链路，实现拥塞控制、网络互连等功能。数据传输单元是分组或包。在网络层中，还要完成对数据帧添加源端地址和目的端地址字符串的工作，以确保数据传输路径正确无误。

路由器、三层交换机是连接在网络层的网络连接设备。

4．传输层

传输层（Transport Layer）的主要功能是向用户提供可靠的、透明的端到端的数据传输，以及差错控制和流量控制机制，完成网络中不同计算机上的用户进程之间可靠的数据传输。其在网络层的基础上，向用户提供可靠的端到端（End-to-end）服务；处理数据包错误、数据包次序，以及其他一些关键传输问题，实现两个终端系统间传送的分组无差错、无丢失、无重复且分组顺序无误。该层及其以上层次的数据传输单元是报文。

5．会话层

会话层（Session Layer）允许在两台计算机的用户之间建立会话关系，会话层负责建立并维护两台计算机之间的通信连接，也为两台计算机之间通信确定正确的数据顺序。基本任务是负责两台计算机之间的原始报文的传输。

通过会话层提供的一个面向用户的连接服务，为合作的会话层用户之间的对话和活动提供组织和同步所必需的手段，并对数据的传输进行控制和管理。如果通信在该层以下中断了，会话层将努力重新建立通信。会话层提供管理对话控制功能，即双方数据的交换。会话层允许信息同时双向传输，即会话层服务同步；或任一时刻只能单向传输，类似于物理信道上的半双工模式，会话层将记录此时该轮到哪一方，就像人们轮流发言一样。

6．表示层

表示层（Presentation Layer）主要用于处理数据格式化问题，由于不同软件的应用程序所使用的数据格式不同，所以必须对数据进行格式化。

表示层以下各层主要解决从源端机器到目标机传送比特数据的可靠性，而表示层则主要检查信息的语法和语义是否正确，它要选定一种通用的标准对数据进行编码，还要对数据进行压缩和解压缩、加密和解密等工作。

7. 应用层

应用层（Application Layer）是整个 OSI 体系结构中的最顶层，它主要是为用户服务的，通过它与网络的数据通信来满足用户的需求。连网的目的是支持不同计算机的进程间进行数据交换，而所有的进程最终都是为用户服务的。应用层包括了用户需要的所有协议。

应用层的主要内容取决于用户的需要，主要涉及分布数据库、分布计算技术、网络操作系统和分布操作系统、远程文件传输、电子邮件、终端电话及远程作业录入与控制等。

应用层为应用程序提供网络服务，识别并保证通信对方的可用性，使协同工作的应用程序同步，建立纠正传输错误与保证数据完整性的控制机制，使得用户（人或软件）可以访问网络，即提供用户和网络的接口，包括文件传输服务、电子邮件服务等。

数据发送时，从第七层传到第一层，接收数据时则相反。上三层统称应用层，用来控制软件方面。下四层统称数据流层，用来管理硬件。

3.5.2 TCP/IP 参考模型

TCP/IP（Transmission Control Protocol /Internet Protocol）是 20 世纪 70 年代中期美国国防部为科研教育网 ARPAnet 开发的网络体系结构。在 TCP/IP 体系结构中包含两个最重要的协议，即传输控制协议（TCP）和网际协议（IP）。

基于 TCP/IP 的参考模型将协议分成 4 个层次，分别是网络接口层、互连层（IP 层）、传输层（TCP 层）和应用层，如图 3-3 所示。

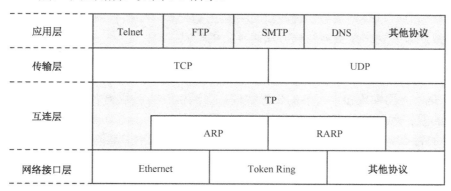

图 3-3 TCP/IP 参考模型

1. 网络接口层

网络接口层是 TCP/IP 参考模型的最底层，它综合了 OSI 模型中的物理层和数据链路层的功能，主要负责数据在网络上无差错地传输。

网络接口层从互连层接收 IP 数据包并将 IP 数据包通过网络电缆发送出去，或者从网络电缆上接收数据帧，并分离出 IP 数据包，交给互连层。网络接口层允许主机连入网络时使用多种现成的、流行的协议，如局域网的 Ethernet、Token Ring、分组交换网的 X.25、帧中继、ATM 协议等。

网络接口层充分体现了 TCP/IP 协议的兼容性与适应性，它也为 TCP/IP 的成功奠定了基础。

2．互连层（Internet Layer）

互连层又称网际层，相当于 OSI 模型中的网络层，负责将两个要求通信的节点间的数据正确无误地传送到目的地。

互连层将传输层发送的数据帧进行封装，即给各个数据帧加入 IP 地址头，标明数据的目的地，再将数据帧传送给网络接口层。另一方面，互连层接收从网络接口层传送来的数据帧，首先判断它的 IP 地址头中的 IP 地址是不是本机地址，若不是，则转发该数据帧；若是，则去掉 IP 地址头，再将数据帧传送给传输层。该层主要协议如下。

（1）IP（Internet Protocol，网际协议）：为其上层（传输层）提供互连网络服务，并提供主机与主机之间的数据包服务。

（2）ICMP（Internet Control Message Protocol，控制报文协议）：提供控制和传递消息的功能。

（3）ARP（Address Resolution Protocol，地址解析协议）：将已知的 IP 地址映射到相应的 MAC 地址。

（4）RARP（Reverse Address Resolution Protocol，反向地址解析协议）：将已知的 MAC 地址映射到相应的 IP 地址。

3．传输层（Transport Layer）

传输层又称运输层，与 OSI 模型中传输层的作用是一样的，所用 TCP 提供了一种可靠的传输方式，解决了 IP 的不安全因素，为数据包正确、安全地到达目的地提供了可靠的保障。为了保证网络间数据传输的可靠性，当传输层收到正确的数据帧后，必须向发送端发送一条确认信息，以确定数据已经收到，并且正确无误；如果收到的数据经过校验后不正确，则向发送端发送一条数据错误并请求重发的信息。

在 TCP/IP 模型的传输层中采用了两个协议：传输控制协议（TCP）和用户数据包协议（UDP）。

TCP 是一个面向连接、可靠的传输协议，在通信双方已经建立了连接的情况下，TCP 将要发送的数据划分为独立的数据包后传送给互连层。

UDP 的特点是不可靠、不用事先建立连接，它采用请求／应答式的数据交换方式，每次通信或数据传送都要发送和返回两个数据帧。它适用于对可靠性要求不高、网络时延小的连接，如语音通信、视频连接等。

4．应用层（Application Layer）

应用层是 TCP/IP 模型的最顶层，它综合了 OSI 模型中的会话层、表示层和应用层的功能，包含了所有高层协议，主要提供用户与网络的应用接口，以及数据的表示形式。

应用层的主要协议如下。

（1）简单文件传输协议（Trivial File Transfer Protocol，TFTP）：用以实现简单的文件传输。

（2）文件传输协议（File Transfer Protocol，FTP）：用以实现主机之间的文件传输。

（3）简单邮件传输协议（Simple Mail Transfer Protocol，SMTP）：提供主机之间的电子邮件传输服务。它也是文件传输协议的一种，为了适应 Internet 的发展要求，将其作为一种特定的应用协议。

（4）远程登录协议（Telecommunication Network，Telnet）：用以实现远程登录，即提供终端到主机交互式访问的虚拟终端访问服务。允许用户登录远程计算机的系统并访问远程系统的资源。

（5）简单网络管理协议（Simple Network Management Protocol，SNMP）：用以监测连接到网络上的设备是否有任何引起管理上关注的情况。

（6）域名地址服务（Domain Name Service，DNS）协议：用以提供域名和 IP 地址间的转换服务。

（7）超文本传输协议（Hyper Text Transfer Protocol，HTTP）：用于对 Web 网页进行浏览。

3.5.3　TCP/IP 参考模型与 OSI 参考模型的比较

TCP/IP 的发展比 OSI 早了约 10 年，技术较成熟，开发出来的相关应用协议也较多。此外，由于它是应 Internet 的实际需求而产生的，因此在现实环境中可行性也较高。而 OSI 架构完整、功能详尽、包容性高，但在 Internet 中还属于测试阶段，很少有实际运行的系统。

就目前的发展状况来说，TCP/IP 已成为 Internet 中的主流协议，在使用上比 OSI 要广泛许多。它具有非常多的应用标准，对于现行网络应用系统的开发而言，能提供较多的规划选择，而且 TCP/IP 已实际使用相当长的时间，具有此方面开发与使用经验的人员也比较多。TCP/IP 模型与 OSI 模型各层的对照关系如图 3-4 所示。

OSI模型	TCP/IP协议					TCP/IP模型
应用层	文件传输协议（FTP）	远程登录协议（Telnet）	电子邮件协议（SMTP）	网络文件服务协议（NFS）	网络管理协议（SNMP）	应用层
表示层						
会话层						
传输层	TCP		UDP			传输层
网络层	IP	ICMP	ARP	RARP		互连层
数据链路层	Ethernet IEEE 802.3	FDDI	Token Ring/ IEEE 802.5	ARCnet	PPP/SLIP	网络接口层
物理层						硬件层

图 3-4　TCP/IP 模型与 OSI 模型各层的对照关系

3.6　移动互联网

1．移动互联网的概念

移动互联网（Mobile Internet，MI）就是将移动通信和互联网二者结合起来，成为一体。它是将互联网的技术、平台、商业模式和应用与移动通信技术结合并实践的活动的总称。

移动互联网是一种通过智能移动终端，采用移动无线通信方式获取服务的新兴业务，包含终端、软件和应用三个层面。终端层包括智能手机、平板电脑、电子书、MID 等。软件层包括操作系统、中间件、数据库和安全软件等。应用层包括休闲娱乐类、工具媒体类、商务财经类等不同应用与服务。随着技术和产业的发展，未来 LTE（长期演进，4G 通信技术标准之一）和 NFC（近场通信，移动支付的支撑技术）等网络传输层关键技术也将被纳入移动互联网的范畴之内。

2．移动互联网的特点

相对于传统的电信网络和互联网而言，移动互联网是一种基于用户身份认证、环境感知、终端智能和无线泛在的互联网应用业务集成。最终目标是以用户需要为中心，将互联网的各种应用业务通过一定的变换在各种用户终端上进行定制化和个性化的表现，它具有以下一些典型的技术特征。

（1）技术开放性。开放是移动互联网的本质特征，移动互联网是基于 IT 和 CT 技术的应用网络，其业务开发模式借鉴 Web2.0 和 SOA 模式，将原有封闭的电信业务能力开放出来，并结合 Web 方式的应用业务层面，通过简单的 API 或数据库访问等方式，提供集成的开发工具给兼具内容提供者和业务开发者的企业和个人用户使用。

（2）业务融合化。在移动互联网时代，用户的需求更加多样化和个性化，融合的技术正在将许多原本分离的业务能力整合起来，使业务由以前的垂直结构向水平方向发展，创造出更多的新生事物。

（3）终端的集成性、融合性和智能化。由于通信技术与计算机技术和消费类电子技术的融合，移动终端既是一个通信终端，也是一个功能越来越强大的计算平台、播放平台，还可以作为便携式金融终端。随着集成电路和软件技术的进一步发展，移动终端还将集成越来越多的功能。终端智能化由芯片技术的发展和制造工艺的改进驱动，二者的发展使得个人终端具备强大的业务处理和智能外设功能。

（4）个性化。由于移动终端的个性化特点，加之移动通信网络和互联网所具备的一系列个性化功能，如定位、个性化门户、业务个性化定制和 Web 2.0 技术等，移动互联网成为个性化越来越强的个人互联网。

（5）终端移动性。移动互联网业务使得用户可以在移动状态下接入和使用互联网服务，移动的终端便于用户随身携带和随时使用。

（6）终端和网络的局限性。移动互联网业务受到网络能力和终端能力的限制。在网络能力方面，受到无线网络传输环境和技术能力等因素的限制；在终端能力方面，受到终端大小、处理能力和电池容量等因素的限制。

（7）业务、终端和网络的强关联性。由于移动互联网业务受到网络及终端能力的限制，因此其业务内容和形式必须适合特定的网络技术规格和终端类型。

（8）业务使用的私密性。移动互联网业务中的内容和服务更加私密，如手机支付业务、个人生活照等。

3．移动互联网的发展历程及发展趋势

1）移动互联网的发展历程

（1）第一阶段（2000—2002 年）。这是中国移动互联网的初级阶段。2000 年 11 月 10 日，中国移动推出"移动梦网计划"，打造开放、合作、共赢的产业价值链。2002 年 5 月

17日，中国电信在广州启动"互联星空"计划，标志着 ISP（Internet Service Provider，互联网服务供应商）和 ICP（Internet Content Provider，互联网内容服务商）开始联合打造宽带互联网产业。2002年5月17日，中国移动率先在全国范围内正式推出 GPRS 业务。这个阶段的主要产品有文字信息、图案及铃声。

（2）第二阶段（2003—2005年）。WAP（Wireless Application Protocol，无线应用协议）时期，用户主要在移动互联网上看新闻、读小说、听音乐，这是一个内容为王的移动互联网时代。这个阶段开始出现移动互联网产品经理，如 SP（Service Provider，服务提供商）产品经理或 WAP 产品经理等。

（3）第三阶段（2006—2008年）。这时的中国移动互联网除了内容之外，开始有了一些功能性的应用，如手机 QQ、手机搜索、手机流媒体等，手机单机游戏和手机网游开始起步，移动互联网作为传统互联网的补充，占据了用户大量的碎片时间，这是一个互动娱乐的移动互联网时代。在这个阶段，移动互联网产品经理得到一定的发展，对产品经理的需求也逐渐扩大。

（4）第四阶段（2009年至今）。随着3G的应用，手机上出现了新浪微博等社交网络、基于 LBS（Location Based Service）的应用、iPhone 的移动 APP、互联网电子商务并产生了一个新名词：SoLoMoCo——Social（社交的）、Local（本地的）、Mobile（移动的）、Commerce（商务化）。在这个阶段，移动互联网产品经理得到进一步发展，逐渐受到重视。有的公司设立了专门的移动终端部门，负责公司产品在移动终端上的战略布局和发展。

2）移动互联网的发展趋势

（1）移动互联网和传统行业融合，催生新的应用模式。在移动互联网、云计算、物联网等新技术的推动下，传统行业与互联网的融合正呈现出新的特点，平台和模式都发生了改变。这一方面可以作为业务推广的一种手段，如食品、餐饮、娱乐、航空、汽车、金融、家电等传统行业的 APP 和企业推广平台；另一方面可以重构移动端的业务模式，如医疗、教育、旅游、交通、传媒等领域的业务改造。

（2）不同终端的用户体验更受重视。终端的支持是业务推广的生命线，随着移动互联网业务逐渐升温，移动终端解决方案也不断增多。2011年主流的智能手机屏幕是 3.5～4.3 英寸，2012年发展到 4.7～5.0 英寸，而平板电脑却以迷你型为时髦。不同大小屏幕的移动终端，其用户体验是不一样的，适应小屏幕的智能手机的网页应该轻便、轻质化，它承载的广告也必须适应这一要求。目前，有大量互联网业务迁移到手机上，为适应平板电脑、智能手机及不同操作系统，开发了不同的 APP，HTML5 的自适应较好地解决了阅读体验问题，但还远未实现轻便、轻质、人性化，缺乏良好的用户体验。

（3）移动互联网商业模式多样化。成功的业务，需要成功的商业模式来支持。移动互联网业务的新特点为商业模式创新提供了空间。随着移动互联网发展进入快车道，网络、终端、用户等方面已经打好了坚实的基础，不盈利的情况已开始改变，移动互联网已融入主流生活与商业社会，货币化浪潮即将到来。移动游戏、移动广告、移动电子商务、移动视频等业务模式流量变现能力快速提升。

（4）大数据挖掘成蓝海，精准营销潜力凸显。随着移动带宽技术的迅速提升，更多的传感设备、移动终端随时随地地接入网络，加之云计算、物联网等技术的带动，中国移动互联网也逐渐步入"大数据"时代。目前的移动互联网领域仍然以位置的精准营销为主，但未来随着大数据相关技术的发展，以及人们对数据挖掘的不断深入，针对用户个性化定制的应用服务和营销方式将成为发展趋势，它将是移动互联网的另一片蓝海。

4．移动互联网应用的典型案例

移动互联网本身是一个非常广阔的领域，其应用案例也非常多。

1）移动 MM

移动 MM（Mobile Market）是中国移动推出的手机应用市场，也是国内第一家手机应用市场，它是通过与国内外知名手机软件 CP 合作，面向超过 5 亿的移动用户，聚集并辅导手机终端软件开发商及个人独立开发者发掘中端软件市场需求，进行快速开发并完成安全签名认知，最终发布产品并实现盈利的手机应用软件下载平台。中国移动互联网基地中的移动 MM 目前已经进入规模增长期。数据显示，移动 MM 注册开发者超过 200 万，上架应用接近 7 万款，注册客户突破 8 000 万，累计应用下载量突破 3.6 亿次。目前移动 MM 已经成为中国最大的手机应用市场。

2）飞信

飞信（Fetion）是中国移动推出的综合通信服务，融合了语音、GPRS、短信等多种通信方式，覆盖了三种不同形态（完全实时、准实时、非实时）的客户通信需求，实现了互联网和移动网间的无缝通信服务。

用户通过飞信可以免费从 PC 给手机发短信，且不受任何限制，能够随时随地与好友开始语聊，并享受超低语聊资费。飞信除具备聊天软件的基本功能外，还可以通过 PC、手机、WAP 等多种终端登录，实现 PC 和手机间的无缝即时互通，保证用户能够实现永不离线的状态；同时，飞信所提供的好友短信免费发、语音群聊超低资费、手机电脑文件互传等强大功能，能令用户在使用过程中产生更好的产品体验；飞信能够满足用户以匿名形式进行文字和语音沟通的需求，是真正意义上为使用者创造的一个不受约束、不受限制、安全沟通和交流的通信平台。中国移动飞信用户数量已经达到 2.5 亿。

习　题

一、选择题

1．Internet 最早起源于（　　　）。

  A．ARPAnet   B．NASAnet   C．ESnet   D．COMnet

2．Internet 是一个（　　　）。

  A．大型的网络 B．国际性组织 C．电脑软件 D．网络的集合

3．（　　　）是指通过 Internet 从别人的计算机中取回文件放到自己的计算机中（反之亦可）。

  A．Telnet   B．FTP   C．Archie   D．Gopher

4．WWW 服务是由（　　　）做技术支持的。

  A．TCP   B．IP   C．HTTP   D．TCP/IP

5．电子邮件在 Internet 上的任何两台计算机之间进行传递时，采用的协议是（　　　）。

  A．POP3   B．HTTP   C．SMTP   D．TCP/IP

6．当收到的邮件主题行开始位置有"回复"或"Re"字样时，表示该邮件是（   ）。

  A．对方拒收的邮件   B．当前的邮件

  C．发送给某个人的答复邮件   D．希望对方答复的邮件

二、简答题

1．简述 Internet 的特点。

2．简述电子邮件、远程登录、文件传输的功能。

3．简述移动互联网的特点。

第4章
无线通信技术

4.1 蓝牙技术

4.1.1 蓝牙技术的特点

蓝牙（Bluetooth）是一种短距离无线连接技术，最初是由瑞典手机制造商爱立信公司在 1994 年开发的。蓝牙设备使用无线电波连接电话或计算机。两个蓝牙设备想要互相对话，必须先配对。蓝牙设备之间的通信在短距离点对点网络（也称微微网）中发生，微微网是设备使用蓝牙技术连接在一起而形成的网络。建立网络后，一台设备作为主设备，其他设备是从设备。

图 4-1 是蓝牙图标，典型的蓝牙耳机与蓝牙音箱如图 4-2 所示。

图 4-1　蓝牙图标

（a）典型的蓝牙耳机　　　　　　　　　　（b）典型的蓝牙音箱

图 4-2　典型的蓝牙耳机与蓝牙音箱

蓝牙的主要技术特点如下。

（1）工作频段为 2.4GHz 的工科医（ISM）频段，无须申请许可证。大多数国家使用 79 个频点，载频为（2 402+k）MHz（k = 0,1,2,$\cdots$,78），载频间隔 1MHz。采用时分双工方式。

（2）传输速率为 1Mbps。

（3）调制方式为 BT=0.5 的 GFSK 调制，调制指数为 0.28～0.35。

（4）采用跳频技术，跳频速率为 1 600 跳/秒，在建链时（包括寻呼和查询）提高为 3 200 跳/秒。蓝牙通过快跳频和短分组技术减少同频干扰，保证传输的可靠性。

（5）语音调制方式为连续可变斜率增量（Continuous Variable Slope Delta，CVSD）调制，抗衰落性强，即使误码率达到 4%，话音质量也可接受。

（6）支持电路交换和分组交换业务。蓝牙支持实时的同步定向连接（SCO 链路）和非实时的异步不定向连接（ACL 链路），前者主要传送语音等实时性强的信息，后者以数据包为主。语音和数据可以单独或同时传输。蓝牙支持一个异步数据通道，或三个并发的同步话音通道，或同时传送异步数据和同步话音的通道。每个话音通道支持 64Kbps 的同步话音；异步通道支持 723.2Kbps/57.6Kbps 的非对称双工通信或 433.9Kbps 的对称全双工通信。

（7）支持点对点及点对多点通信。蓝牙设备按特定方式可组成两种网络：微微网（Piconet）和分布式网络（Scatternet）。其中微微网的建立由两台设备的连接开始，最多可由 8 台设备组成。在一个微微网中，只有一台设备为主设备（Master），其他均为从设备（Slave），不同的主从设备对可以采用不同的连接方式。在一次通信中，连接方式也可以任意改变。几个相互独立的微微网以特定方式连接在一起便构成了分布式网络。所有的蓝牙设备都是对等的，所以在蓝牙中没有基站的概念。

（8）蓝牙设备分为三个功率等级，分别是 100mW（20dBm）、2.5mW（4dBm）和 1mW（0dBm），相应的有效工作距离为 100m、10m 和 1m。

4.1.2　体系结构

蓝牙部署最为普遍的两种规格为蓝牙 BR/EDR（基础率/增强数据率）（采用版本为 2.0/2.1）和蓝牙 LE（低耗能）（采用版本为 4.0/4.1/4.2）。每项部署都有不同的用例，同时采用不同的芯片以满足基本硬件要求。双模芯片也适用于包含两种用例的应用。

（1）蓝牙 BR/EDR。可建立相对较短距离的持续无线连接，因此非常适用于流式音频等应用。

（2）蓝牙 LE。可建立短时间的长距离无线连接，非常适用于无须持续连接但依赖电池维持较长寿命的物联网应用。

（3）双模。双模芯片可支持需要连接 BR/EDR 设备（如音频耳机）及 LE 设备（如可穿戴设备或零售信标）的单一设备（如智能手机或平板电脑）。

蓝牙体系结构如图 4-3 所示。

在蓝牙协议体系中，基带（Base Band）协议描述了完成底层链路建立及维护和执行基带协议的链路控制器的规范。链路管理协议（Link Manager Protocol）定义了链路建立与控制的规范。逻辑链路控制与适配协议（Logical Link Control and Adaptation Protocol）支持高层协议复用、数据包分段重组、QoS 信息服务并获得相应的信息。RFCOMM 是 ETSITS07.10 的子集，提供 L2CAP 之上的串口仿真。TCS Binary 定义了在蓝牙设备间建立语音与数据呼叫的控制信令。其他的一些协议都是已有的其他组织的协议。

除上述协议外，规范还定义了主机控制接口（HCI），它为基带控制器、连接管理器、硬件状态和控制寄存器提供命令接口，用以向设备供应商提供像 USB 和 UART（通用异步收发器）的通用接口。绝大多数蓝牙设备都需要核心协议（加上无线部分），而其他协议则根据应用的需要而定。

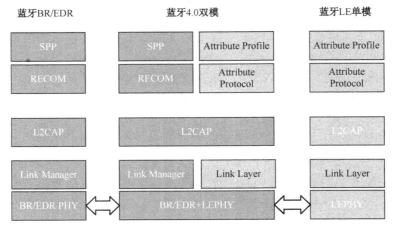

图 4-3　蓝牙体系结构

4.1.3　蓝牙技术的应用

蓝牙技术应用最广泛的领域之一是无线音频耳机和汽车内的免提系统。这种蓝牙版本为蓝牙 BR/EDR，其经过优化，能以节能的方式发送高质量数据（如音乐）的稳定数据流。

文件传输应用使用模型支持目录、文件、文档、图像和流媒体的传输，这个使用模型还包括在远程设备上浏览文件夹的功能。PC 可以无线连接到移动电话或无线调制解调器上，以提供拨号网络和传真功能。对于拨号网络，命令用于控制移动电话或调制解调器，另一个协议栈（如 PPP/RFCOMM）用于数据传输。如有传真，则传真软件直接操作 RFCOMM。

同步应用提供设备与设备同步的 PIM（个人信息管理）信息，如电话簿、日历、消息和注释信息。IrMC 是一种 IrDA 协议，用于将更新的 PIM 信息从一个设备传输到另一个设备。

4.1.4　蓝牙技术的发展

蓝牙共有以下 7 个版本。

（1）V1.1 版本。传输速率在 748～810Kbps，因是早期设计，故容易受到同频率产品的干扰，影响通信质量。

（2）V1.2 版本。该版本传输速率也是 748～810Kbps，但增加了抗干扰跳频功能。

（3）V2.0+EDR 版本。该版本是 V1.2 的改良提升版，传输速率为 1.8～2.1Mbps，支持双工模式，也支持立体声。

V2.0+EDR 版本于 2004 年推出，其在技术上做了大量的改进，但从旧版本延续下来的配置流程复杂和设备功耗较大的问题依然存在。

（4）V2.1 版本。V2.1 版本增加了 Sniff Subrating 功能，通过设定在两个设备之间互相确认信号的发送间隔来达到节省功耗的目的。

（5）V3.0+HS 版本。2009 年 4 月 21 日，蓝牙技术联盟（Bluetooth SIG）正式颁布了V3.0+HS 版本，其核心技术是 Generic Alternate MAC/PHY（AMP），这是一种全新的交替射频技术，允许蓝牙协议栈针对任一任务动态地选择正确射频。最初被期望用于该版本的技术包括 802.11 及 UMB，但是该版本中取消了 UMB 的应用。

（6）V4.0 版本。V4.0 版本包括三个子规范，即传统蓝牙技术、高速蓝牙技术和新的蓝牙低功耗技术。V4.0 版本的改进之处主要体现在三个方面：电池续航时间、节能和设备种类。该版本具有低成本、跨厂商互操作性、3ms 低延迟、100m 以上超长有效工作距离、AES-128 加密等诸多特点。

（7）Bluetooth 5。Bluetooth 5 是一项变革性更新，显著提升了蓝牙应用的有效工作距离、传输速率和数据广播能力。其中，有效工作距离增大到原来的 4 倍，传输速率提高到原来的 2 倍，数据广播能力则提升为原来的 8 倍。据 ABI Research 预计，到 2020 年，蓝牙信标的出货量将超过 3.71 亿。由于数据广播能力提升至原来的 8 倍，Bluetooth 5 将进一步推动家居自动化、企业和工业市场中对信标和位置导向式服务的采用和部署。

4.2 ZigBee 技术

ZigBee 是基于 IEEE 802.15.4 标准的无线通信协议。ZigBee 技术是一种低功耗、低传输速率和短距离的无线通信技术，其应用包括无线电灯开关、家用显示器、交通管理系统等。图 4-4 是 ZigBee 的标志。

图 4-4 ZigBee 的标志

ZigBee 技术的传输距离为 10～100m。ZigBee 技术通常用于低数据率的应用程序，要求有较长的电池寿命和安全的网络（ZigBee 网络由 128 位对称加密密钥保护）。图 4-5 是 ZigBee 网络的三种拓扑形式。

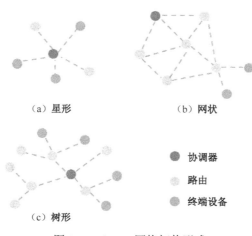

图 4-5 ZigBee 网络拓扑形式

4.2.1 ZigBee 技术的特点

ZigBee 技术的特点主要有以下六点。

（1）自动组网，网络容量大。ZigBee 网络可容纳多达 65 000 个节点，网络中的任意节点之间都可进行数据通信。有星形、树形和网状网络结构。在有模块加入和撤出时，网络具有自动修复功能。

（2）网络时延短。ZigBee 的响应速度较快，一般从睡眠转入工作状态只需 15ms，节点连接进入网络只需 30ms，进一步节省了电能。相比较而言，蓝牙需要 3～10s，WiFi 需要 3s。

（3）模块功耗低，通信速率低。模块有较小的发送接收电流，支持多种睡眠模式。ZigBee 通信速率最高可达 250Kbps，适用于设备间的数据通信，不太适合进行声音、图像的传送。

（4）传输距离可扩展。以 DIGI 的 XBEE 增强型模块为例，相邻模块通信距离可达 1.6km，有效距离范围内的模块自动组网，网络中的各节点可自由通信，这样就使传输距离得到了扩展。

（5）成本低。ZigBee 模块工作于 2.4GHz 全球免费频段，故只要支付前期的模块费用，无须支付持续使用费用。

（6）可靠性好，安全性高。ZigBee 具有可靠的发送接收握手机制，同时采用 128 位 AES 密钥，保证了数据发送的可靠性与安全性。

4.2.2 体系结构

ZigBee 是一组基于 IEEE 802.15.4 无线标准研制开发的组网、安全和应用软件方面的技术标准。与其他无线标准如 802.11 或 802.16 不同，ZigBee 和 802.15.4 以 250Kbps 的最大传输速率承载有限的数据流量。ZigBee V1.0 版本的网络标准及灯光控制设备描述已于 2004 年年底推出，其他应用领域及相关设备的描述也会陆续发布。ZigBee 协议框架如图 4-6 所示。

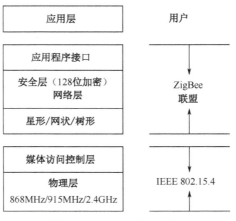

图 4-6 ZigBee 协议框架

IEEE 802.15.4 小组与 ZigBee 联盟负责相关标准的制定，两者分别制定硬件与软件标准。2000 年 12 月 IEEE 成立了 802.15.4 小组，负责制定物理层与媒体访问控制（MAC）

层规范。2003 年 5 月发布 802.15.4 标准。2006 年发布 802.15.4b 标准。ZigBee 建立在 802.15.4 标准之上，它确定了可以在不同制造商之间共享的应用纲要。802.15.4 仅仅定义了物理层和媒体访问控制层，并不足以保证不同设备之间可以对话，于是便有了 ZigBee 联盟。

ZigBee 兼容的产品工作在 IEEE 802.15.4 的物理层上，其频段是免费开放的，分别为 2.4GHz（全球）、915MHz（美国）和 868MHz（欧洲）。采用 ZigBee 技术的产品可以在 2.4GHz 上提供 250Kbps（16 个信道）的传输速率，在 915MHz 上提供 40Kbps（10 个信道）的传输速率，在 868MHz 上提供 20Kbps（1 个信道）的传输速率。传输距离依赖于输出功率和信道环境，介于 10m 和 100m 之间，一般是 30m 左右。由于 ZigBee 使用的是开放频段，已有多种无线通信技术使用，因此为避免被干扰，各个频段均采用直接序列扩频技术。同时，物理层的直接序列扩频技术允许设备无须闭环同步。

在这 3 个不同频段，都采用相位调制技术。2.4GHz 频段采用较高阶的 QPSK 调制技术以达到 250Kbps 的速率，并降低工作时间，以减少功率消耗。而在 915MHz 和 868MHz 频段，则采用 BPSK 调制技术。与 2.4GHz 频段相比，900MHz 频段为低频段，无线传播的损失较少，传输距离较长。另外，此频段过去主要是室内无绳电话使用的频段，现在因室内无绳电话转到 2.4GHz 频段，干扰反而比较少。ZigBee 信道分布如图 4-7 所示。

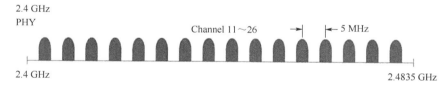

图 4-7 ZigBee 信道分布

在 MAC 层上，主要沿用 WLAN 中 802.11 系列标准的 CSMA/CA 方式，以提高系统兼容性。所谓 CSMA/CA 方式是在传输之前先检查信道中是否有数据传输，若信道中无数据传输，则开始进行数据传输，若产生碰撞，则稍后重传。

在网络层方面，ZigBee 联盟允许采用星形和网状拓扑，也允许两者的组合，即树形拓扑。根据节点的不同角色，可分为全功能设备（Full-Function Device，FFD）与精简功能设备（Reduced-Function Device，RFD）。相较于 FFD，RFD 的电路较为简单且存储体容量较小。FFD 的节点具备控制器（Controller）的功能，能够提供数据交换，而 RFD 则只能传送数据给 FFD 或从 FFD 接收数据。

ZigBee 协议套件紧凑且简单，具体实现的硬件要求很低，8 位微处理器 80C51 即可满足要求，全功能协议软件需要 32Kb 的 ROM，最小功能协议软件需要约 4Kb 的 ROM。

4.2.3　ZigBee 技术的应用

随着 ZigBee 规范的进一步完善,许多公司正着手开发基于 ZigBee 的产品。采用 ZigBee 技术的无线网络应用领域有家庭自动化、家庭安全、工业与环境控制、医疗护理、环境检测、保鲜食品运输等,其典型应用领域如下。

1.数字家庭领域

ZigBee 模块可安装在电视、灯泡、遥控器、儿童玩具、游戏机、门禁系统、空调系统和其他家电产品中,例如,在灯泡中安装 ZigBee 模块,人们通过遥控便可开灯;打开电视机时,灯光会自动减弱。通过 ZigBee 终端设备可以收集家庭中的各种信息,传送到中央控制设备,或者通过遥控达到远程控制的目的,实现家居生活自动化、网络化与智能化(图 4-8)。

图 4-8　ZigBee 家庭应用

2.工业领域

通过 ZigBee 网络自动收集各种信息,并将信息反馈到系统进行数据处理与分析,有利于全面掌握工厂状况。韩国的 NURI Telecom 在基于 Atmel 和 Ember 的平台上成功研发出基于 ZigBee 技术的自动抄表系统。该系统无须手动读取电表、天然气表及水表,可为相关企业节省数百万美元,此项技术正在进行前期测试,很快将在美国市场上推出。

3.智能交通领域

如果沿着街道、高速公路及其他地方分布式安装大量 ZigBee 终端设备,人们就不用再担心会迷路。安装在汽车里的设备会提示人们当前所处位置和目的地。全球定位系统(GPS)也能提供类似服务,但是这种新的分布式系统能够提供更精确和更具体的信息。而且在 GPS 覆盖不到的楼内或隧道内,仍能继续使用此系统。从 ZigBee 无线网络系统能够得到比 GPS 多得多的信息,如限速情况、道路是单行线还是双行线、前面每条街的交通情况或事故信息等。使用这种系统,还可以跟踪公共交通情况,人们可以适时地赶上下一班车,而不至于在寒风中或烈日下在车站等上数十分钟。基于 ZigBee 技术的系统还可以开发出许多其他功能,如在不同街道根据交通流量动态调节红绿灯,追踪超速的汽车或被盗的汽车等。

4.3 WiFi 技术

WLAN（Wireless Local Area Networks）即无线局域网，是一种利用无线技术进行数据传输的系统，该技术的出现能够弥补有线局域网的不足，达到延伸网络的目的。WiFi（Wireless Fidelity）即无线保真，在无线局域网的范畴是指无线兼容性认证，实质上是一种商业认证，同时也是一种无线连网技术。其与蓝牙技术一样，同属在办公室和家庭中使用的短距离无线技术。WiFi 图标如图 4-9 所示。

图 4-9　WiFi 图标

IEEE 802.11 是针对 WiFi 技术制定的一系列标准，第一个版本发表于 1997 年，其中定义了媒体访问控制层和物理层。物理层定义了工作在 2.4GHz ISM 频段上的两种无线调频方式和一种红外传输方式，总数据传输速率设计为 2Mbps。1999 年加上了两个补充版本：802.11a 定义了一个在 5GHz ISM 频段上的数据传输速率可达 54Mbps 的物理层，802.11b 定义了一个在 2.4GHz ISM 频段上的数据传输速率高达 11Mbps 的物理层。802.11g 在 2003 年 7 月通过，其载波频率为 2.4GHz（与 802.11b 相同），传输速率达 54Mbps。802.11g 的设备向下与 802.11b 兼容。其后有些无线路由器厂商应市场需要，在 802.11g 标准上另行开发了新标准，并将理论传输速率提升至 108Mbps 或 125Mbps。802.11n 于 2009 年 9 月正式通过，最大传输速率理论值为 600Mbps，并且能够传输更远的距离。802.11ac 是一个正在发展中的无线计算机网络通信标准，它通过 5GHz 频段进行无线局域网通信。理论上，它能够提供高达 1Gbps 的传输速率，进行多站式无线局域网通信。

4.3.1 WiFi 技术的特点

WiFi 是由无线接入点（Access Point，AP）、站点（Station）等组成的无线网络。AP 是传统的有线局域网与无线局域网之间的桥梁，任何一台装有无线网卡的 PC 均可通过 AP 分享有线局域网甚至广域网的资源。它相当于一个内置无线发射器的 HUB 或路由器，而无线网卡则是负责接收由 AP 所发射信号的客户端设备。802.11 发布之初，只支持 1Mbps 和 2Mbps 两种速率，工作于 2.4GHz 频段，两个设备之间的通信既能以自由直接的方式进行，也能在基站（BS）或者 AP 的协调下进行。

802.11a 标准采用了与原始标准相同的核心协议，工作频率为 5GHz，使用正交频分多路复用副载波，最大原始数据传输速率为 54Mbps。如果需要的话，数据传输速率可降为 48Mbps、36Mbps、24Mbps、18Mbps、12Mbps、9Mbps 或者 6Mbps。它不能与 802.11b 进行互操作，除非使用了对两种标准都采用的设备。由于 2.4GHz 频段已经被到处使用，采用 5GHz 频段让 802.11a 具有冲突更少的优点。然而，高载波频率也带来了负面效果。802.11a 几乎被限制在直线范围内使用，这导致必须使用更多的接入点；同时，802.11a 不能传播得像 802.11b 那么远，因为它更容易被吸收。802.11g 的调制方式和 802.11a 类似，但其载波频率为 2.4GHz（与 802.11b 相同），共 14 个频段，原始数据传输速率也为 54Mbps，802.11g 的设备向下与 802.11b 兼容。

802.11n 引入了 MIMO 技术，使用多个发射和接收天线来实现更高的数据传输速率，并增大了传输范围；支持标准带宽 20MHz 和双倍带宽 40MHz，使用 4×4 MIMO 时的数据传输速率最高可达 600Mbps。802.11ac 采用并扩展了源自 802.11n 的空中接口概念，包括高达 160MHz 的射频带宽，最多 8 个 MIMO 空间流，以及最高可达 256QAM 的调制方式。

在 WiFi 使用之初，其安全性非常脆弱，很容易被别有用心的人截取数据包，所以它成为政府和商业用户使用 WLAN 的一大隐患。WAP（无线应用协议）是由我国制定的无线局域网中的安全协议，它采用国家密码管理委员会办公室批准的公开密钥体制的椭圆曲线密码算法和秘密密钥体制的分组密码算法，实现了设备的身份鉴别、链路验证、访问控制和用户信息在无线传输状态下的加密保护。2009 年 6 月 15 日，在国际标准化组织 ISO/IEC J TC1/SC6 会议上，WAPI 国际提案首次获得包括美、英、法等十余个与会成员国的一致同意，将以独立文本形式推进为国际标准。目前在我国加装 WAPI 功能的 WiFi 手机等终端可入网检测并获得进网许可证。

WiFi 技术的优点如下。

（1）无线电波的覆盖范围广。WiFi 的覆盖半径可达 100m，适合办公室及单位楼层内部使用。而蓝牙技术的覆盖半径只有 15m。

（2）速度快，可靠性高。802.11b 无线网络规范是 IEEE 802.11 网络规范的变种，最高带宽为 11 Mbps。在信号较弱或有干扰的情况下，带宽可调整为 5.5Mbps、2Mbps 和 1Mbps。带宽的自动调整，有效地保障了网络的稳定性和可靠性。

（3）无须布线。WiFi 最主要的优势在于无须布线，可以不受布线条件的限制，因此非常适合移动办公用户的需要，具有广阔的市场前景。

（4）健康安全。IEEE 802.11 规定的发射功率不超过 100mW，实际发射功率为 60～70mW，手机的发射功率在 200mW～1W，手持式对讲机的发射频率高达 5W，而且无线网络使用时不直接接触人体，是绝对安全的。

目前使用的 IP 无线网络还存在一些不足之处，如带宽不高、覆盖半径小、切换时间长等，使其不能很好地支持移动 VoIP 等实时性要求高的应用；并且无线网络系统对上层业务开发不开放，导致适合 IP 移动环境的业务难以开发。此前定位于家庭用户的 WLAN 产品在很多地方不能满足运营商在网络运营、维护方面的要求。

4.3.2　WiFi 技术的应用

由于 WiFi 使用的频段在世界范围内是不需要任何电信运营执照的免费频段，因此 WLAN 无线设备提供了一个世界范围内可以使用的、费用极其低廉且数据带宽极高的无线空中接口。用户可以在 WiFi 覆盖区域内快速浏览网页，随时随地接听或拨打电话。而其他一些基于 WLAN 的宽带数据应用，如流媒体、网络游戏等，更是值得用户期待。有了 WiFi 功能，人们拨打长途电话（包括国际长途）、浏览网页、收发电子邮件、下载音乐、传递数码照片等，就无须再担心速度慢和花费高的问题（图 4-10）。

WiFi 在掌上设备上的应用越来越广泛，而智能手机就是其中一份子。与早前应用于手机上的蓝牙技术不同，WiFi 具有更大的覆盖范围和更高的传输速率，因此 WiFi 手机成为目前移动通信业界的时尚潮流。

图 4-10　WiFi 典型应用场景

4.4　红外通信技术

红外通信是以红外线作为通信载体，通过红外线在空中的传播来传输数据，由红外发射器和红外接收器共同完成。在发射端，发送的数字信号经过适当的调制编码后，送入电光变换电路，经红外发射管转变为红外光脉冲发射到空中；在接收端，红外接收器对接收到的红外光脉冲进行光电变换，解调译码后恢复出原信号。红外通信具有成本低廉、连接方便、简单易用和结构紧凑的特点，因此在小型移动设备中获得了广泛的应用。总体而言，红外通信是针对二进制数字信号的调制和解调，从而形成红外信道并传输数据，而红外信道的调制解调器就是所谓的红外通信接口。常用的有通过脉冲宽度来实现信号调制的脉宽调制（PWM）和通过脉冲串之间的时间间隔来实现信号调制的脉时调制（PPM）两种方法。

红外通信技术是目前在世界范围内被广泛使用的一种无线连接技术，被众多的硬件和软件平台所支持，主要特点如下。

（1）通过数据电脉冲和红外光脉冲之间的相互转换实现无线数据收发。

（2）主要用来取代点对点的线缆连接。

（3）新的通信标准兼容早期的通信标准。

（4）小角度（30°锥角以内），短距离，点对点直线数据传输，保密性强。

（5）传输速率较高，目前 4Mbps 速率的 FIR 技术已被广泛使用，16Mbps 速率的 VFIR 技术已经发布。

就目前的市场情况而言，红外通信技术的使用已经不再局限于个人数字数据助理设备、笔记本电脑和打印机，个人通信系统（PCS）和全球移动通信系统（GSM）网络将使红外通信技术的优势得到最大发挥。笔记本电脑在接通 PCS 数据卡后搭配电话便可以与无线 PCS 进行数据传输，扩展电缆的红外端口使得在 PCS 和笔记本电脑之间容易实现无线通信。

根据现在各种设备中红外通信技术的运用情况，可以大胆地预计，在未来的技术领域中，红外通信技术将得到更为广泛的使用，各种中小型设备都可以利用红外技术进行数据传输，如数字蜂窝电话、银行 ATM 机等。红外数据传输的优越性也将在不同领域中得到体现，如保密性强，可用于军事机构的数据传输。由于红外线的直射特性，红外通信技术不适合用在传输障碍较多的地方，所以在未来，红外通信技术仍须改进。

4.5　超宽带技术

超宽带（Ultra-Wideband，UWB）技术是一种无线载波通信技术，即不采用正弦载波，而是利用纳秒级的非正弦波窄脉冲传输数据，因此其所占的频谱范围很宽（图 4-11）。UWB 技术适用于高速、短距离的无线个人通信。按照 FCC 的规定，UWB 所使用的频段是 3.1～10.6GHz。

从频域来看，超宽带有别于传统的窄带和宽带，它的频带更宽。窄带是指相对带宽（信号带宽与中心频率之比）小于 1%，相对带宽在 1%～25% 被称为宽带，相对带宽大于 25% 且中心频率大于 500MHz 被称为超宽带。从时域上讲，超宽带系统有别于传统的通信系统。一般的通信系统通过发送射频载波进行信号调制，而 UWB 利用起、落点的时域脉冲（几十纳秒）直接实现调制，超宽带的传输把调制信息过程放在一个非常宽的频带上进行，而且以这一过程所持续的时间来决定带宽所占据的频率范围。

图 4-11　UWB 的标志

UWB 技术是一种"特立独行"的无线通信技术，它为无线局域网和个人局域网的接口卡和接入技术带来低功耗、高带宽且相对简单的无线通信技术。UWB 技术解决了困扰传统无线技术多年的有关传播方面的重大难题，具有对信道衰落不敏感、发射信号功率谱密度低、被截获的可能性低、系统复杂度低、厘米级的定位精度等优点。

4.5.1　UWB 技术的特点

1．抗干扰能力强

UWB 采用跳时扩频信号，系统具有较大的处理增益，在发射时将微弱的无线电脉冲信号分散在宽阔的频带中，输出功率甚至低于普通设备产生的噪声。接收时将信号能量还原出来，在解扩过程中产生扩频增益。因此，与 IEEE 802.11a、IEEE 802.11b 和蓝牙相比，在同等码速条件下，UWB 具有更强的抗干扰能力。

2．传输速率高

UWB 的传输速率可以达到几十甚至几百 Mbps，比蓝牙高 100 倍，也高于 IEEE 802.11a 和 IEEE 802.11b。

3．带宽极高

UWB 使用的带宽在 1GHz 以上。超宽带系统容量大，并且可以和目前的窄带通信系统同时工作而互不干扰。在频率资源日益紧张的今天，这开辟了一种新的时域无线电资源。

4．消耗电能小

通常情况下，无线通信系统在通信时需要连续发射载波，因此要消耗一定电能。而 UWB 不使用载波，只是发出瞬间脉冲电波，也就是直接按 0 和 1 发送出去，并且在需要时才发送脉冲电波，所以消耗电能小。

5．保密性好

UWB 的保密性表现在两方面：一方面是采用跳时扩频，接收机只有已知发送端扩频码时才能解出发射数据；另一方面是系统的发射功率谱密度极低，用传统的接收机无法接收。

6．发射功率非常小

UWB 系统发射功率非常小，通信设备用小于 1mW 的发射功率就能实现通信。低发射功率大大延长了系统电源工作时间。而且，发射功率小，其电磁波辐射对人体的影响也会很小。

4.5.2　UWB 技术与其他无线通信技术的比较

UWB 技术与现有其他无线通信技术有着很大的不同，它为无线局域网和个人局域网的接入带来低功耗、高带宽且相对简单的解决方案。超宽带技术解决了困扰传统无线电技术多年的诸如信道衰落、高速率时系统复杂、成本高和功耗大等重大难题，但是 UWB 技术不会很快取代现有其他无线通信技术。

1．UWB 与 IEEE 802.11a

IEEE 802.11a 是 IEEE 最初制定的无线局域网标准之一，它主要用来解决办公室局域网和校园网中用户与用户终端的无线接入，工作在 5GHz UNII 频段，物理层速率为 54Mbps，传输层速率为 25Mbps。它采用正交频分复用（OFDM）扩频技术，可提供 25Mbps 的无线 ATM 接口和 10Mbps 的以太网无线帧结构接口，以及 TDD/TDMA 的空中接口，支持语音、数据、图像业务。IEEE 802.11a 用于无线局域网时的通信距离可以达到 100m，而 UWB 只能在 10m 以内通信。根据英特尔按 FCC 的规定进行的演示，对于 10m 以内的距离，UWB 可以发挥出高达数百 Mbps 的传输性能，但是在 20m 处反倒是 IEEE 802.11a/b 的无线局域网设备更好一些。因此在目前 UWB 发射功率受限的情况下，UWB 只能用于 10m 以内的高速数据通信，而 10～100m 的无线局域网通信还要由 IEEE 802.11 来完成。当然与 UWB 相比，IEEE 802.11 的功耗大，传输速率低。

2．UWB 与 Bluetooth

自从 2002 年 2 月 14 日，FCC 批准 UWB 用于民用无线通信以来，就不断有人将 UWB 称为蓝牙（Bluetooth）的"杀手"，因为从性能价格比上看，Bluetooth 是现有无线通信方式中最接近 UWB 的，但是从目前的情况看 UWB 不会取代 Bluetooth。首先，从应用领域来看，Bluetooth 工作在无须申请的 2.4GHz ISM 频段上，主要用来连接打印机、笔记本电脑等办公设备。它的通信速率通常在 1Mbps 以下，通信距离可以达到 10m 以上。而 UWB 的通信速率在几百 Mbps，通信距离仅有几米，因此二者的应用领域不尽相同。其次，从技术上看，经过多年的发展，Bluetooth 已经具有较完善的通信协议。Bluetooth 的核心协议包括物理层协议、链路接入协议、链路管理协议及服务发展协议等，而 UWB 的工业实用协议还在制定中。再次，Bluetooth 是一种短距离无线连接技术标准的代称，蓝牙的实质内容就是要建立通用的无线电空中接口及其控制软件的公开标准。从这方面，可以将 UWB 看作采用一种特殊的无线电波来高速传送数据的通信方式，严格地讲，它不能构成一个完整的通信协议或标准。考虑到 UWB 高速、低功耗的特点，也许在下一代 Bluetooth 标准中，UWB

会被用作物理层的通信方式。最后，从市场角度分析，蓝牙产品已经成熟并得到推广和使用，而 UWB 的研究还处在起步阶段。基于以上原因，在未来几年内，UWB 和 Bluetooth 更有可能既是竞争对手，又是合作伙伴。

4.5.3　UWB 技术的应用前景

UWB 技术具有系统复杂度低、发射信号功率谱密度低、对信道衰落不敏感、截获能力低、定位精度高等优点，尤其适用于室内等密集多径场所的高速无线接入，非常适于建立高效的无线局域网或无线个域网。UWB 最具特色的应用将是视频消费娱乐方面的无线个域网。具有一定相容性和高速、低成本、低功耗的优点使得 UWB 较适合家庭无线通信的需求。现有的无线通信方式中，IEEE 802.11b 和蓝牙的速率太低，不适合传输视频数据；54 Mbps 速率的 IEEE 802.11a 标准可以处理视频数据，但费用昂贵。而 UWB 能在 10m 范围内，支持高达 110 Mbps 的数据传输速率，无须压缩数据，可以快速、简单、经济地完成视频数据处理。

超宽带系统同时具有无线通信和定位的功能，可方便地应用于智能交通系统中，为车辆防撞、电子牌照、电子驾照、智能收费、车内智能网络、测速、监视、分布式信息站等提供高性能、低成本的解决方案。UWB 也可应用在小范围，高分辨率，能够穿透墙壁、地面和身体的雷达和图像系统中，诸如军事、公安、消防、医疗、救援、测量、勘探和科研等领域，用于隐秘安全通信、救援应急通信、精确测距和定位、透地探测雷达、墙内和穿墙成像、监视和入侵检测、医用成像、贮藏罐内容探测等。UWB 还可应用于传感器网络和智能环境，这种环境包括生活环境、生产环境、办公环境等，主要用于对各种对象（人和物）进行检测、识别、控制和通信。当然，UWB 的前途还要取决于各种无线方案的技术发展、成本、用户使用习惯和市场成熟度等多方面的因素。

习　题

一、选择题

1. 在下面的 WiFi 通信信道组合中，有三个非重叠信道的组合是（　　）。
   A．信道 1、信道 6、信道 10　　　　　B．信道 2、信道 7、信道 12
   C．信道 3、信道 4、信道 5　　　　　　D．信道 4、信道 6、信道 8

2. IEEE 802.11a 工作在（　　）频段。
   A．2.4GHz　　　　　　　　　　　　　B．5.8GHz
   C．3.5GHz　　　　　　　　　　　　　D．26GHz

3. 以下设备中，不会对工作在 2.4GHz 的无线 AP 产生干扰的是（　　）。
   A．微波炉　　　　　　　　　　　　　B．蓝牙耳机
   C．红外感应器　　　　　　　　　　　D．2.4GHz 无绳电话

二、简答题

1．什么是 WiFi 技术？简述 WiFi 的发展历程。

2．蓝牙系统由哪几部分组成？

3．简述蓝牙、ZigBee 和 WiFi 技术的主要差别。

4．什么是 UWB 技术？简述其特点。

第5章
移动通信技术

5.1 移动通信技术的发展历程

移动通信（Mobile Communication）是移动体之间的通信，或移动体与固定体之间的通信。移动体可以是人，也可以是汽车、火车、轮船、收音机等处在移动状态的物体。移动通信出现于 20 世纪初，但真正发展却始于 20 世纪 40 年代中期，从 20 世纪 40 年代中期至2016 年，移动通信的发展大体可分为 5 代，即第一代模拟移动通信系统、第二代数字移动通信系统、第三代移动通信技术、第四代移动通信技术、第五代移动通信技术。下面将分别加以介绍。

1. 第一代模拟移动通信系统

第一代（1G）模拟移动通信系统是以模拟技术为基础的蜂窝无线电话系统，在设计上只能传输语音流量，并受到网络容量的限制。其发展时间最长，发展历程见表 5-1。

表 5-1　第一代模拟移动通信系统发展历程

阶段	时间	特点	典型代表
第一阶段	20 世纪 20～40 年代	专用网，工作频率低	车载电话调度系统
第二阶段	20 世纪 40～60 年代	公用网，人工接续，容量小	公用汽车电话网
第三阶段	20 世纪 60 年代至 70 年代中期	自动接续，容量增大	大区制系统
第四阶段	20 世纪 70 年代中期至 80 年代中期	蜂窝小区，大容量，模拟系统	AMPS、TACS

2. 第二代数字移动通信系统

第二代（2G）数字移动通信系统是以数字技术为基础的移动通信网络，20 世纪 80 年代中期至 90 年代末是第二代数字移动通信系统的发展和成熟阶段，推出了以欧洲的时分多址 GSM 系统和北美的码分多址 IS-95 系统为代表的数字式蜂窝移动通信系统。GSM 自 1990年开始试运行，1991 年进行商用，现在已经成为世界上最大的移动通信网；IS-95 是美国高通公司发起的第一个基于 CDMA 的数字蜂窝标准，该系统不仅数模兼容，而且系统容量是模拟系统的 20 倍，现在已经成为仅次于 GSM 的第二大移动通信网。

3. 第三代移动通信技术

第三代（3G）移动通信技术是指支持高速数据传输的蜂窝移动通信技术，是将无线通信与国际互联网等多媒体通信结合的新一代移动通信系统，3G服务能够同时传送声音及数据信息，速率一般在几百Kbps以上。2008年5月，国际电信联盟正式公布第三代移动通信标准，我国提交的TD-SCDMA正式成为国际标准，与欧洲的WCDMA、美国的CDMA2000一起成为最主流的三大3G技术。

4. 第四代移动通信技术

第四代（4G）移动通信技术，也称第四代移动电话行动通信标准，该技术包括TD-LTE和FDD-LTE两种制式。4G集3G与WLAN于一体，能够快速传输数据、音频、视频和图像等。4G能够以100Mbps以上的速率下载，比目前的家用宽带ADSL（4Mbps）快25倍，并能够满足几乎所有用户对于无线服务的要求。此外，4G可以在DSL和有线电视调制解调器没有覆盖的地方部署，然后再扩展到整个地区。很明显，4G有着不可比拟的优越性。

2001—2013年是4G的研发阶段，在这个时期内，新一代无线通信体制标准得以研究完成；从2013年12月开始，4G进入运行阶段，中国移动、中国电信及中国联通都推出了4G业务。截至2015年12月底，全国电话用户总数达到15.37亿户，其中移动电话用户总数为13.06亿户，4G用户总数达3.862 25亿户，4G用户在移动电话用户中的渗透率为29.6%。

5. 第五代移动通信技术

第五代（5G）移动通信技术，也称第五代移动电话行动通信标准。5G是新一代移动通信技术发展的主要方向，是未来新一代信息基础设施的重要组成部分。与4G相比，5G不仅将进一步提升用户的网络体验，同时还将满足未来万物互连的应用需求。目前还没有任何电信公司或标准制定组织的公开规范或官方文件提到5G，不过可以从以下三个角度来看待5G。

（1）从用户体验看，5G具有更高的速率和带宽，预计5G网速将比4G提高10倍左右，只需几秒即可下载一部高清电影，能够满足消费者更高的网络体验需求（如虚拟现实、超高清视频等）。

（2）从行业应用看，5G具有更高的可靠性和更低的时延，能够满足智能制造、自动驾驶等行业应用的特定需求，拓宽融合产业的发展空间，支撑经济社会创新发展。

（3）从发展态势看，5G目前还处于技术标准的研究阶段，今后几年4G还将保持主导地位并实现持续高速发展，但5G有望于2020年正式商用。

5.2 模拟蜂窝移动通信系统

移动通信是指通信双方至少有一方处于移动状态的通信方式。因为极大地满足了社会实际需要，移动通信自诞生之日起便备受瞩目。经过这么多年的发展，移动通信技术已经给人们的生活带来了翻天覆地的变化。反过来，社会经济日新月异的变化，也促进了移动通信技术的飞速发展。

移动通信网络有多种分类方法。按照信号形式，可以分为模拟网和数字网；按照服务范围，可以分为专用网和公用网；按照移动平台的使用形式，可以分为便携式、手提式和车载式；按照实际应用，可以分为无线寻呼系统、蜂窝移动通信系统、集群移动通信系统和移动卫星通信系统；按照区域规划，可以分为大区制和小区制。

小区制是指把一个通信服务区域分为若干个小无线覆盖区，每个小区的半径在 2～20km，设置一个基站，负责本小区移动台的联系和控制，各个基站通过移动业务交换中心相互联系。小区中的基站天线采用全向天线，在理想的情况下，它覆盖的区域可以视为一个以基站为中心，以最大通信距离为半径的圆。为了不留空隙地覆盖整个面状服务区，各个圆形覆盖区之间存在很多重叠区。经过理论分析，通信系统现在大多采用与圆形较为接近的正六边形作为小区的形状，这样可以避免相邻覆盖区域的重叠，又不会产生空隙，且产生的干扰更小。由于该结构看上去像蜂窝，所以称其为"蜂窝式移动通信"，蜂窝结构如图 5-1 所示。

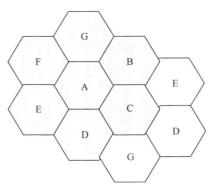

图 5-1　蜂窝结构示意图

5.2.1　蜂窝移动通信技术的提出

20 世纪 20 年代以来，蜂窝移动通信技术的提出大致经过了 4 个阶段。第一阶段是 20 世纪 20～40 年代，为现代移动通信的起步阶段，在此期间主要完成通信试验和电波传播试验工作。第二阶段是 20 世纪 40 年代至 60 年代中期，在此期间主要完成公用移动通信系统的建立，其代表为贝尔实验室建立的"城市系统"公用汽车电话网。第三阶段是 20 世纪 60 年代至 70 年代中期，主要进行公用移动通信系统的改进和完善，提高移动通信网络的自动化程度。第四阶段是 20 世纪 70 年代中期至 80 年代初期，随着微电子技术、计算机技术的长足发展，以及移动通信用户数量的急速增加，移动通信技术迎来了黄金发展期。美国贝尔实验室在此期间成功研制了基于频分多址（FDMA）的先进移动电话系统——AMPS，这是世界上第一个模拟蜂窝移动通信系统，标志着蜂窝网（小区制）理论的正式建立。继而，各种改进的蜂窝式公用移动通信网不断被提出并逐渐得到广泛应用，具有代表性的系统有英国的 TACS 系统、北欧的 NMT-450 系统。

5.2.2　模拟蜂窝移动通信系统概述

模拟蜂窝移动通信系统是小区制、大容量公用移动电话系统，采用频率复用技术，具有用户多、覆盖面广的优点，曾在全球得到广泛应用。与其他移动通信系统相似，模拟蜂窝移动通信系统也由移动业务交换中心（MSC）、基站（BS）和移动台（MS）三大部分组成。其中，移动业务交换中心与基站之间一般通过有线线路连接，基站与移动台之间由无线链路通过空中接口相连（图 5-2）。

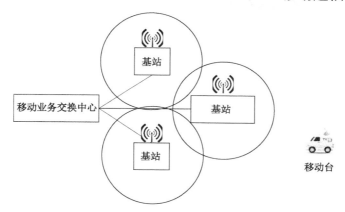

图 5-2　模拟蜂窝移动通信系统结构图

移动业务交换中心用来完成移动用户与市话用户之间或者移动用户之间通话的自动接续与交换,除了具有一般的程控电话交换功能外,它还具有移动通信特有的一些功能,如对移动台的识别和登记、频道分配、过境切换处理、漫游和呼叫处理等。因此,移动业务交换中心通常由适合移动通信的专用程控交换机组成。也可以在普通程控交换机上增加一些软件和硬件,实现控制、接续、交换移动电话的功能,其中硬件是指交换网络、处理器、数据终端等设备,软件包括系统操作程序(如呼叫处理、接续和控制)、设备状态测试和维护程序(如路由管理、故障检测、诊断和处理)、运行管理程序(如话务量统计、记录和计费)等。

基站由射频部分(射频架和收发天线)、数据架、线路监测架和维护测试架等几部分组成。当基站采用 120° 扇区辐射方式时,须配 3 个射频架,以及数据架、线路监测架和维护测试架各 1 个。每个射频架最大容量为 16 个无线信道,即收发信机各有 16 台。当基站采用全向天线时,至少要配备 4 个机架,即射频架、数据架、线路监测架和维护测试架各1 个。数据架主要包括 5 个部分:与移动业务交换中心数据链路相连的数据设备、控制器、建立无线电、定位接收机和话音信道数据接收机,分别完成不同的功能。其中数据设备和控制器有备用设备。线路监测架的主要功能是为移动业务交换中心和射频架提供音频信号电路接口,并进行线路监测,包括监控单音发送、接收及信令编码。维护测试架的功能是对各种设备状况进行测试,保持设备良好的运行状态。

移动台主要有车载台和手机两类,其主要差别是功率不同,而功能、组成和工作原理相同。移动台主要包括控制单元、逻辑单元和收发信机 3 个部分。控制单元包括受话器、键盘、指示灯和蜂鸣器等。与普通的固定电话不同,移动台为了节省无线信道占用时间和避免发生错拨现象,并不将用户所拨的号码逐位立即发出,而是在屏幕上显示出来并存入寄存器,只有当用户确认拨号无误,按下发送键后,被叫号码才快速发出。一旦接续成功,双方即可通话。如果没有成功,显示屏会显示相应内容,以便用户处理。逻辑单元是移动台的主控部件,主要由单片微处理器组成,用于宽带数据信令的编解码、控制发射机开启、检测并转发监控音等。由测量获得的各种模拟信号,如信号电平、噪声电平、发射功率、静噪检测结果、压控振荡器的电压、频率合成器锁相环的工作状态等,经过 A/D(模/数)变换送入单片微处理器处理,处理结果以指令方式送到收发信机中相关的受控部件,实现移动台类似电脑的智能化功能。收发信机主要由发射机、接收机和收发共用的频率合成器组成。车载台可采用二重空间分集,以减小衰落的影响,即移动台配备两根天线,其中一根天线收发合用,另一根只做分集用,采用选择式开关分集方式。手机则无法分集接收,收发合用一根天线。在移动台中，还有话音信号处理电路，主要由瞬时频偏控制电路、压缩与扩张电路和加重与去加重电路组成。

相对于传统的移动通信技术，模拟蜂窝移动通信系统取得了很大的成果，但随着用户数量的增加，其缺点也暴露出来。模拟蜂窝移动通信系统的主要缺点有：频谱利用率不高，业务种类比较单一，保密性较差。

5.2.3 模拟蜂窝移动通信系统的控制及信令

模拟蜂窝移动通信系统采用的多址方式是频分多址（FDMA），每个信道之间频率间隔是 25kHz，上下行信道频率间隔是 45MHz，加上小区之间频率复用等措施，整个蜂窝网的容量非常大。大容量、全自动的模拟蜂窝移动通信系统，除了要处理移动用户主呼与被呼之外，还必须不断监视通话信道质量并进行越区频道自动切换，同时为漫游用户提供服务。所以，系统的控制是比较复杂的。

1．系统的控制结构

模拟蜂窝移动通信系统的控制，涉及公用市话网、移动业务交换中心、基站和移动台之间的话音和信令的传输与交换。系统既有无线信道，又有有线信道，而且都有话音信道和控制信道之分。基站既有无线信道，又有有线信道，它在无线网与有线网之间转接和传输信息，其中包括无线网与有线网之间的信令交换。移动业务交换中心起控制与协调作用，管理、分配无线信道，协调基站、移动台的工作。它与有线市话网交换的信令采用市话网的标准信令。

2．控制信号及其功能

控制信号主要是监测音和信令音。监测音用于信道分配和对移动用户通话质量的监测，采用话音带外的 5 970Hz、6 000Hz 和 6 030Hz 这 3 个单音。监测音还被基站用于确定是否需要进行越区频道切换。

信令音是 10kHz 的音频信号，在移动台到基站的反向话音信道中传输，主要用在下面两个过程中：一是当移动台收到基站发来的振铃信号时，在反向话音信道上向基站发送信令音，表示振铃成功，一旦用户开始通话，就停止发送；二是移动台在过境切换频道前，基站在移动业务交换中心的控制下，在原来的前向话音信道上发送一个新分配的话音信道指令，移动台收到指令后，发送信令音确认。系统就是通过这两个控制信号实现相关控制的。

3．数字信令

蜂窝移动通信系统由于容量很大，所以采用专用控制信道来传输数字信令。由前文可知，传输信道分为 5 种：前向和反向话音信道、前向和反向控制信道，以及有线信道。不同信道传输的数字信令及其格式是不同的，限于篇幅，在此不详细说明。

5.2.4 模拟蜂窝移动通信系统的工作过程

模拟蜂窝移动通信系统的主要工作过程包括如下几部分。

1．初始状态（Standby）

移动台开机接通电源后，就会对控制信道进行扫描搜索，锁定在最强的信道上，并保持监视。这个过程随着移动台的移动或信道的变化会反复进行，以保证移动台不断跟踪信号最强的基站。

2. 移动台被呼

移动台被呼的工作过程包括寻呼、选择基站、寻呼响应、分配话音信道、振铃和通话等。移动业务交换中心收到被呼移动用户号码后，将其转换为移动台的识别号码并发出寻呼指令，让本服务区各基站通过前向控制信道选呼该移动用户。若移动台开机，就会发现被呼信号，并选择信号最强的空闲基站在反向控制信道上发送识别码，由基站送到移动业务交换中心。移动业务交换中心收到寻呼响应后分配话音信道，基站在前向控制信道上发送振铃信号，移动台摘机即可通话。可见，移动台被呼之前一直在工作，只是用户感觉不到。

3. 移动台主呼

主呼的过程，首先是呼前拨号，然后是按发送键将呼叫的号码和用户识别码通过反向信道发送给基站，基站通过有线数据线路告知移动业务交换中心，移动业务交换中心先为基站和移动台分配话音信道，然后向被呼用户送振铃音。电话振铃，被呼用户摘机即可通话。

4. 话终拆线

通话终了，必须及时拆线（包括无线和有线链路），尽快释放信道，保证系统正常运行。拆线过程取决于移动用户与市话用户哪个先挂机，与主呼、被呼无关。

模拟蜂窝移动通信系统采用的频分多址方式，使每个用户占用一个频点，虽然可以采取频率复用技术，但网络容量仍无法满足快速增长的需求；同时，模拟蜂窝移动通信系统的移动台采用 10 位固定数字编码，很容易被盗用，安全性较差。因此，在世界上大部分地区，模拟蜂窝移动通信系统已经被更先进的数字蜂窝移动通信系统所取代。

5.3 数字蜂窝移动通信系统

5.3.1 GSM

1. GSM（全球移动通信系统）发展历程

1982 年，欧洲邮电行政大会（CEPT）设立了"移动通信特别小组"，即 GSM，以开发第二代移动通信系统为目标。

1990 年，第一个 GSM 规范完成，规范的文本超过 6 000 页。

1991 年，欧洲开通了第一个 GSM 系统，移动运营者为该系统设计和注册了满足市场要求的商标，将 GSM 更名为"全球移动通信系统"。GSM 也是国内著名移动业务品牌"全球通"这一名称的本源。

1992 年，欧洲标准化委员会统一推出 GSM 标准，它采用数字通信技术、统一的网络标准，GSM 相对于模拟移动通信技术是第二代移动通信技术，所以简称 2G。GSM 网络的传输速率为 9.6Kbps。

1998 年，3G 合作项目（3GPP）启动。最初，这个项目的目标是制定详细的下一代移动通信网（3G）规范。然而，3GPP 也接受了维护和开发 GSM 规范的工作。ETSI 是 3GPP 的一个成员。

2015 年，全球诸多 GSM 网络运营商将 2017 年确定为关闭 GSM 网络的年份。之所以关闭 GSM 等 2G 网络，是为了将无线电频率资源腾出来，用于建设 4G 网络及未来的 5G 网络。

2. GSM 体制的优点与缺点

优点：

① 具有开放的接口和通用的接口标准。

② 能够保护用户权利和加密传输信息。

③ 能够支持电信业务、承载业务和补充业务等多种业务形式。

④ 能够设置国际移动用户识别码，以便实现国际漫游功能。

⑤ 具有更大的系统容量。

⑥ 能更有效地利用无线频率资源，提高频谱效率。

⑦ 抗干扰能力强，覆盖区内通信质量好，语音效果好，状态稳定。

缺点：

① 系统容量有限。

② 编码质量不够高。

③ 终端接入速率有限。

④ 切换功能较差。

⑤ 漫游能力有限。

3. GSM 的主要技术参数

GSM 系统的工作频段有两个：一个是 900MHz 频段，另一个是 1.8GHz 频段。

900MHz 频段：

① 890～915MHz（移动台发，基站收，上行）。

② 935～960MHz（移动台收，基站发，下行）。

1.8GHz 频段：

① 1 710～1 985MHz（移动台发，基站收，上行）。

② 1 805～1 880MHz（移动台收，基站发，下行）。

GSM 系统中相邻频道的间隔为 200kHz，每个频道采用时分多址（TDMA）方式分为 8 个时隙，每个时隙容纳一个信道，一个频道可以容纳 8 个信道。

在 900MHz 频段，GSM 系统共有 25MHz 带宽，有 125 个载频，因此其在 900MHz 频段的可用信道最多有 8×125=1 000 个；而模拟移动网的 TACS 制式的信道间隔为 25kHz，25MHz 带宽也可以分为 1 000 个信道。上述 GSM 系统的 1 000 个信道采用全速率语音编码，在 GSM 规范中还可以采用半速率语音编码。

4. GSM 系统组成

基站子系统（BSS）、移动台（MS）和网络子系统（NSS）构成了 GSM 系统的主体部分，如图 5-3 所示。其中 BSS 介于 MS 和 NSS 之间，提供和管理它们之间的信息传输通路，也管理 MS 与 GSM 系统的功能实体之间的无线接口。NSS 保证 MS 与相关公用通信网（如 PSTN 或 ISDN）或其他 MS 之间建立通信。也就是说，NSS 不直接与 MS 互相联系，BSS 也不直接与公用通信网互相联系。

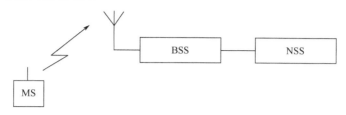

图 5-3　GSM 系统组成

5. GSM 系统结构

GSM 的各个子系统是由若干个功能实体构成的。所谓功能实体，指的是通信系统内的每一个具体设备，它们各自具有一定的功能，完成一定的工作，如 MSC、EIR 等。GSM 系统结构如图 5-4 所示，右侧是 NSS，它包括移动业务交换中心（MSC）、访问位置寄存器（VLR）、归属位置寄存器（HLR）、鉴权中心（AUC）和移动设备识别寄存器（EIR）。左侧上部是 BSS，它包括基站控制器（BSC）和基站收发信机（BTS）。左侧下部是移动台部分（MS），其中包括移动终端和客户识别卡。

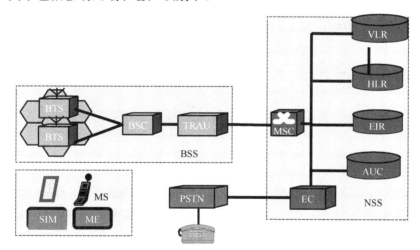

图 5-4　GSM 系统结构

（1）NSS 的各功能实体。

NSS 主要完成交换功能和客户数据与移动性管理、安全性管理所需的数据库功能。NSS 由一系列功能实体所构成，各功能实体的主要功能介绍如下。

① MSC 是 GSM 系统的核心，是对位于它所覆盖区域中的移动台进行控制和完成话路交换的功能实体，也是移动通信系统与其他公用通信网之间的接口。它可实现网络接口、公共信道信令系统和计费等功能，还可完成 BSS 与 MSC 之间的切换和辅助性的无线资源管理、移动性管理等。另外，为了建立至移动台的呼叫路由，每个 MS 还应具有入口 MSC（GMSC）的功能，即查询位置信息的功能。

② VLR 是一个数据库，存储 MSC 为了处理所管辖区域中 MS 的来话、去话呼叫所要检索的信息，如客户的号码、所处位置区域的识别、向客户提供的服务等参数。

③ HLR 是一个数据库，存储管理部门用于移动客户管理的数据。每个移动客户都应在其归属位置寄存器注册登记，它主要存储两类信息：一是有关客户的参数；二是有关客户目前所处位置的信息，以便建立至移动台的呼叫路由，如 MSC、VLR 地址等。

④ AUC 用于产生为确定移动客户的身份和对呼叫保密所需的鉴权、加密三参数（随机号码、符合响应、密钥）。

⑤ EIR 是一个数据库，存储有关移动台设备参数。主要提供对移动设备的识别、监视、闭锁等功能，以防止非法移动台的使用。

（2）BSS 的各功能实体。

BSS 是在一定的无线覆盖区中由 MSC 控制，与 MS 进行通信的系统设备，它主要负责完成无线发送与接收和无线资源管理等功能。功能实体包括基站控制器和基站收发信机。

① BSC 具有对一个或多个 BTS 进行控制的功能，它主要负责无线网络资源的管理、小区配置数据管理、功率控制、定位和切换等，是个很强的业务控制点。

② BTS 无线接口设备，它完全由 BSC 控制，主要负责无线传输，完成无线与有线的转换、无线分集、无线信道加密、跳频等功能。

（3）MS 的各功能实体。

移动台部分包括移动终端和客户识别（SIM）卡。移动终端可完成话音编码、信道编码、信息加密、信息调制和解调、信息发送和接收。SIM 卡中存有认证客户身份所需的所有信息，以及一些与安全保密有关的重要信息，以防止非法客户进入网络。SIM 卡中还存有与网络和客户有关的管理数据，只有插入 SIM 卡，移动终端才能接入网络。

GSM 系统一般还有操作维护子系统（OMC），它主要负责对整个 GSM 网络进行管理和监控，通过它实现对 GSM 网络内各种部件功能的监视、状态报告、故障诊断等功能。

在 GSM 网络中还配有短消息业务中心，可开展点对点的短消息业务和广播式公共信息业务。另外配有语音信箱，可开展语音留言业务。

6. GSM 系统业务

GSM 提供的基本业务包括承载业务和电信业务。其中承载业务包括基本承载业务和补充业务；电信业务包括语音业务、数据业务、短消息业务、补充业务，其中语音业务是最重要的业务。GSM 系统业务如图 5-5 所示。

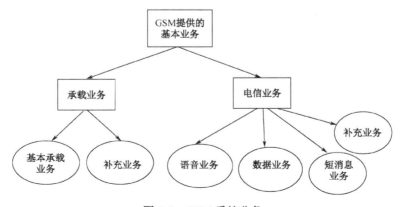

图 5-5　GSM 系统业务

5.3.2 GPRS

GPRS（General Packet Radio Service，通用分组无线业务）是在GSM基础上发展起来的一种分组交换的数据承载和传输网络，提供端到端分组交换业务。作为向3G网络过渡的2.5代技术，GPRS可最大限度重用已有的GSM网络基础设施。GPRS采用先进的无线分组技术，将无线通信与因特网紧密结合，终端更适应互联网的业务需求，可提供更好的数据业务。

GPRS使用户能够在端到端分组传输模式下发送和接收数据。与GSM类似，以标准网络协议为基础，GPRS网络运营者可以支持或提供给用户各种电信业务。相对于GSM而言，GPRS适用于不连续的非周期性（突发）的数据传送，突发出现的时间间隔远大于突发数据的平均传输时延；适用于500字节以下小数据量事务处理业务，允许每分钟出现几次，可以频繁传送；适用于几千字节大数据量事务处理业务，允许每小时出现几次，可以频繁传送。

上述GPRS应用业务特点表明：GPRS非常适合突发数据应用业务，能高效利用信道资源，但对大数据量应用业务要加以限制。主要原因有以下几个。

（1）数据业务量较小。GPRS网络依附于原有的GSM网络之上。目前，GSM网络还主要提供电话业务，电话用户密度高，业务量大，而GPRS数据用户密度低。在一个小区内不可能有更多的信道用于GPRS业务。

（2）无线信道的数据传输速率较低。采用GPRS推荐的CS-1和CS-2信道编码方案时，数据传输速率仅为9.05 Kbps和13.4 Kbps（包括RLC块字头）。但能够保证实现小区的100%和90%覆盖时，能满足同频道干扰C/I≥9dB要求。原因是CS-1和CS-2编码方案RLC（无线链路控制）块中的半速率和1/3速率比特用于前向纠错（FEC），因此降低了C/I要求。因此目前GPRS应主要采用CS-1和CS-2编码方案，以满足现有电路设计要求。

（3）虽然CS-3和CS-4编码方案数据传输速率较高，为15.6 Kbps和21.4 Kbps（包括RLC块字头），但它是通过减少和取消纠错比特换取数据传输速率提高的。因此CS-3和CS-4编码方案要求较高C/I值，仅适合能满足较高C/I值的特殊地区使用。

（4）当采用静态分配业务信道方式时，初期一个小区一般考虑分配一个频道（载波），即8个信道（时隙）用于分组数据业务。

GPRS也可以提供各种类型的承载业务。GPRS提供的承载业务又叫GPRS网络业务，主要包括两类：点对点数据业务（PTP）和点对多点数据业务（PTM）。点对点数据业务包括点对点无连接网络业务（PTP-CLNS）和点对点面向连接网络业务（PTP-CONS）。点对多点数据业务分为三类：点对多点组播业务（PTM-M）、点对多点群呼业务（PTM-G）和IP组播业务（IP-M）。

适用于GPRS承载业务的补充业务可分为两类：GSM Phase2补充业务和GPRS特定的补充业务。GSM phase2补充业务用于GPRS，包括：无条件呼叫前转（CFU）和MS不能到达时的呼叫前转（CFNR），闭合用户群（CUG），送付费通知（AoCI）和付费清单（AoCC）。GPRS特定的补充业务可针对GPRS的基本业务来签约使用，目前提供的为"闭锁GPRS互通文件"业务。该补充业务通知闭锁激活的互通文件，从而限制用户接入外部数据网络。

5.4 第三代移动通信技术

20 世纪 80 年代末,几乎与 GSM 技术同时诞生的还有 CDMA(Code Division Multiple Access)技术。CDMA 技术即码分多址技术,与原来的模拟通信系统所采用的 FDMA 技术和 GSM 系统所采用的 TDMA 技术相对应。它是在扩频通信技术的基础上发展起来的一种崭新而成熟的无线通信技术,能够更加充分地利用频谱资源,是实现第三代移动通信的首选。

3G 即第三代移动通信技术,是指支持高速数据传输的蜂窝移动通信技术。3G 服务能够同时传送声音及数据信息,速率一般在几百 Kbps 以上。3G 的目标是实现在任何地点、任何时间,和任何人进行任何类型的通信。国际电信联盟在 2000 年 5 月确定了 WCDMA、CDMA2000、TD-SCDMA 三大主流无线接口标准。

5.4.1 WCDMA

WCDMA (Wideband CDMA) 意为宽频分码多重存取,这是基于 GSM 网络发展起来的 3G 技术规范,是欧洲提出的宽带 CDMA 技术,它与日本提出的宽带 CDMA 技术基本相同,目前正在进一步融合。该标准提出了 GSM(2G)到 GPRS-EDGE-WCDMA(3G)的演进策略。这套系统能够架设在现有的 GSM 网络上,对于系统提供商而言可以较轻易地过渡,因此 WCDMA 具有先天的市场优势。WCDMA 是当前世界上采用国家及地区最多、终端种类最丰富的一种 3G 标准,占据全球 80%以上市场份额。

WCDMA 由欧洲标准化组织 3GPP(3rd Generation Partnership Project)所制定,受到全球标准化组织、设备制造商、器件供应商、运营商的广泛支持。WCDMA 版本的演变过程也是一个技术和业务需求不断提高的过程。到目前为止,主要有 R99、R4、R5、R6、R7、R8 六个版本。WCDMA 的演进过程如图 5-6 所示。

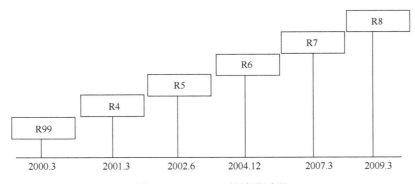

图 5-6　WCDMA 的演进过程

(1) R99 于 2000 年 3 月发布。延续了 GSM/GPRS 系统的核心网系统结构,即分为电路域和分组域,分别处理语音和数据业务。WCDMA R99 的 3G MSC/VLR 与无线接入网络(RAN)的接口 Iu-CS 采用 ATM 技术承载信令和话音,分组域 R99 SGSN 与 RAN 通过 ATM 进行信令交互,媒体流使用 AAL5 承载 IP 分组包。另外,为满足 RNC 之间的软切换功能,

RNC 之间还定义了 Iur 接口。而 GSM 的 A 接口采用基于传统 E1 的七号信令协议，BSC/PCU 与 SGSN 之间的 Gb 接口采用帧中继承载信令和业务。因此，R99 与 GSM/GPRS 的主要差别体现在传输模式和软件协议的不同。

（2）R4 于 2001 年 3 月发布。R4 在 R99 的基础上引入了软交换思想，将 MSC 的承载与控制功能分离，即呼叫控制与移动性管理功能由 MSC Server 承担，语音传输承载和媒体转换功能由 MGW 完成，提高了组网的灵活性，集中放置的 Server 可以使业务的开展更快捷。R4 网络主要是基于软交换结构的网络，为向 R5 的顺利演变奠定了基础。

（3）R5 于 2002 年 6 月发布。在核心网中，R5 协议引入了 IP 多媒体子系统（IMS）。IMS 叠加在分组域网络之上，由 CSCF（呼叫状态控制功能）、MGCF（媒体网关控制功能）、MRF（媒体资源功能）和 HSS（归属签约用户服务器）等功能实体组成。IMS 的引入，为开展基于 IP 技术的多媒体业务创造了条件。目前，基于 SIP 协议的业务主要有即时消息、MMS、在线游戏及多媒体邮件等。

（4）R6 于 2004 年 12 月发布。对核心网系统架构未做大的改动，主要是对 IMS 技术进行了功能增强，尤其是对 IMS 与其他系统的互操作能力做了完善，如 IMS 和外部 IMS、CS、WLAN 之间的互通等，并引入了策略控制功能实体（PCRF）作为 QoS 规则控制实体。业务方面，增加了对广播多播业务（MBMS）的支持；针对 IMS 业务，如 Presence、多媒体会议、Push、Poc 等业务，进行了定义和完善。

（5）R7 于 2007 年 3 月发布。继续对 IMS 技术进行了增强，提出了语音连续性（VCC）、CS 域与 IMS 域融合业务（CSI）等课题，在安全性方面引入了 Early IMS 技术，以解决 2G 卡接入 IMS 网络的问题。提出了策略控制和计费的新架构，但 R7 版本的 PCC 是一个不可商用的版本。在业务方面，R7 对组播业务、IMS 多媒体电话、紧急呼叫等业务进行了严格定义，使整个系统的业务能力进一步提升。

（6）R8 于 2009 年 3 月发布，是 LTE 的第一个版本。迫于 WiMAX 等移动通信技术的竞争压力，为继续保证 3GPP 系统在未来 10 年内的竞争优势，3GPP 标准组织在 R8 阶段正式启动了 LTE 和系统架构演进（SAE）两个重要项目的标准制定工作。R8 阶段重点针对 LTE/SAE 网络的系统架构、无线传输关键技术、接口协议与功能、基本消息流程、系统安全等方面进行了细致的研究和标准化。在无线接入网方面，将系统的峰值数据传输速率提高至下行 100Mbps、上行 50Mbps；在核心网方面，引入了全新的纯分组域核心网系统架构，并支持多种非 3GPP 接入网技术接入该统一的核心网。另外，R8 还对 IMS 技术进行了增强，提出了 Common IMS 课题，重点解决 3GPP 与 3GPP2、TISPAN 等几个标准化组织之间的 IMS 技术的融合和统一。

5.4.2 CDMA2000

CDMA2000（Code Division Multiple Access 2000）是一个 3G 移动通信标准，是国际电信联盟的 IMT-2000 标准认可的无线电接口，也是 2G CDMAOne 标准向第三代移动通信系统演进的技术体制方案。由 CDMAOne 向 3G 演进的途径为 CDMAOne→CDMA2000 1x→CDMA2000 3x→CDMA2000 1xEV-DO→CDMA2000 1xEV-DV，从 CDMA2000 1x 之后均属于第三代移动通信技术。CDMA2000 的演进过程如图 5-7 所示。

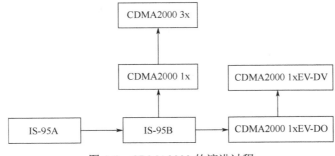

图 5-7　CDMA2000 的演进过程

（1）IS-95A 是 1995 年美国 TIA 正式颁布的窄带 CDMA 标准，它主要支持语音业务。

（2）IS-95B 是 1998 年制定的标准，由 IS-95A 发展而来，通过将多个低速信道捆绑在一起来提供中高速的数据业务，主要目的是满足更高速率的业务需求。

（3）CDMA2000 1x 就是众所周知的 3G 1x 或者 1xRTT，它是 3G CDMA2000 技术的核心。1x 指使用一对 1.25MHz 无线电信道的 CDMA2000 无线技术。

（4）CDMA2000 3x 利用一对 3.75 MHz 无线电信道来实现高速数据传输。

（5）CDMA2000 1xEV 在 CDMA2000 1x 的基础上增加了高数据速率（HDR）能力，一般分成两个阶段。第一阶段是 CDMA2000 1xEV-DO，在一个无线信道传送数据的情况下，理论上最高下行速率为 3.1Mbps，最高上行速率为 1.8Mbps。第二阶段是 CDMA2000 1xEV-DV，理论上最高下行速率为 3.1 Mbps，最高上行速率为 1.8Mbps。1xEV-DV 还能支持 1x 语音用户、1xRTT 数据用户和高速 1xEV-DV 数据用户使用同一无线信道并行操作。

一个完整的 CDMA2000 移动通信网络由多个相对独立的部分组成，其中的三个基础部分是无线部分、核心网的电路交换部分和核心网的分组交换部分。无线部分由 BSC（基站控制器）、分组控制功能（PCF）单元和基站收发信机（BTS）构成。核心网的电路交换部分由移动业务交换中心（MSC）、访问位置寄存器（VLR）、归属位置寄存器/鉴权中心（HLR/AC）构成。核心网的分组交换部分由分组数据服务点/外部代理（PDSN/FA）、认证服务器（AAA）和归属代理（HA）构成。

除了基础组成部分以外，系统还包括各种业务部分，比较典型的业务部分有以下 4 种：智能网部分由业务交换点（SSP）、业务控制点（SCP）和智能终端（IP）构成；短消息部分主要由短消息中心（MC）构成；位置业务部分主要由移动位置中心（MPC）和定位实体（PDE）构成；另外还有 WAP 等业务平台。这四个部分构成了当前 CDMA2000 网络的主要业务部分。

CDMA2000 的主要技术特点如下。

（1）多种信道带宽。前向链路支持多载波（MC）和直扩（DS）两种方式，反向链路仅支持直扩方式。

（2）可以实现 CDMAOne 系统向 CDMA2000 系统的平滑过渡。

（3）CDMA2000 1x 信号带宽为 1.25MHz，码片速率为 1.228 8Mcps；CDMA2000 3x 采用多载波 CDMA 技术，前向信号由 3 个 1.25MHz 载波组成，反向信号是信号带宽为 5MHz 的单载波，码片速率为 3.686 4Mcps。

（4）兼容 IS-95A/B，前反向同时采用导频辅助相干解调。

（5）快速前向和反向功率控制。

（6）信道编码采用卷积码和 Turbo 码。

（7）CDMA2000 1x 最高支持 433.5Kbps 业务速率（一个基本信道+两个补充信道）。

（8）CDMA2000 1xEV-DO 最高支持 2.4Mbps 业务速率，CDMA2000 3x 最高支持 2Mbps 业务速率。

（9）可变帧长（5ms、10ms、20ms、40ms、80ms），支持 F-QPCH，延长手机待机时间。

（10）核心网基于 ANSI-41 网络演进，并保持与 ANSI-41 网络的兼容性。

（11）网络采用 GPS 同步，给组网带来一定的复杂性。

5.4.3 TD–SCDMA

TD-SCDMA（Time Division-Synchronous Code Division Multiple Access，时分同步码分多址）是一种第三代无线通信技术标准，也是 ITU 批准的三个 3G 标准中的一个。相对于另外两个 3G 标准，它的起步较晚。

TD-SCDMA 采用直接序列扩频码分多址（DS-CDMA）接入方案，扩频带宽约为 1.6MHz，采用不需要配对频率的 TDD（时分双工）工作方式。

TD-SCDMA 系统的物理信道采用 4 层结构：系统帧号、无线帧、子帧、时隙/码。系统使用时隙和扩频码在时域和码域上区分不同的用户信号。在 TD-SCDMA 系统中，一个 10ms 的无线帧可以分成两个 5ms 的子帧，每个子帧中有 7 个常规时隙和 3 个特殊时隙。因此，一个基本物理信道的特性由频率、时隙和码决定。TD-SCDMA 使用的帧号（0～4 095）与 UTRA 建议相同。信道的信息速率与符号速率有关，符号速率可以根据 1.28Mcps 的码速率和扩频因子得到。上下行的扩频因子都在 1～16，因此各自调制符号速率的变化范围为 80.0K～1.28M 符号/秒。

TD-SCDMA 支持三种信道编码方式：①在物理信道上可以采用前向纠错编码，即卷积码，编码速率为 1/2～1/3，用来传输误码率要求不高于 10^{-3} 的业务和分组数据业务；②Turbo 码，用于传输速率高于 32Kbps 且要求误码率优于 10^{-3} 的业务；③无信道编码。信道编码的具体方式由高层选择，为了使传输错误随机化，需要进一步进行比特交织。

TD-SCDMA 采用 QPSK 方式进行调制（室内环境下的 2M 业务采用 8PSK 调制），成形滤波器采用滚降系数为 0.22 的根升余弦滤波器。

在 TD-SCDMA 系统中，功率控制分为开环（Open-loop）、外环（Outer-loop）和内环（Inner-loop）控制。这三部分在实际系统中的功能和作用有所不同，但是又互相结合，形成整体的功率控制系统。在 TD-SCDMA 系统中的上、下行专用信道上使用内环功率控制，每一子帧（5ms）进行一次。功率控制速率为 200Hz，功率控制步长为 1dB、2dB、3dB。

在 CDMA 移动通信系统中，下行链路总是同步的，所以一般说同步 CDMA 都是指上行同步，即要求来自不同距离的不同用户终端的上行信号能同步到达基站。上行同步过程包括上行同步的建立和保持。在 TD-SCDMA 系统中，同步调整的步长约为码片宽度的 1/8，即大约 100 ns。在实际系统中所要求和可能达到的精度则由基带信号的处理能力和检测能力决定，一般在 1/8～1 个码片的宽度。因为同步检测和控制是每个子帧（5 ms）一次。一般来说，在此时间内 UE 的移动范围不会超过十几厘米，因而这个同步精度已经足够，并不会限制和影响 UE 的高速移动。

与 WCDMA、CDMA2000 相比，TD-SCDMA 具有一些突出的技术特点，主要体现在以下几个方面。

（1）频谱利用率高。TD-SCDMA 采用了 CDMA 和 TDMA 技术，使得 TD-SCDMA 在传输中很容易设置一个上行和下行链路的转换点来针对不同类型的业务，类似于根据交通流量来控制红绿灯转换的时间间隔。

（2）支持多种通信接口。由于 TD-SCDMA 同时满足 Lub、A、Gb、Lu、Lur 等多种接口的要求，所以 TD-SCDMA 的基站子系统既可以作为 2G 和 2.5G GSM 基站的扩容，又可作为 3G 网中的基站子系统，能兼顾现在的需求和未来的发展。

（3）频谱灵活性强。TD-SCDMA 第三代移动通信系统频谱灵活性强，仅需单一1.6MHz 频带就可满足传输速率达 2Mbps 的 3G 业务需求，而且非常适合非对称业务的传输。

（4）系统性能稳定。TD-SCDMA 收发在同一频段上，上行链路和下行链路的无线环境一致性很好，更适合使用新兴的智能天线技术；由于利用了 CDMA 和 TDMA 结合的多址方式，更利于联合检测技术的采用，这些技术能减少干扰，提高系统性能稳定性。

（5）能与传统系统兼容。TD-SCDMA 能够实现从现在的通信系统到下一代移动通信系统的平滑过渡。支持现在的覆盖结构，信令协议可以后向兼容，网络不再需要引入新的呼叫模式。

（6）支持调整移动通信。在 TD-SCDMA 系统中，基带数字信号处理技术基于智能天线和联合检测，其限制在设备基带数字信号处理能力和算法复杂性之间的矛盾。该技术可以确保 TD-SCDMA 系统在移动速度为 250km/h 和 UMTS（3GPP）移动环境下正常工作。

（7）系统设备成本低。由于 TD-SCDMA 上下行工作在同一频率，对称的电波传播特性使之便于利用智能天线等新技术，也可达到降低成本的目的。在无线基站方面，TD-SCDMA 的设备成本至少比 UTRA TDD 低 30%。

（8）支持与传统系统间的切换功能。TD-SCDMA 技术支持多载波直接扩频系统，可以再利用现有的框架设备、小区规划、操作系统、账单系统等。在所有环境下支持对称或不对称的数据速率。

5.4.4　3G 三大主流技术标准的比较

WCDMA、CDMA2000、TD-SCDMA 是 3G 主流应用技术，其共同特点是应用码分多址技术实现信道共享，并采用扩频通信技术提高系统质量，但在具体系统参数选取上各有不同，因此各有特点。3G 三大主流技术标准的比较见表 5-2。

表 5-2　3G 三大主流技术标准的比较

项目	WCDMA	CDMA2000	TD-SCDMA
最小带宽需求	5MHz	3×1.25MHz	1.6MHz
扩频技术类型	单载波宽带直接序列扩频 CDMA	多载波和直接扩频两种 CDMA	时分同步 CDMA
双工方式	FDD/TDD	FDD	TDD
信道间隔	5MHz	3×1.25MHz	1.6MHz
码片速率	3.8Mcps	1.228 8Mcps/3.686 4Mcps	1.28Mcps

续表

项目	WCDMA	CDMA2000	TD-SCDMA
帧长	10ms	20ms	10ms
基站间同步	异步（不需 GPS）	同步（需 GPS）	同步（主从同步）
调制方式（前向/反向）	QPSK/BPSK	QPSK/BPSK	QPSK/BPSK
扩频因子	4～512（3.8Mcps）	4～256（3.686 4MHz）	1～16（1.28Mcps）
同步检测（前向/反向）	与导频信号相干/与导频信号相干	与导频信号相干/与导频信号相干	与下行导频时隙相干/与上行导频时隙相干
下行信道导频	公共导频和专用导频（采用导频符号，与其他数据和控制信息时分复用）	公共导频信道（与其他业务和控制信道码分复用）	导频和其他信道时分复用
上行信道导频	导频符号和 TPC 及控制数据信息时分复用	各信道间码分复用（有反向导频码信道）	导频和其他信道时分复用
切换	软切换、频间切换、与 GSM 间的切换	软切换、频间切换、与 IS-95B 间的切换	软切换、频间切换、与 GSM 间的切换、与 IS-95 间的切换
功率控制速度	1 500Hz	8 000Hz	1 400Hz
语音编码器	自适应多速率语音编码器	可变速率	
业务信道编码	卷积码（码率 r=1/2 或 1/3，约束长度 K=9），RS 码（数据）	卷积码（码率 r=1/2 或 1/3 或 3/4，约束长度 K=9），Turbo 码（数据）	卷积码（码率 r=1/4～1，约束长度 K=9），RS 码（数据）

　　综观这三大主流技术，就发展背景而言，CDMA2000 和 WCDMA 以成熟的二代 CDMA/FDD 技术为基础，源于欧洲及北美两大移动通信阵容，均由世界知名运营商和制造商做支撑，具有强大的研发和产业化优势，其主要优势在于已有的第二代移动通信网的成功运用经验和高度的市场认可度，在技术上较 TD-SCDMA 成熟。另外，FDD 技术在满足终端高速移动方面优势明显，缺点是由于采用的是 5MHz 标称射频带宽，频谱利用率及抗干扰能力较 TD-SCDMA 低，设备成本较高。TD-SCDMA 作为一种 TDD 方式的 3G 标准，得到了业界的广泛关注，通过采用 TDMA+CDMA 方式，实现了时隙/码复用，巧妙地提高了系统容量，频谱利用率高，设备成本低，并可实时分配上下行时隙，特别适合于非对称业务传输，缺点是系统同步要求高，终端移动速度受限，由于应用了智能天线、联合检测等新技术，技术成熟性有待提高。

　　下面介绍两个 3G 应用案例。

1．联通沃 3G

　　2009 年 4 月 28 日，中国联合网络通信集团公司在北京发布了全新业务品牌——"沃"。新品牌口号"精彩在沃"标志着中国联通全业务经营战略的启动，这是我国通信运营商首次使用单一主品牌策略。该品牌作为中国联通与客户沟通的核心品牌，涵盖了中国联通的产品、业务、服务等多个领域，是中国联通实现由多品牌战略逐步过渡到企业品牌下的全业务品牌战略的重要一步。

　　此次全业务品牌的推出，宣告中国联通成为国内唯一启动整合全业务品牌策略的电信运营商。在全业务品牌的规划上，中国联通整合原有业务及品牌资产，在"沃"的统合下划分为"沃3G"、"沃家庭"、"沃商务"、"沃服务"4个板块，从而使整个品牌结构具备更高的整合度和可识别度。

2. G3

G3 是中国移动基于以我国知识产权为主的 TD-SCDMA 这一 3G 技术标准推出的服务品牌。G3 标识造型源自中国太极，以中间一点逐渐向外旋展，寓意 3G 生活不断变化和精彩无限的外延；其核心视觉元素源自中国传统文化中最具代表性的水墨丹青和朱红印章，以现代手法加以简约化设计。G3 标识如图 5-8 所示。

引领 3G 生活

G3 的特色业务有可视电话、多媒体彩铃、手机电视等。可视电话是集图像、语音于一体的多媒体通信业务，用 TD-SCDMA 手机进行视频呼叫，待电话接通后，在通话时就可以看到对方的影像。多媒体彩铃是由被叫用户定制，主叫用户在被叫用户应答之前所能听到的个性化多媒体铃音。手机电视是直接通过手机观看直播电视节目或下载视频片段的新型业务。

图 5-8　G3 标识

2009 年 4 月 16 日，"无线精彩，G3 引领"中国移动 G3 上网本发布暨合作伙伴加盟仪式在北京举行。中国移动正式宣布与联想、戴尔、惠普、海尔、清华同方、方正等 17 家国内外 PC 厂商开展深度合作，共同推出 29 款中国移动定制的 G3 上网本。此举开创了国内运营商与 PC 厂商大规模合作的先河，标志着 3G（TD-SCDMA）产业化发展取得了重大进展。

5.5 第四代移动通信技术

第四代移动通信技术缩写为 4G，也称为广带接入和分布网络，有超过 2Mbps 的非对称数据传输能力，对高速移动用户能提供 150Mbps 的高质量影像服务，并首次实现三维图像的高质量传输。它包括广带无线固定接入、广带无线局域网、移动广带系统和互操作的广播网络（基于地面和卫星系统），是集多种无线技术和无线 LAN 系统于一体的综合系统，也是宽带 IP 接入系统。它有 TD-LTE 和 FDD-LTE 两种制式。国际电信联盟已经将 WiMAX、HSPA+、LTE 正式纳入 4G 标准，加上之前就已经确定的 LTE-Advanced 和 WirelessMAN-Advanced 这两种标准，目前 4G 标准已经达到了 5 种。

LTE（Long Term Evolution，长期演进）项目是 3G 的演进，它改进并增强了 3G 的空中接入技术，采用 OFDM 和 MIMO 作为其无线网络演进的唯一标准。主要特点是在 20MHz 频谱带宽下能够提供下行 100Mbps 与上行 50Mbps 的峰值速率，相对于 3G 网络大大提高了小区的容量，同时大大降低了网络延迟：内部单向传输时延小于 5ms，控制平面从睡眠状态到激活状态的迁移时间小于 50ms，从驻留状态到激活状态的迁移时间小于 100ms。并且这一标准也是 3GPP 长期演进（LTE）项目，是近两年来 3GPP 启动的最大的新技术研发项目。由于目前 WCDMA 网络的升级版 HSPA 和 HSPA+均能演化到 LTE 这一状态，包括我国主导的 TD-SCDMA 网络也将绕过 HSPA 直接向 LTE 演进，所以这一 4G 标准获得了最大的支持，是未来 4G 标准的主流。LTE 网络能提供可媲美固定宽带的网速和可媲美移动网络的切换速度，网络浏览速度大大提升。LTE 网络架构如图 5-9 所示。

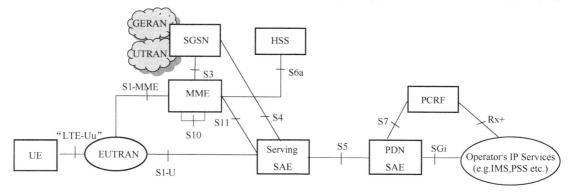

图 5-9　LTE 网络架构图

LTE-Advanced 的正式名称为 Further Advancements for E-UTRA，它满足 ITU-R 的 IMT-Advanced 技术征集的需求，是 3GPP 形成欧洲 IMT-Advanced 技术提案的一个重要来源。LTE-Advanced 是一种后向兼容的技术，完全兼容 LTE，是演进而不是革命，相当于 HSPA 和 WCDMA 的关系。LTE-Advanced 包含 TDD 和 FDD 两种制式，其中 TD-SCDMA 网络能够进化到 TDD 制式，而 WCDMA 网络能够进化到 FDD 制式。中国移动主导的 TD-SCDMA 网络期望能够绕过 HSPA+网络而直接进入 LTE。

WiMAX（Worldwide Interoperability for Microwave Access）即全球微波互连接入，其另一个名字是 IEEE 802.16。WiMAX 的技术起点较高，其所能提供的最高接入速率是 70Mbps，是 3G 宽带速率的 30 倍。对无线网络来说，这的确是一个惊人的进步。WiMAX 逐步实现宽带业务的移动化，而 3G 则实现移动业务的宽带化，两种网络的融合程度会越来越高，这也是未来移动世界和固定网络的融合趋势。IEEE802.16 工作在无须授权频段，范围为 2～66GHz，而 IEEE802.16a 则是一种采用 2～11GHz 无须授权频段的宽带无线接入系统，其频道带宽可根据需求在 1.5～20MHz 范围内调整，目前 IEEE 802.16m 技术正在研发中。WiMAX 所能实现的 50km 无线信号传输距离是无线局域网所不能比拟的，网络覆盖面积是 3G 发射塔的 10 倍，只要建设少量基站就能实现全城覆盖。

HSDPA 是高速下行链路分组接入技术，而 HSUPA 是高速上行链路分组接入技术，两者合称 HSPA 技术。HSPA+是 HSPA 的增强版，是一种经济而高效的 4G 网络。 HSPA+符合 LTE 的长期演化规范,有利于目前全世界范围内 WCDMA 网络和 HSPA 网络的升级与过渡,其在成本上的优势很明显。对比 HSPA 网络,HSPA+网络的室内吞吐量约提高了 12.58%,室外小区吞吐量约提高了 32.4%,能够适应高速网络下的数据处理,是短期内 4G 标准的理想选择。

WirelessMAN-Advanced 事实上就是 WiMAX 的升级版，即 IEEE 802.16m 标准。IEEE802.16m 最高可以提供 1Gbps 无线传输速率，还将兼容未来的 4G 无线网络。IEEE802.16m 可在"漫游"模式或高效率/强信号模式下提供 1Gbps 的下行速率。该标准还支持"高移动"模式，能够提供 1Gbps 的速率。目前 WirelessMAN-Advanced 有 5 种网络数据规格，其中极低速率为 16Kbps，低速数据及低速多媒体为 144Kbps，中速多媒体为 2Mbps，高速多媒体为 30Mbps，超高速多媒体则达到了 30Mbps～1Gbps。

下面介绍两个 4G 应用案例。

1. "透明厨房"监管系统

"透明厨房"监管系统是一款针对餐饮单位及中小学校开发的 4G 应用，该系统中的摄像头能实现 360° 全景画面高清拍摄。通过"透明厨房"监管系统拍摄的视频内容会经 4G 网络和有线宽带传输至管理平台。使用者只要通过手机或电脑登录平台，即可查看就餐大厅、烹调间、配菜间、消毒间、凉菜间等区域的情况，以及从业人员现场操作全过程。餐饮单位的负责人可实现对本企业后厨操作过程、岗位落实情况的实时监督和管理。家长也可在得到授权后，通过手机和电脑实时查看自己孩子所在学校的食堂全景。同时，执法人员可通过视频远程对企业餐饮卫生情况进行监控、评估。此外，"透明厨房"还具备录像回看功能，录像内容可在云平台保存三个月，达到追根溯源、轻松取证的效果。有了这个系统，原来闲杂人等不得入内的"厨房重地"，就变为消费者看得见的"透明厨房"，从而可有效保障食品安全。

2. 4G 司法鉴定车

利用 4G 司法鉴定车的流动性及高清拍摄、实时回传等功能，可以第一时间赶往事发现场，对相关情况进行拍摄，最大程度地保留现场高清照片和证据，从而大大提高司法鉴定的效率和准确性，也为需要鉴定的人员提供便利。

通过 4G 专网高速传输，可将司法鉴定车内的工作情况通过视频拍摄实时传送到后端平台。司法局和司法鉴定所的办公人员可登录监控平台，对鉴定车内的人员进行工作指导和疑问解答，达到随看随调、身临其境的效果。这相当于将鉴定所搬进了鉴定车内，实现了移动办公，同时能提供更加便民的服务。通过 4G 司法鉴定车内安装的卫星定位系统，可实时查看鉴定车的地理位置，能够快速进行车辆调度、指挥和管理，大大缩短司法鉴定的作业时间，更有效地解决司法鉴定作业区域广、地域分散、时限要求高等问题，促进智慧司法建设。

5.6 第五代移动通信技术

第五代移动通信技术目前正在研究中，还没有任何电信公司或标准制定组织的公开规范或官方文件中提到 5G。5G 是面向 2020 年以后移动通信需求的新一代移动通信系统。根据移动通信的发展规律，5G 将具有超高的频谱利用率和能效，在传输速率和资源利用率等方面将较 4G 提高一个量级或更高，其无线覆盖性能、传输时延、系统安全和用户体验也将得到显著提高。5G 技术将与其他无线移动通信技术密切结合，构成新一代无所不在的移动信息网络，满足未来 10 年移动互联网流量增加 1 000 倍的发展需求。

5G 是全球移动通信领域新一轮技术竞争的开始，我国也积极参与到这一国际竞争中。2013 年年初，在政府部门的大力支持下，成立了面向 5G 移动通信研究与发展的 IMT-2020 推进组，目标是明确 5G 发展愿景、业务、频谱与技术需求，研究 5G 主要技术发展方向及使能技术，形成 5G 移动通信技术框架，协同产学研用各方力量，积极融入国际 5G 发展进程，为 2015 年之后全面参与 5G 移动通信技术标准制定打下坚实的技术基础。2013 年 6 月，国家 863 计划启动了 5G 移动通信系统先期研究一期重大项目，其总体目标是面向 2020 年移动通信应用需求，研究 5G 网络系统体系架构、无线组网、无线传输、新型天线与射频及新频谱开发与利用等关键技术，完成性能评估及原型系统设计，开展无线传输技术试验，支持业务总速率达 10Gbps，空中接口频谱效率和功率效率较 4G 提升 10 倍。主要研究任务包括：5G 无线网络架构与关键技术研发、5G 无线传输关键技术研发、5G 移动通信系统总体技术研究及 5G 移动通信技术评估与测试验证技术研究等。拟采取的主要技术路线包括：重点突破高密度、高通量、超蜂窝无线网络技术，基于大规模协作天线的超高速率、超高效能无线传输技术，新型射频技术等关键核心技术，解决基于超微小区的网络协同与干扰消除等关键问题，将单位面积系统容量提高 25 倍左右；突破大规模天线高维度信道建模与估计及复杂度控制等关键问题，开展无线传输技术试验，将无线传输频谱效率和功率效率提升一个量级；开展高频段等新型频谱资源无线传输与组网关键技术研究，将移动通信系统总的可用频谱资源扩展 4 倍左右。

根据当前技术发展现状，正在到来的 5G 有六大核心技术，分别为高频段传输技术、新型多天线传输技术、同时同频全双工技术、D2D 技术、密集组网和超密集组网技术，以及新型网络架构技术。

1．高频段传输技术

高频段在移动通信中的应用是未来的发展趋势，业界对此高度关注。足够的可用带宽、小型化的天线和设备、较高的天线增益是高频段毫米波移动通信的主要优点，但也存在传输距离短、穿透和绕射能力差、容易受气候环境影响等缺点。射频器件、系统设计等方面的问题也有待进一步研究和解决。

2．新型多天线传输技术

多天线技术经历了从无源到有源、从二维（2D）到三维（3D）、从高阶 MIMO 到大规模阵列的发展，将有望实现频谱效率提升数十倍甚至更高，是目前 5G 技术重要的研究方向之一。由于引入了有源天线阵列，基站侧可支持的协作天线数量将达到 128 根。此外，将原来的 2D 天线阵列拓展为 3D 天线阵列，形成新颖的 3D-MIMO 技术，支持多用户波束智能赋形，减少用户间干扰，结合高频段毫米波技术，将进一步改善无线信号覆盖性能。

3．同时同频全双工技术

最近几年，同时同频全双工技术吸引了业界的注意力。利用该技术，在相同的频谱上，通信的收发双方同时发送和接收信号，与传统的 TDD 和 FDD 双工方式相比，从理论上可使空口频谱效率提高一倍。全双工技术能够突破 FDD 和 TDD 方式的频谱资源使用限制，使频谱资源的使用更加灵活。然而，全双工技术需要具备极高的干扰消除能力，这对干扰消除技术提出了极大的挑战，同时还存在相邻小区同频干扰问题。在多天线及组网场景下，全双工技术的应用难度更大。

4．D2D 技术

传统的蜂窝通信系统的组网方式是以基站为中心实现小区覆盖，而基站及中继站无法移动，其网络结构在灵活度上有一定的限制。随着无线多媒体业务不断增多，传统的以基站为中心的业务提供方式已无法满足海量用户在不同环境下的业务需求。D2D 技术无须借助基站的帮助就能够实现通信终端之间的直接通信，拓展网络连接和接入方式。由于是短距离直接通信，信道质量高，D2D 能够实现较高的数据速率、较低的时延和较低的功耗；

通过广泛分布的终端,能够改善覆盖,实现频谱资源的高效利用;支持更灵活的网络架构和连接方法,提升链路灵活性和网络可靠性。目前,D2D 采用广播、组播和单播技术方案,未来将发展其增强技术,包括基于 D2D 的中继技术、多天线技术和联合编码技术等。

5. 密集组网和超密集组网技术

无线通信网络正朝着多元化、宽带化、综合化、智能化的方向演进。随着各种智能终端的普及,数据流量将出现井喷式增长。未来数据业务将主要分布在室内和热点地区,这使得超密集网络成为满足未来 1 000 倍流量需求的主要手段之一。超密集网络能够改善网络覆盖,大幅提升系统容量,并且对业务进行分流,具有更灵活的网络部署和更高效的频率复用。未来,面向高频段大带宽,将采用更加密集的网络方案,部署的小小区/扇区将多达 100 个以上。与此同时,愈发密集的网络部署也使得网络拓扑更加复杂,小区间干扰将成为制约系统容量增长的主要因素,极大地降低网络能效。干扰消除、小区快速发现、密集小区间协作、基于终端能力提升的移动性增强方案等,都是目前密集网络方面的研究热点。

6. 新型网络架构技术

目前,LTE 接入网采用网络扁平化架构,减小了系统时延,降低了建网成本和维护成本。未来 5G 可能采用 C-RAN 接入网架构。C-RAN 是基于集中化处理、协作式无线电和实时云计算的绿色无线接入网架构。C-RAN 的基本思想是通过充分利用低成本高速光传输网络,直接在远端天线和集中化的中心节点间传送无线信号,以构建覆盖上百个基站服务区域,甚至上百平方千米的无线接入系统。C-RAN 架构适于采用协同技术,能够减小干扰,降低功耗,提升频谱效率,同时便于实现动态使用的智能化组网。集中化处理有利于降低成本,便于维护,减少运营支出。目前的研究内容包括 C-RAN 的架构和功能,如集中控制、基带池 RRU 接口定义;基于 C-RAN 的更紧密协作,如基站簇、虚拟小区等。

习 题

1. 简述模拟蜂窝移动通信系统的工作过程。
2. 简述 GSM 系统组成及系统结构。
3. 简述 WCDMA、CDMA2000、TD-SCDMA 三大技术标准的演进历程。
4. 第三代移动通信系统有哪些技术标准?各有什么相同点与不同点?
5. 第四代移动通信系统有哪些核心技术?
6. 第五代移动通信系统有哪些核心技术?各有什么特点?

第6章
大数据时代

6.1 什么是大数据

6.1.1 大数据的定义

迄今为止，世界上还没有公认的大数据的准确定义。通俗地讲，大数据就是体量非常庞大的数据集，大到无法在合理的时间内通过人工截取并整理成人类能解读的信息。

大数据超出了传统软件工具和数据库的抓取和管理分析能力，数据体量一般在 10TB以上，数据来自多个数据源，以实时、迭代等方式进一步形成 PB 级的数据体量。大数据究竟有多大？据腾讯旗下的企鹅智酷公布，截至 2016 年 12 月，微信在全球共有 8.89 亿活跃用户，公众号平台有 1 000 万个。朋友圈每天的发布量（包括赞和评论）超过 10 亿，浏览量超过 100 亿。这样的数据量已经超出了传统人力整理分析的范围。

图 6-1　大数据的特征

6.1.2 大数据的特征

业界普遍认为大数据的特征可以用 4 个 V 来描述：数据量（Volume）、处理速度（Velocity）、多样性（Variety）、数据价值（Value），如图 6-1 所示。

1. 数据量大

大数据的数据量非常大。天文学是典型的数据密集型学科，数据的采集、存储、管理、分析和可视化已成为天文学研究的新手段和新流程。美国 2000 年启动的斯隆数字巡天项目旨在进一步探索银河系的结构和组成，在短短几周内收集到的数据已经比天文学历史上收集的总数据还要多。2016 年 9 月，位于我国贵州省黔南地区的世界最大单口径射电望远镜 FAST 正式启用，将深空通信能力延伸至太阳系外缘，着力寻找脉冲星，为航天器提供星际导航。它每日产生的数据在 5TB 左右，目前主流的硬盘容量大多在几 TB，也就是说 FAST 每天收集的数据就能塞满一张硬盘，而且这些海量的数据要保留 10 年以上。短期内 FAST 的存储容量需求达到 10PB（1PB=1 024TB）以上，而随着时间的推移和科学任务的深入，其对存储容量的需求将呈爆炸式增长，数据量将大得惊人。

大数据并非是大量数据的简单堆积，我们的最终目标是从大数据中发现隐藏的关联，从而获得新的有价值的信息，所以要求这些数据之间必须存在直接或间接、或远或近的关联，这样才有一定的分析挖掘价值。

2．速度快

大数据的速度包括两个方面：首先，大数据的产生速度快。欧洲核子研究中心的大型强子对撞机每秒就能产生 PB 级的数据；社交平台如微信、微博由于用户数量庞大，在很短的时间内点击、浏览和转发的数据量也很大；移动设备的位置数据和射频识别数据产生的速度也是很快的。其次，大数据的处理速度很快，通常在秒级时间范围内给出分析结果，称为"1 秒定律"。例如，IBM 有一则广告，讲的是"1 秒，能做什么"——1 秒，能检测出铁道故障并发布预警；也能发现得克萨斯州的电力中断，避免电网瘫痪；还能帮助一家全球性金融公司锁定行业欺诈，保障客户利益。

3．数据价值低

大数据的价值密度是很低的，如安装在大街小巷、商场、车站的视频监控 24 小时运作，每天产生海量视频数据，但也许只有那么几秒的视频能帮助警察找到小偷、帮家长找到丢失的小孩。另外，大数据的价值也会随着时间的流逝而降低甚至消失。很多传感器的数据产生几秒之后就失去意义了，如安防系统实时收集门窗红外传感、门禁输入等传感器的信号，如果没有入侵，这些数据在几秒钟之后就会被舍弃。

"有规律的随机事件"在大量重复出现的条件下，往往呈现几乎必然的统计特性。举个例子，向上抛一枚硬币，硬币落下后哪一面朝上本来是偶然的，但如果上抛硬币的次数足够多，达到上万次甚至几十万、几百万次，我们就会发现，硬币每一面朝上的次数约占总次数的二分之一。试验的不断反复、大数据的日积月累让人类发现规律，预测未来不再是巫师的魔力，这也是大数据的价值所在。

4．多样性强

大数据来自传感器、智能设备、科学仪器、搜索引擎、社交网络和其他信息化系统（如智能交通系统、网上交易系统等）。数据的类型和格式变得越来越多样，不仅有文本、图片、音视频，还有各种模拟信号和数字信号。

例如，人们经常利用微信的文字、语音跟朋友互通信息，分享位置方便聚会，发送视频分享旅游见闻；运输公司利用网络摄像头和 GPS 定位信息管控客运车辆和危化品运输等。分析这些形态各异、快慢不一的数据之间的相关性正是大数据的威力所在。比如，从供水系统中发现早晨洗漱用水的高峰时段，加上一个偏移量就能估算出某个区域的交通早高峰时段；从电网数据中统计出傍晚 CBD 办公楼集中关灯的时间，就能估算出晚高峰的堵车时段。

6.2 大数据与物联网

物联网就是"物物相连的互联网"，物联网将智能感知、识别技术与普适计算、泛在网络融合在一起，被称为继计算机、互联网之后世界信息产业发展的第三次浪潮。物联网的核心和基础是互联网，通过感知层技术将客观世界与虚拟的网络世界连接起来，使物与物之间能够进行信息交换和互动。通过把传感器装配到山林水系、农田工厂、供水供电、公路桥梁、楼宇家居、公共场所，将收集到的信息与现有的互联网结合起来，实现虚拟世界与客观世界的整合，能够对整合网络内的环境、人员、设备和基础设施进行实时管理和控制，使人们能以更加精细和动态的方式管理生产和生活。

物联网、移动互联网再加上传统互联网，每天都在产生海量数据，而大数据又通过云计算的形式，对这些数据进行筛选、处理、分析，提取出有用的信息，这就是大数据分析。

6.3　大数据的存储

6.3.1　数据库

从前，人们利用笔和纸记录重要的数据和信息，计算机出现后数据被存储在数据文件中，随着计算机广泛地应用于数据管理，对数据的共享提出了越来越高的要求，传统的文件系统已经不能满足人们的需要，于是数据库技术开始萌芽并在 20 世纪 70 年代蓬勃发展。所谓数据库就是长期存储在计算机内的、有组织的、可共享的数据集合。现在所说的数据库不仅包括数据本身、存储数据的存储设备，还包括能够统一管理和共享数据的数据库管理系统（DBMS）。数据模型是数据库系统的核心和基础，各种数据库管理系统软件都是基于某种数据模型的，所以通常也按照数据模型的特点将传统数据库系统分成网状数据库、层次数据库和关系数据库三类。

数据库的发展经历了人工管理阶段、文件系统阶段、数据库系统阶段、高级数据库阶段。在人工管理阶段，硬件存储设备只有磁带、卡片和纸带，当数据的物理组织或存储设备改变时，用户程序就必须重新编制；专门管理数据的软件还没出现，程序员在程序中不仅要规定数据的逻辑结构，还要设计其物理结构，包括存储结构、存取方法、输入输出方式等；因此当时的数据库主要为科学计算提供支持。20 世纪 50 年代中期到 60 年代中期，大容量直接存储设备如硬盘、磁鼓的出现，推动了软件技术的发展，操作系统中的文件系统是专门管理外存的数据管理软件，数据的逻辑结构与物理结构有了区别，程序与数据之间具有"设备独立性"，即程序只需用文件名就可与数据打交道，不必关心数据的物理位置，但数据没有集中管理的机制，其安全性和完整性无法保障，数据和程序相互依赖，数据缺乏足够的独立性。20 世纪 60 年代后期，随着计算机的普遍应用，人们对数据管理技术提出了更高的要求，各类专门的数据管理软件如雨后春笋般涌现，数据的管理也从文件阶段演变到数据库系统阶段，这在信息领域中具有里程碑的意义。在数据库方式下，数据代替程序，开始占据中心位置，数据的结构设计成为信息系统首先关心的问题，而应用程序则以既定的数据结构为基础进行设计。1970 年，IBM 的研究员 E•F•Codd 博士发表了一篇名为 *A Relational Model of Data for Large Shared Data Banks* 的论文，提出了关系模型的概念，奠定了关系模型的理论基础。1974 年 ACM 牵头组织了一次研讨会，会上开展了一场支持和反对关系数据库两派之间的辩论。这次著名的辩论推动了关系数据库的发展，使其最终成为现代数据库产品的主流。关系式数据库依据关系数据模型构建，它把一些复杂的数据结构归结为简单的二元关系（即二维表格形式）。在关系数据库中，对数据的操作几乎全部建立在一个或多个关系表格上，通过对这些关系表格的分类、合并、连接或选取等运算来实现数据的管理。踏入 21 世纪，数据库也已步入高级数据库阶段，随着信息管理内容的不断扩展，新技术也层出不穷，如数据流、Web 数据管理、数据挖掘等。

数据库（Database）是按照数据结构来组织、存储和管理数据的仓库。为了充分、有效地管理和利用各类信息资源，数据库技术是各类管理信息系统、办公自动化系统、决策支持系统等各类信息系统的核心部分，是进行科学研究和决策管理的重要技术手段。数据库有很多种类型，从最简单的存储有各种数据的表格到能够进行海量数据存储的大型数据库系统，其各种类型在多个方面得到了广泛的应用。

6.3.2 大数据存储技术

随着大数据时代的到来，对传统的数据管理技术提出了新的要求。从数据库到大数据，看似一次简单的技术演进，但细细考究不难发现两者有着本质上的差别。在互联网出现之前，数据主要是以人机会话的方式产生的，以结构化数据为主，所以大家都需要传统的关系数据库管理系统（RDBMS）来管理这些数据和应用系统。那时候的数据增长缓慢，系统都比较孤立，用传统数据库基本可以满足各类应用开发。随着互联网的出现和快速发展，尤其是移动互联网的发展，加上数码设备的大规模使用，今天数据的主要来源已经不是人机会话了，而是通过智能设备、传感网络、服务器、应用系统自动产生的。机器产生的数据正呈现几何级增长，如基因数据、各种用户行为数据、定位数据、图片、视频、气象观测数据、地震监测数据、医疗数据等。所谓的"大数据应用"，主要是对各类数据进行整理、交叉分析、比对，对数据进行深度挖掘，为用户提供自助的即席、迭代分析能力。还有一类就是对非结构化数据的特征提取，以及半结构化数据的内容检索、理解等。传统数据库对这类需求和应用无论在技术上还是功能上都几乎束手无策。大数据的存储及处理特点不仅在于规模之大，更加在于其传输及处理的响应速度快。相对于以往较小规模的数据处理，在数据中心处理大规模数据时，要求服务集群有很高的吞吐量，只有这样，才能够让巨量的数据在应用开发人员"可接受"的时间内完成任务。这不仅是对各种应用层面的计算性能的要求，更加是对大数据存储管理系统的读写吞吐量的要求。

典型的大数据存储技术路线有以下三种。

第一种是采用 MPP 架构的新型数据库集群，重点面向行业大数据，采用 Shared Nothing 架构，通过列存储、粗粒度索引等多项大数据处理技术，再结合 MPP 架构高效的分布式计算模式，完成对分析类应用的支撑，运行环境多为低成本 PC Server，具有高性能和高扩展性的特点，在企业分析类应用领域获得了极其广泛的应用。这类 MPP 产品可以有效支撑 PB 级别的结构化数据分析，这是传统数据库技术无法胜任的。对于企业新一代的数据仓库和结构化数据分析，目前最佳选择是 MPP 数据库。

第二种是基于 Hadoop 的技术扩展和封装的大数据技术，应对传统关系数据库较难处理的数据和场景，Hadoop 平台更擅长于非结构化和半结构化数据处理、复杂的 ETL 流程、复杂的数据挖掘和计算模型。同时由于 Hadoop 开源的优势，伴随相关技术的不断进步，其应用场景也将逐步扩大，实现对互联网大数据存储、分析的支撑。

第三种是大数据一体机，这是一种专为大数据的分析处理而设计的软、硬件结合的产品，由一组集成的服务器、存储设备、操作系统、数据库管理系统，以及为数据查询、处理、分析用途而特别预先安装及优化的软件组成，高性能大数据一体机具有良好的稳定性和纵向扩展性。

各大信息公司也纷纷推出自己的商业化存储方案，常见的有以下几种。

（1）对象存储（Cloud Object Storage，COS）。

对象存储是面向企业和个人开发者的高可用、高稳定、强安全的云端存储服务。用户可以将任意数量和形式的非结构化数据放入 COS，并在其中实现数据的管理和处理。COS支持标准的 Restful API，按实际使用量计费。COS 提供防盗链功能，用以屏蔽恶意来源的访问、DDoS 攻击防护和 CC 攻击防护，可以过滤恶意攻击数据包，清洗出正常流量，同时通过多级分权限管理系统，使用户在团队协作中依旧保持数据不泄露、不被轻易篡改。COS支持分片上传，会替用户从多个节点中选择最优路径，使网路连通率大于 99.9%，最大化利用有限的网络速度上传文件。

（2）文件存储（Cloud File Storage，CFS）。

文件存储提供了可扩展的共享文件存储服务，可与云服务器（Cloud Virtual Machine，CVM）等服务搭配使用。CFS 提供了标准的 NFS 文件系统访问协议，为多个云服务器实例提供共享的数据源，支持无限容量和性能的扩展，现有应用无须修改即可挂载使用，是一种高可用、高可靠的分布式文件系统，适合于大数据分析、媒体处理和内容管理等场景。

（3）归档存储（Cloud Archive Storage，CAS）。

归档存储是面向企业和个人开发者的高可靠、低成本的云端离线存储服务，其支持跨地域容灾、跨机房容灾、多冗余备份，数据可靠性达 99.999 999 999%。用户可以将任意数量和形式的非结构化数据放入 CAS，实现数据的容灾和备份。其读写快速，最快支持 1～5分钟获取数据，数据进入读取池之后，读取速度接近在线存储。采用分级鉴权提供更好的安全性，支持指定条件、指定人员、指定操作、指定资源多维度复合鉴权。

（4）存储网关（Cloud Storage Gateway，CSG）。

存储网关是一种混合云存储方案，旨在实现本地存储与公有云存储的无缝衔接。使用存储网关，只须下载包含存储网关的虚拟机，即装即用，无须二次开发，也无须新增机架空间、供电或冷却等设备，可将公有云存储挂载为本地缓存卷网关（iSCSI）存储或者文件网关（NFS）存储。存储网关提供海量的数据存储。缓存卷单卷最大 1PB，单网关最多挂载 4 096 个单卷，支持 Resize 功能，通过缓存优化算法，将经常访问的热数据放到本地存储，而较冷数据自动传输到云端存储。这样，用户或程序既可以享受本地磁盘和网络的性能，平衡访问延时，又可以同时拥有云端无限存储的能力。存储网关还提供快照功能，以便用户备份变动中的卷存储内容到云端数据中心。若企业本地存储发生意外或需要恢复历史数据，也可以随时从快照恢复可挂载到网关或云服务器的卷，还原指定时刻数据。存储网关会将本地数据压缩后再上传到云端，优化传输效率；还支持配置上行和下行速率限制，帮助用户更合理地利用企业出口带宽资源，节约数据传输成本。

（5）私有云存储（Cloud Storage on Private，CSP）。

私有云存储基于分布式存储架构，支持跨主机、跨机架、跨机房容灾；支持 EC 纠删码，相比于副本方式，纠删码采用计算时间换取存储空间的方式，只需更少的存储空间来保证数据可靠性；支持多副本策略，使用户可以针对不同业务设置不同等级的数据可靠性；

数据分片存储，分布在不同主机磁盘中，提供更可靠的数据安全保护；支持从 TB 级到 PB 级线性扩展，无须进行复杂的资源需求规划，即可满足业务增长需求，提高资源利用率，方便用户掌握系统实时运行状态。

（6）云硬盘（Cloud Block Storage，CBS）。

云硬盘是持久性数据块级存储，云硬盘可在区域内自由挂载、卸载，无须关闭或重启服务器；云盘的容量可弹性配置，用户可按需升级容量。单台虚拟机最多可挂载 10 块云盘，容量达 40TB。用户可以轻松搭建大容量的文件系统，用于大数据、数据仓库、日志处理等业务。每个云硬盘在其可用区内自动复制，云硬盘中的数据在可用区内以多副本冗余方式存储，避免数据的单点故障风险。云硬盘提供处理工作所需的稳定、可靠、低延迟存储，通过云硬盘，用户可在几分钟内调整存储容量。云硬盘单盘提供 24 000 随机 IOPS 和 260MB/s 吞吐量，实现了超强性能与超高可靠性的集合，轻松支撑业务侧高吞吐量的数据库访问。云硬盘的可靠性也很强，在每个存储写入请求返回给用户之前，CBS 就已确保数据被成功写入三份，且跨机架存储。后台数据复制机制能够保证任何一个副本故障时快速进行数据迁移恢复，时刻保证用户数据 3 份副本可用，可靠性高。同时云硬盘提供时间点快照来备份用户数据，可以通过加载快照文件快速克隆磁盘，帮助用户实现快速批量业务部署或业务迁移，游戏客户可使用快照创建弹性云盘，快速部署几十个大区，满足公测首日开服需求，大大节省运维人力。

（7）光谱存储（Spectrum Storage）。

光谱存储是一种基于开放架构，支持包括 Open Stack 和 Hadoop 等多种行业标准的存储技术方案。它采用智能数据分层（包括闪存、磁带和云等），使经济效益空前优化；内置混合云以消除数据"孤岛"和边界限制，使数据交付轻松顺畅。光谱存储主要由数据保护和恢复、存储和数据管理、软件定义的块存储、块存储虚拟化、文件和对象存储、数据归档等几个组件构成。

（8）混合云阵列（Hybrid Cloud Storage Array）。

混合云阵列是集成了云存储网关的企业级统一存储阵列，用户可以像使用本地存储一样使用和管理本地和云端的各种存储资源（块、文件和对象），本地存储通过云缓存、云同步、云分层、云备份等方式无缝连通云存储。混合云阵列和云存储服务相结合，提供了一种经济高效、易于管理的混合云存储解决方案。

（9）闪电立方（Lightning Cube）。

闪电立方支持 TB 级到 PB 级数据上云解决方案。通过定制的离线迁移设备，解决本地数据中心大规模数据传输上云时迁移周期长，网络专线费用昂贵，数据复制效率低，迁移过程数据安全等问题。闪电立方快速、安全、高效，可降低数据迁移成本。

6.4 大数据处理的基本流程

虽然大数据的来源广泛、数据形式多样，但处理流程基本一致。大数据的处理流程可以定义为：在合适工具的辅助下，对广泛异构的数据源进行抽取和集成，将结果按照一定的标准进行统一存储，并利用合适的数据分析技术对存储的数据进行分析，从中提取有益的知识，并利用恰当的方式将结果展现给终端用户。具体来说，可以分为数据抽取与集成、数据分析及数据解释三个阶段（图 6-2）。

图 6-2　大数据处理流程

6.4.1　数据抽取与集成

要处理大数据，首先必须对所需数据源的数据进行抽取和集成，从中提取出关系和实体，经过关联和聚合之后采用统一定义的结构来存储这些数据。在数据集成和抽取时须对数据进行清洗，保证数据的质量和可信度。同时还要特别注意大数据时代模式和数据的关系，大数据时代往往是先有数据再有模式，而且模式处在动态演化之中。数据抽取与集成技术不是一项全新的技术，传统数据库领域已对此问题有了比较成熟的研究。随着新的数据源的涌现，数据集成方法也在不断发展之中。

6.4.2　数据分析

数据分析是整个大数据处理流程的核心，因为大数据的价值产生于分析过程。由于大数据自身的特点，传统的分析技术如数据挖掘、机器学习、统计分析等在大数据时代需要做出调整。首先，数据量大并不一定意味着数据价值的增加。相反，这往往意味着数据噪声的增多，因此在数据分析之前必须进行数据清洗等预处理工作。其次，必须注意数据的时效性。随着时间的流逝，数据中所蕴涵的知识价值往往也在衰减，因此很多领域对于数据的实时处理有需求。更多应用场景的数据分析从离线（Offline）转向了在线（Online），开始出现实时处理的需求。再次，分析算法需要进行调整。大数据的应用常常具有实时性的特点，算法的准确率不再是大数据应用的最主要指标。很多场景中算法需要在处理的实时性和准确率之间取得平衡。最后，云计算是进行大数据处理的有力工具，这就要求很多算法必须做出调整以适应云计算的框架。

数据分析是 Google 最核心的业务，每一次简单的网络点击背后都有复杂的分析过程，因此 Google 对其分析系统不断进行升级改造。MapReduce 是 Google 最早采用的计算模型，适用于批处理。而微软则提出了一个类似 MapReduce 的数据处理模型，称之为 Dryad，主要用来构建支持有向无环图（Directed Acycline Graph，DAG）类型数据流的并行程序。可以将其视为一种流式 MapReduce，它由分布式文件系统 Sector 和并行计算框架 Sphere 组成。

实时数据处理是大数据分析的一个核心需求，很多研究工作正是围绕这一需求展开的。在实时处理的模式选择中，主要有以下三种思路。

（1）采用流处理模式。虽然流处理模式天然适合实时处理系统，但其适用领域相对有限。流处理模型的应用主要集中在实时统计系统、在线状态监控等。

（2）采用批处理模式。近几年来，利用批处理模型开发实时系统已经成为研究热点并取得了很多成果。从增量计算的角度出发，Google 提出了增量处理系统 Percolator，微软提出了 Nectar 和 DryadInc。三者均实现了大规模数据的增量计算。

（3）二者的融合。有不少研究人员尝试将流处理和批处理模式进行融合，主要思路是利用 MapReduce 模型实现流处理。

6.4.3 数据解释

数据分析是大数据处理的核心，但是用户往往更关心结果的展示和理解。数据解释的方法很多，比较传统的就是以文本形式输出结果或者直接在电脑终端上显示结果。但是在大数据之下的数据分析结果往往也是海量的，而且数据与结果之间的关联极其复杂，必须提升数据解释能力，让用户更容易理解。目前比较常用的有两种途径：第一种是引入可视化技术，将数据分析的结果用图形图像的方式向用户展示；第二种是让用户有限度地参与数据分析，引导用户逐步进行分析，使用户可以追溯整个数据分析的过程，来帮助用户理解结果。

6.5 大数据算法

大数据分析催生了大数据算法。在给定的资源约束下，以大数据为输入，在给定的时间约束内可以生成满足给定约束结果的算法称为大数据算法。大数据算法不一定是一个精确的算法，由于运算的数据量非常大，内存放不下，所以有可能是依赖外存、多级存储器甚至网络存储器的算法；由于计算量大，单台计算机可能运算不了，因而可能需要多台计算机共同执行。

云计算是处理大数据的一个很好的途径。大数据算法不仅可以在云平台上运行，依据新的设计思路和算法结构，大数据算法甚至可以部分运行在手机上。目前 MapReduce 是实现大数据算法的比较好的编程模型。

在各种大数据应用场景中都隐藏着大数据算法的影子，如时间序列分析和分类模型可以用于预测，协同过滤可用于推荐。

由于大数据的数据量太大，速度又快，大数据算法的设计面临以下几个问题。

（1）访问全部数据时间过长。解决方法：可采用时间亚线性算法，通过读取部分数据进行计算。

（2）数据难以全部放入内存中进行计算。解决方法：可采用外存算法，将数据存储在磁盘中运算；或采用空间亚线性算法，仅基于少量数据进行计算。

（3）数据分布在不同的计算机中，但进行大数据运算却需要使用整体数据。解决方法：可采用并行算法进行并行处理。

（4）数据实时且源源不断地产生。解决方法：可采用在线算法或数据流算法，在有限的存储空间和时间内得到满意的结果。

（5）计算机的计算能力不足。解决方法：可采用众包算法，请别人来帮忙。

在设计大数据算法时要考虑时间和空间的复杂性、I/O 的复杂性、计算结果的质量，涉及并行算法时还要考虑通信的复杂性。

6.6　数据挖掘

6.6.1　数据挖掘的概念

在大数据时代，数据的产生和收集是基础，数据挖掘是关键，数据挖掘是大数据中最关键也最有价值的工作。数据挖掘是从海量数据中发现隐含的知识和规律的一类算法技术的总称，是基于数据库理论、机器学习、人工智能、现代统计学而迅速发展起来的交叉学科。数据挖掘通常应用在大数据处理流程的数据分析阶段，主要任务是从海量数据中提取有用的信息或从中提取辅助商业决策的关键性数据。

6.6.2　数据挖掘流程

数据挖掘的对象是从大数据集合中抽取和集成的有一定关联性的数据集，通常存储在数据库中或是实时采集的数据流。数据挖掘流程如图 6-3 所示。

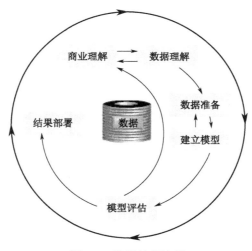

图 6-3　数据挖掘流程

1．商业理解

商业理解又称业务理解，最初的阶段集中在理解项目的目标和从业务的角度理解需求，同时将这个知识转换为数据挖掘问题的定义和完成目标的初步计划。

2．数据理解

这个阶段从初始的数据收集开始，通过一些预处理，熟悉数据，识别数据的质量问题，首次发现数据的内在属性，或者探索引起兴趣的子集，从而形成隐含信息的假设。

3．数据准备

数据准备阶段需要从未处理的数据集中构造最终数据集，这些数据将是模型工具的输入值。这个阶段的任务有的需要执行多次，没有任何规定的顺序。数据准备的任务包括表、记录和属性的选择，以及模型工具转换和数据清洗。

4．建立模型

这个阶段可以选择和应用不同的模型技术，将模型参数调整到最佳的数值。有些技术可以解决一类相同的数据挖掘问题，而另一些在数据形成上有特殊要求，因此需要经常跳回到数据准备阶段。

5．模型评估

到这个阶段，已经从数据分析的角度建立了高质量的模型。在开始部署模型之前，需要彻底地评估模型，检查构造模型的步骤，确保模型可以完成业务目标。这个阶段的关键是检验是否有重要业务问题没有被充分考虑。

6．结果部署

构建模型的目的是从数据中找到知识，这个阶段需要将获得的知识以便于用户使用的方式重新组织和展现，并根据需求实现复杂的、可重复的数据挖掘过程。在很多案例中，是由客户而不是数据分析人员承担部署的工作。

以上 6 个步骤并非完全按照此顺序来执行，在实际应用中，需要针对不同的应用环境和实际情况做出必要的调整。 此外，一个数据挖掘项目通常不是一次性执行上述 6 个步骤就结束了，它往往是一个反复迭代、不断完善的过程。

6.6.3 数据挖掘技术

常用的数据挖掘技术包括：统计技术、关联分析、基于历史的分析、遗传算法、聚类分析、连接分析、决策树、神经网络、粗糙集、模糊集、回归分析、离群点分析、概念描述等。

1．统计技术（Statistical Techniques）

统计又称汇总统计，指用单个数或数的小集合来捕获大的数据集的各种属性特征。统计技术对给定的数据集假设一个分布或者概率模型（如正态分布），然后根据模型采用相应的方法来进行挖掘。

2．关联分析（Association Analysis）

关联分析通过对关联规则的发掘发现事物间存在的关系，通过序列模式分析发现有序事物间存在的先后关系。关联可分为简单关联、时序关联、因果关联。关联分析的目的是找出数据库中隐藏的关联网。有时并不知道数据库中数据的关联函数，即使知道也是不确定的，因此关联分析生成的规则带有可信度。

3．基于历史的分析（Memory-based Reasoning，MBR）

先根据经验知识寻找相似的情况，然后将这些情况的信息应用于当前的例子中，这就是 MBR 的本质。MBR 首先寻找和记录相似的邻居，然后利用这些邻居对新数据进行分类和估值。使用 MBR 有三个主要问题：寻找确定的历史数据；确定表示历史数据的最有效的方法；确定距离函数、联合函数和邻居的数量。

4．遗传算法（Genetic Algorithms，GA）

遗传算法是基于进化理论，采用遗传结合、遗传变异及自然选择等设计方法的优化技术。主要思想是根据适者生存的原则，从当前群体中按一定的规则选择一些个体组成新的群体。典型情况下，规则的适合度（Fitness）用它对训练样本集的分类准确率评估。

5．聚类（Clustering）分析

聚类就是将数据集划分为由若干相似对象组成的多个组或簇的过程，目的是使同一组中对象间相似度最大化，不同组中对象间的相似度最小化。对象之间的相似度是根据描述对象的属性值来计算的，距离是经常采用的度量方式。

6．连接分析（Link Analysis）

连接分析基本理论是图论。图论的思想是寻找一个可以得出好结果但不是完美结果的算法，而不是去寻找完美的解的算法。连接分析就运用了这样的思想：不完美的结果如果是可行的，那么这样的分析就是一个好的分析。利用连接分析，可以从一些用户的行为中分析出一些模式，同时将产生的概念应用于更广泛的用户群体中。

7．决策树（Decision Tree）

对训练样本集进行训练，生成一棵二叉或多叉的决策树，作为数据分类的规则，人们可以依据分类规则直观地对未知类别的样本进行预测。其中，选择测试属性和划分样本集是构建决策树的关键环节。

8．神经网络（Artificial Neural Network）

神经网络是由大量处理单元经广泛互连而组成的人工网络，用来模拟脑神经系统的结构和功能。在结构上，可以把一个神经网络划分为输入层、输出层和隐含层。输入层的每个节点对应一个预测变量。输出层的节点对应目标变量，可有多个。在输入层和输出层之间是隐含层（对神经网络使用者来说不可见），隐含层的层数和每层节点的个数决定了神经网络的复杂度。

除了输入层的节点，神经网络的每个节点都与其前面的很多节点（称为此节点的输入节点）连接在一起，每个连接对应一个权重，此节点的值就是将它所有输入节点的值与对应连接权重乘积的和作为某个函数的输入而得到的，把这个函数称为激发函数或作用函数。

9．粗糙集（Rough Set）

粗糙集理论基于给定训练数据内部的等价类的建立。形成等价类的所有数据样本是不加区分的，即对于描述数据的属性，这些样本是等价的。对于给定现实世界数据，通常有些类不能被可用的属性区分。粗糙集就是用来近似或粗略地定义这种类的。

10．模糊集（Fuzzy Set）

模糊集理论将模糊逻辑引入数据挖掘分类系统，允许定义"模糊"域值或边界。模糊逻辑使用 0.0 和 1.0 之间的真值表示一个特定的值是一个给定成员的程度，而不是用类或集合的精确截断。模糊逻辑提供了在高抽象层处理的便利。

11. 回归分析（Regression Rnalysis）

回归分析可以对预测变量和响应变量之间的联系建模。在数据挖掘环境下，预测变量是描述样本的感兴趣的属性，一般预测变量的值是已知的，响应变量的值是需要预测的。当响应变量和所有预测变量都是连续值时，回归分析是一个好的选择。回归分析分为线性回归、非线性回归和逻辑回归。在线性回归中，一元线性回归数据用直线建模，多元回归是一元线性回归的扩展，涉及多个预测变量。非线性回归是在基本线性模型上添加多项式项形成非线性回归模型。逻辑回归是多元线性回归的拓展。

12. 离群点（Outlier）分析

离群点是数据集中偏离大部分数据的数据，人们怀疑这些数据的偏离并非由随机因素产生，而是产生于完全不同的机制。离群点分析的目的是发现数据中的异常情况，如噪声数据、欺诈数据等异常数据。

13. 概念描述（Concept Description）

概念描述就是对某类对象的内涵进行描述，并概括这类对象的有关特征。概念描述分为特征性描述和区别性描述，前者描述某类对象的共同特征，后者描述不同类对象之间的区别，生成一个类的特征性描述只涉及该类对象中所有对象的共性。

6.7 大数据的应用

大数据的应用非常广泛，人们每天都能看到大数据的新奇应用。那么大数据意味着什么？它到底会改变什么？仅仅从技术角度回答，已不足以解惑。离开了人，它再大也没有意义。必须把大数据放在社会生活的背景中加以透视，理解它作为时代变革力量的意义。不妨从身边的例子出发，看看大数据的应用场景。

6.7.1 大数据预测

谷歌有一个名为"谷歌流感趋势"的工具，它通过跟踪搜索词相关数据来判断全美地区的流感情况（如患者会搜索"流感"两个字）。这个工具工作的原理大致是这样的：设计人员置入一些关键词（如温度计、流感症状、肌肉疼痛、胸闷等），只要用户输入这些关键词，系统就会展开跟踪分析，创建地区流感图表和流感地图。谷歌多次把测试结果与美国疾病控制和预防中心的报告做比对，发现它比线下收集的报告具有更强的时效性，因为患者一旦自觉有流感症状，在搜索和去医院就诊这两件事上，前者通常是他首先会去做的。就医很麻烦，而且价格不菲，但是通过搜索却能找到一些自我救助的方案，于是人们第一时间会使用搜索引擎。而且还存在一种可能，即医院或官方收集到的病例只能说明一小部分重病患者，轻度患者是不会去医院而成为它们的样本的。大数据预测对于健康服务产业和流行病专家来说是非常有用的，因为它的时效性极强，对于疾病爆发的跟踪和处理极有助益。

6.7.2 大数据推荐

随着社交平台、搜索引擎和购物平台的广泛使用，基于用户搜索行为、浏览行为、评论历史和个人资料等数据，互联网业务可以洞察消费者的整体需求，进而进行有针对性的产品生产、改进和营销。例如，搜索引擎基于用户喜好进行精准广告营销，新闻平台根据用户的点击行为推荐感兴趣的新闻和主题阅读，购物平台根据用户对商品的搜索和购物车信息进行产品定制、调整库存和提前备货，这些都受益于互联网用户行为的收集和分析。

基于用户和车辆的 LBS 定位数据，可分析人车出行的个体和群体特征，进行交通行为的预测。交通部门可根据实时收集的不同道路的车流量进行智能的交通调度，或应用潮汐车道等管制措施；用户则可以根据实时道路交通流量情况选择拥堵概率更低的出行路线，并且在抵达目的地之前及时获取附近的停车场信息。

6.7.3 商业情报分析

通过从社交平台上收集社交信息，商家可以更深入地理解产品的营销模式，寻找更有价值的客户——高消费者和高影响者。通过提供免费试用服务，让用户进行口碑宣传，使交易数据与交互数据完美结合，使业务推广更具有目标性。很多零售企业监控客户在店内的走动情况及其与商品的互动，将这些数据与交易记录相结合来展开分析，从而针对销售哪些商品、如何摆放货品及何时调整售价给出意见。在线购物平台通过分析顾客的购物车信息和商品收藏信息，推测用户的喜好和需求，向用户推送关联的商品信息。

影视作品是时尚快销品，投入大，时效短，风险和收益很难把控。在线视频网站可以通过分析用户点播视频的时间段、视频类型、观看时长来决定影视作品的创作方向、演员选择和投放时点，以降低风险，追求最大的热度，获取更高的收益。

6.7.4 科学研究

大数据可以帮助科学家进行气候、土壤、动植物生存环境变化等科学研究。2017 年 7 月，可可西里正式成为我国第 51 处世界遗产，它珍藏了高寒山地独有的冰帐冰川、冻丘石环和各类湖泊湿地，是世界少有的特殊高原风景区。但是，根据高分一号卫星传回的数据，人们发现卓乃湖系列湖泊群中的卓乃湖、库赛湖、海丁诺尔湖和盐湖面积发生了改变，盐湖在 4 年中面积增加了 2.3 倍，扩大 4.5 平方千米，而且仍在缓慢增加。一系列大数据分析显示，盐湖上游的卓乃湖、库赛湖、海丁诺尔湖均已失去部分储水功能，大部分来水最终汇入盐湖，使得盐湖水面持续扩大，这不但可能破坏周边草地生态环境，随着湖面东南部与青藏铁路的距离不断缩减，还可能腐蚀青藏铁路、青藏公路、兰西拉通信光缆和石油管线。

作为最活跃的科学研究领域之一，生物医学领域的大数据也备受关注。生命的整体性和疾病的复杂性、高通量技术的发展、基因组测序成本的下降、医院信息化及 IT 业的迅速发展，促进了生物医学领域大数据的出现。目前生物医学大数据的应用包括以下 6 个方面。

（1）开展组学研究及不同组学间的关联研究。利用大数据将各种组学进行综合及整合，既能为疾病发生、预防和治疗提供全面、全新的认识，也有利于开展个体化医学，即通过整合系统生物学与临床数据，可以更准确地预测个体患病风险和预后（预测疾病的可能病程和结局）有针对性地实施预防和治疗。

（2）快速识别生物标志物和研发药物。利用某种疾病患者人群的组学数据，可以快速识别有关疾病发生、预后或治疗效果的生物标志物。在药物研发方面，大数据使人们对病因和疾病发生机制的理解更加深入，从而有助于识别生物靶点和研发药物；同时，充分利用海量组学数据、已有药物的研究数据和高通量药物筛选，能加速药物筛选过程。

（3）快速筛检未知病原和发现可疑致病微生物。采集未知病原样本，对病原进行测序，并将未知病原与已知病原的基因序列进行比对，判断其是否为已知病原或与其最接近的病原类型，据此推测其来源和传播路线，开展药物筛选和相应的疾病防治。

（4）实时开展生物监测与公共卫生监测。公共卫生监测包括传染病监测、慢性非传染性疾病及相关危险因素监测、健康相关监测（如出生缺陷监测、食品安全风险监测等）。此外，还可以通过覆盖全国的患者电子病历数据库进行疫情监测，通过监测社交媒体或频繁检索的词条来预测某些传染病的流行。

（5）了解人群疾病谱的改变。全球疾病负担研究是一个应用大数据的实例，该研究应用的数据范围广，数据量巨大，由近 4 700 台并行台式计算机完成数据准备、数据仓库建立和数据挖掘分析的自动化和规范化计算。其有关我国的研究发现：与 1990 年相比，2010年造成我国人群寿命损失的前 25 位病因中，慢性非传染性疾病显著上升，传染病则显著下降，说明慢性非传染性疾病已经成为我国人群健康的主要威胁。

（6）实时开展健康管理。通过可穿戴设备对个体体征数据（心率、脉率、呼吸频率、体温、热消耗量、血压、血糖、血氧、体脂含量等）进行实时、连续监测，提供实时健康指导与建议，更好地实施健康管理。

习 题

一、选择题

1. 下列选项中（   ）不是大数据的特征。

    A．高速获取   B．数据量大

    C．高价值   D．高密度

2. 大数据算法分析只需要分析时间和空间的复杂性。（   ）

    A．对   B．错

3. 解决小规模数据问题的算法技术不能用于设计大数据算法。（   ）

    A．对   B．错

4. 下列活动中，（   ）不是数据挖掘的任务。

    A．根据性别划分公司的顾客

    B．根据可盈利性划分公司的顾客

    C．使用历史记录预测某公司未来的股票价格

    D．分析病人心率的异常变化

5. 下列对大数据存储特点的描述中错误的是（　　　）。

    A．以结构化数据为主

    B．数据自动产生

    C．数据存储量巨大

    D．对读写吞吐量要求高

二、简答题

1. 简述大数据存储技术典型路线。

2. 举一个生活中的例子阐述大数据的应用场景。

第7章
云 计 算

7.1 云计算的概念

云计算自 2006 年首次提出以来发展快速，云计算技术目前已经应用于很多方面，如我们身边常见的云盘、云服务器等。

7.1.1 云计算的定义

当前，对于云计算有各种不同的定义与解释。现阶段被人们广为接受的定义是美国国家标准与技术研究院（NIST）给出的定义。

美国国家标准与技术研究院认为，"云计算是一种按使用量付费的模式，这种模式提供可用、便捷、按需的网络访问，进入可配置的计算资源共享池（资源包括网络、服务器、存储、应用软件、服务），这些资源能够被快速提供，只须投入很少的管理工作，或与服务供应商进行很少的交互。"

而维基百科认为，"云计算是一种基于互联网的计算方式，通过这种方式，共享的软硬件资源和信息可以按需求提供给计算机和其他设备。云计算依赖资源的共享以达成规模经济，类似基础设施（如电力网）。"

总体来说，云计算就是把计算能力放在云端，也就是把计算放在互联网上，将计算形成资源共享池，为广大用户提供动态且易扩展的虚拟化资源。根据提供的服务不同，分为狭义云和广义云。狭义云提供 IT 基础设施服务，通过网络按需提供资源服务；广义云提供各种各样的互联网服务，如云服务器、云存储、云软件、云数据等，这种服务可以是 IT 和软件、互联网相关服务，也可以是其他服务。终端用户不需要了解云计算中的基础设施和软件部署的具体细节，甚至不需要具有相应的专业知识，只要关注如何通过网络获取相应的服务即可。

7.1.2 云计算的特点

云计算是基于互联网的相关服务的增加、使用和交付模式，通过互联网来提供动态且易扩展的虚拟化资源。云计算不仅可以通过软件产品将硬件和软件资源虚拟成资源池，而且可以管理、组织和分配这些虚拟化资源。用户可以根据自己的需要自助配置所需资源。根据用户需求的变化，资源池的资源可以动态扩充或收缩。下面对云计算的关键特征做出简单描述。

1．与位置无关的资源池

资源池主要包括的资源有存储、处理器、内存、网络带宽、虚拟机等。用户不需要知道所使用的资源池所在位置，只要接入互联网即可使用资源池。而服务提供商一般是集中计算资源，以多用户租用模式服务所有客户，同时不同的物理和虚拟资源可根据用户需求动态分配。

2．高可扩展性

"云"的规模可以动态扩展，以满足用户规模增长的需求。用户所使用的资源可以快速扩大或缩小，如内存、存储空间等。用户可以在任意时间和地点购买所需数量的资源。对用户而言，资源看起来似乎是无限的。

3．高可靠性

云计算使用了数据加密、网络传输加密、接入安全认证、数据多副本容错、计算节点同构可互换等安全措施来保障服务的高可靠性。

4．无处不在的网络接入

用户只要可以接入网络，就可以通过互联网获取各种云计算服务。例如，手机、平板电脑、PC、笔记本电脑、PDA、电视机等都可以作为接入网络的客户端。

5．按需分配、自助服务

用户可以按需购买服务。例如，直接在运营商的网站上自助购买网络存储和云服务器的服务，购买的网络存储空间可以自行选择，云服务器的配置也可以自行选择。这些自助服务不受时间和地点的限制，也不需要和服务商进行人工交互，而用户实际消耗的资源是按需分配的。例如，用户选择的一台云服务器是 2GHz CPU、16GB 内存、2TB 硬盘，而实际消耗时只使用 35GB 硬盘、500MB 内存，那么监控程序就会给这台虚拟服务器分配实际消耗的 35GB 硬盘、500MB 内存的资源。

6．按使用付费

用户可以根据需要的资源及使用时间付费。例如，购买云盘服务，按照所需存储空间、使用时间支付不同的费用；购买云服务器的服务，按照须配置的内存、CPU、存储空间、带宽及使用时间支付不同的费用。

7.1.3　云计算的不同视角

对于目前的云计算可以从技术视角和商业视角来分析。

从技术视角看，云计算包括云设备和云服务，如图 7-1 所示。

云设备包括用于数据计算处理的服务器、用于数据存储的存储设备和用于数据通信的交换机等网络设备。

云服务包括用于物理资源虚拟化调度管理的云平台软件和用于向用户提供服务的应用平台软件。

从云计算技术发展趋势看，海量低成本服务器将逐渐替代专有大型机、小型机、高端服务器，分布式软件将代替传统单机操作系统，自动管控软件将替代传统集中管理。

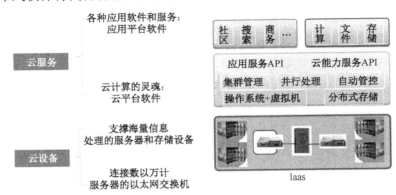

图 7-1　云计算的技术视角

从商业视角看，云计算提供的服务，类似于供水公司和供电公司提供的自来水和电力服务（见图 7-2）。PC 时代是企业数据中心时代，企业建立自己的内部网络和数据中心，须购买足够的设备和软硬件资源。云时代是互联网数据中心时代，通过互联网提供计算和存储服务，以及软件服务。企业无须采购大量设备，只须购买信息服务（计算资源、存储资源、软件服务等）。

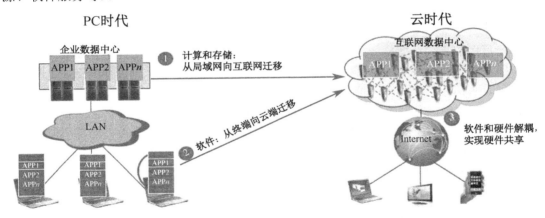

图 7-2　云计算的商业视角

7.2　云计算的演进

7.2.1　云计算的产生背景

云计算的产生是需求推动、技术进步、商业模式转变共同促进的结果。个人用户对互联网、移动互联网应用的强烈需求，对更好的用户体验的追求，以及政企客户低成本且高性能的信息化需求，这些都在推动着云计算的发展，因为云计算确实能解决这些需求问题。

同时，虚拟化技术、分布计算、并行计算、互联网技术的发展与成熟，使得基于互联网提供 IT 基础设施、开发平台、软件应用成为可能。宽带技术及用户的发展，使得基于互联网的服务使用模式逐渐成为主流。

商业上，少数先行者的云计算服务（如亚马逊的 EC2 服务）已经开始运营；市场已认可云计算商业模式，越来越多的用户接受并使用云计算服务；云计算模式的生态系统正在形成，产业链开始发展和整合。这些都在推动着云计算的发展。

经过十余年的发展，云计算已从新兴技术变成当今的热点技术。从谷歌公开发布的核心文件到亚马逊 EC2 的商业化应用，再到美国电信巨头 AT&T（美国电话电报公司）推出的动态托管（Synaptic Hosting）服务，云计算从节约成本的工具到盈利的推动器，从网络服务提供商（ISP）到电信企业，已然成功地从企业内部的 IT 系统演变成公共服务。

7.2.2　云计算的演进历程

云计算是从并行计算（Parallel Computing）、分布式计算（Distributed Computing）、网格计算（Grid Computing）发展起来的，或者说是这些计算的商业实现。

并行计算是相对于串行计算而言的，是指同时使用多种计算资源解决计算问题的过程，是提高计算机系统计算速度和处理能力的一种有效手段，主要目的是快速解决大型且复杂的计算问题。它的基本思想是用多个处理器来系统求解同一问题，将被求解的问题分解成若干部分，各部分均由一个独立的处理器处理。并行计算系统既可以是专门设计的、含有多个处理器的超级计算机，也可以是以某种方式互连的若干台独立计算机构成的集群。通过并行计算集群完成数据的处理，再将处理的结果返回给用户。

分布式计算是把一个需要巨大的计算能力才能解决的问题分成多个小部分，把这些小部分分配给网络中多台独立的计算机进行处理，最后综合这些计算结果得到最终结果，整个流程是集中处理。

网格计算是利用互联网把地理上广泛分布的各种资源连成一个逻辑整体，就像一台超级计算机一样。它是分布式计算的一种，为用户提供一体化的信息和应用服务。它可以实现跨地区，甚至跨国家的资源整合。资源实行独立管理，并不是进行统一布置、统一安排。通常让分布的用户构成虚拟组织（VO），在统一的基础平台上用虚拟组织形态从不同的自治域访问资源。

云计算是网格计算、分布式计算、并行计算、网络存储、虚拟化、负载均衡等传统计算机和网络技术发展与融合的产物。

7.3　云计算的模式

7.3.1　云计算的部署模式

按照服务的对象和范围，云计算的部署模式有三种：私有云、公有云、混合云（见图 7-3）。

（1）私有云。建设一个云，只是为了一个组织（企业或机构）自己使用，同时由这个组织来运营，就是私有云。例如，校园内搭建的私有云，供学校内部员工或学生使用。

（2）公有云。如果云部署在 Internet 上，有专门的服务商运营，服务对象是社会上的客户，就是公有云。亚马逊公司的 AWS（Amazon Web Services）是现在世界上最大的公有云，其他公有云还有华为云、阿里云、腾讯云。

（3）混合云。如果一个云，既由组织自己使用，也对外开放资源服务，那它就是混合云。其基础设施是由两种或更多的云组成的，但对外呈现的是一个完整的实体。企业正常运营时，把重要数据保存在自己的私有云里（如财务数据），把不重要的信息放到公有云里，两种云组合形成一个整体，就是混合云。例如，电子商务网站平时业务量比较稳定，自己购买服务器搭建私有云运营，但到了"双11"大促销的时候，业务量非常大，就可以从运营商的公有云租用服务器来分担节日的高负荷，但是可以统一调度这些资源，这样就构成了一个混合云。有时也把两个或多个私有云的组合称为混合云。

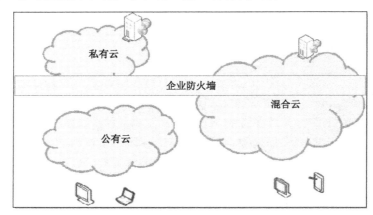

图 7-3　云计算的部署模式

7.3.2　云计算的商业模式

目前云计算的商业模式主要有：基础设施即服务（IaaS）、平台即服务（PaaS）和软件即服务（SaaS）。

（1）IaaS（Infrastructure as a Service），把基础设施以服务形式提供给最终用户使用，包括计算、存储、网络和其他的基础资源。用户能够部署和运行任意软件，包括安装不同的操作系统和应用软件。服务内容有出租计算、存储、网络等 IT 资源。盈利模式是按使用收费，通过规模获取利润，例如，虚拟机出租、云服务器出租、网盘等。

（2）PaaS（Platform as a Service），把软件开发平台以服务形式提供给最终用户使用。客户无须管理或控制底层的云计算基础设施，但能控制部署的应用程序开发平台。服务内容是提供应用运行和开发环境，以及应用开发组件。例如，微软的 VS 开发平台、云数据库等。

（3）SaaS（Software as a Service），提供给用户的服务是运行在云计算基础设施上的应用程序。例如，企业办公系统、Salesforce 公司的 CRM。提供的服务内容有互联网 Web 2.0 应用、企业应用、电信业务。盈利模式主要是提供满足最终用户需求的业务，按使用收费。

7.4 云计算的技术

7.4.1 云计算的关键技术

云计算涉及的技术比较多，物理设备（服务器、存储设备和网络设备）、虚拟化软件平台、分布式计算和存储资源调度、一体化自动管控软件、虚拟化数据中心安全性和E2E（端到端）集成交付能力，都是构建高效绿色云数据中心的关键技术（见图7-4）。

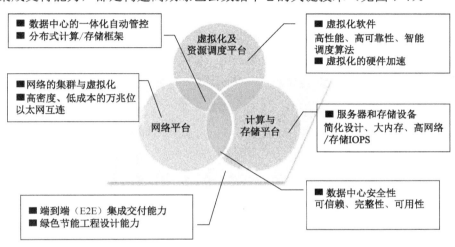

图 7-4 云计算的关键技术

① 一体化自动管控软件可降低云计算平台运维的复杂度，提升维护人员的工作效率，降低企业成本。

② 分布式计算/存储框架可为云计算的资源调度和调整提供支撑。

③ 虚拟化软件平台可为给云用户分配不同配置的虚拟机提供底层支撑。

④ 高密度、低成本万兆以太网交换设备可以为数据在网络中的流动提供交换能力。

⑤ 高IOPS且支持链接克隆、精简配置、快照等功能的存储设备，可以为云数据中心提供强大的存储能力。

⑥ 简化设计的大内存、高网络/存储 IOPS（Input/Output Operations Per Second）的服务器，可以为云数据中心提供强大的计算能力。

⑦ 从网络接入、虚拟化平台软件安全、安全加固的 OS 和 DB 到用户的分权分域管理，可保证云数据中心的安全性。

通过对云计算关键技术进行汇总，可将其分为三个方面：整体计算架构、云计算硬件和云计算软件。

整体计算架构应具备高性能、高可靠性和可拓展性。

云计算硬件包括：高可靠性和高性能的服务器，用于提供计算资源；低成本、数据安全的存储设备，用于提供数据存储空间；高密度以太网交换机，用于数据通信。

云计算软件包括：把计算、存储等资源虚拟化为共享资源池的虚拟化技术；整合存储资源，提供动态可伸缩资源池的分布式存储技术；用于大数据的并行计算技术；用于数据管理的分布式文件管理技术；简化运维人员工作，方便高效智能运维的系统监控管理技术。

1．计算架构

云计算的设计思想是以最低成本构建出整体性能最优的系统，与传统电信设备和 IT 设备（服务器、大型机、企业存储设备等）追求设备可靠性和性能的思路完全不同。云计算许多系统开始很简单，但当需要进行系统扩展时就会变得复杂。当云计算系统需要更多的容量，以支持更多的用户、文件、应用程序或连接的服务器时，必须进行系统扩展升级。常见的系统扩展方式有纵向扩展和横向扩展两种。

（1）纵向扩展（Scale Up）主要是利用现有的系统，通过不断增加存储容量来满足数据增长的需求。但是这种方式只增加了容量，而带宽和计算能力并没有相应增加。所以，整个系统很快会达到性能瓶颈，需要继续扩展。

（2）横向扩展（Scale Out）通常以节点为单位，每个节点包含存储容量、处理能力和 I/O 带宽。一个节点被添加到系统中，系统中的三种资源将同时升级。而且横向扩展架构的系统在扩展之后，从用户的视角看起来仍然是一个单一的系统。所以横向扩展方式使得系统升级工作大大简化，用户能够真正实现按需购买，降低用户的总拥有成本。

2．存储系统

企业存储一般是在企业内部采用专用的存储设备（如磁盘阵列），成本高。分布式存储系统则把使用便宜的 IDE/SATA 硬盘的服务器本地存储构建成存储资源池，既降低了服务器的成本，也降低了存储成本。数据存储可以配置多份副本，以保证数据的安全性。通过"分布式存储"和"多副本备份"来解决海量信息的存储问题和系统可靠性问题。

3．数据中心连网技术

随着云计算的发展，越来越多的业务被放在数据中心的虚拟机上，业务数据在网络上流动，对数据中心网络的需求提出了很大的挑战（见图 7-5）。例如，并行计算业务要求服务器集群协同运算，虚拟机的动态迁移要求虚拟机间实时同步大量数据，这些均会产生大量横向交互流量。

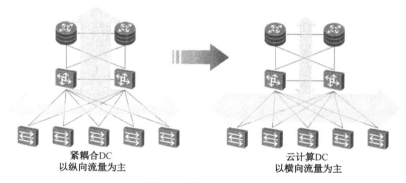

紧耦合DC
以纵向流量为主

云计算DC
以横向流量为主

图 7-5　数据中心连网

数据中心内部虚拟机的迁移促进了网络虚拟交换技术的发展，能支持大容量数据的通信和超高的端口密度，可以连接更多的服务器以提升数据中心的处理能力。

4．云计算软件技术

云计算虚拟化平台须支持各种不同的存储设备，包括本地存储、SAN 存储、NAS 存储和分布式本地存储，以保证业务的高适配性。同时，提供链接克隆、资源复用、快照等功能，降低企业成本，并提供高效率、高可靠性的资源池。

云计算虚拟化平台软件，支持分布式集群管理。可以针对业务模型，对物理服务器创建不同的业务集群，并在集群内实现资源调度和负载均衡，在业务负载均衡的基础上实现资源的动态调度和弹性调整。

7.4.2 虚拟化技术

虚拟化技术是云计算的核心技术之一，下面对虚拟化技术进行简要介绍。

1．虚拟化技术的发展

20世纪60年代，虚拟化技术已经在大型机上有所应用。1999年，在小型机上已经出现逻辑分区的应用。2000年，x86平台的虚拟化技术开始出现并得到应用。人们常在PC上安装虚拟机控制管理软件，通过虚拟机管理控制软件虚拟出多个虚拟机，用于安装运行不同的操作系统并使用不同的应用。目前，虚拟化技术已成为云计算应用的核心技术。

2．虚拟化的概念

虚拟化是资源的逻辑表示，其不受物理限制的约束。虚拟化技术的实现是在系统中加入一个虚拟化层，将下层的资源抽象成另一种形式的资源（共享资源池）提供给上层使用。虚拟化技术可以提高硬件利用率，降低能耗，提高IT运维效率，减少系统管理人员。

3．虚拟化的特征

当一台物理服务器被虚拟化为多个虚拟机时，虚拟化前后对比如图7-6所示。

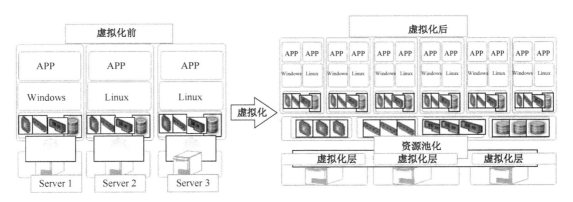

图7-6　虚拟化前后对比图

虚拟机具有如下特征。

（1）每个虚拟机可被看成一个单独的服务器。由虚拟化层为多个虚拟机划分服务器资源，每个虚拟机可以同时运行一个单独的操作系统（相同或不同的操作系统），每个操作系统只能看到虚拟化层为其提供的虚拟硬件（虚拟网卡、CPU、内存等），可以通过对虚拟机指定最大和最小资源使用量，来确保某个虚拟机不会占用所有的资源而使得同一系统中其他虚拟机无资源可用。

（2）多个虚拟机之间互相隔离。多个虚拟机之间是互相隔离的，就像每个虚拟机都位于单独的物理机器上一样。一个虚拟机崩溃或出现故障（如操作系统故障、应用崩溃、驱动故障、感染病毒等）不会影响同一服务器上的其他虚拟机。每个虚拟机上都可以运行自己的应用程序。

（3）虚拟机相对于硬件独立。虚拟机运行在虚拟化层上，只能看到虚拟硬件，与物理硬件没有直接关联。因此，虚拟机可以在任何 x86 结构的物理服务器上运行而无须做任何修改。

（4）虚拟机可以保存、复制和移动。虚拟机相关信息存储在独立于物理硬件的一组文件中，只要复制这组文件就可以随时根据需要保存、复制和移动虚拟机到其他物理服务器上。

4. 虚拟化中的几个重要概念

如图 7-7 所示，将一台物理机虚拟化成多个虚拟机，物理机称为宿主（Host Machine），运行在其上的操作系统称为 Host OS；虚拟机也称客户机（Guest Machine），运行在其上的操作系统称为 Guest OS；虚拟化层的管理程序（Hypervisor）也称虚拟机监控器（Virtual Machine Monitor，VMM）。

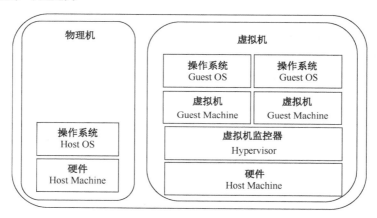

图 7-7　物理机虚拟化示意图

5. 虚拟化的类型

目前市面上的虚拟化主要有 4 种类型，分别是寄居虚拟化、裸金属虚拟化、操作系统虚拟化和混合虚拟化。它们的对比如图 7-8 所示。

（1）寄居虚拟化。虚拟化管理软件是底层操作系统（宿主操作系统）上的一个应用程序，通过该应用可以创建并管理虚拟机，共享底层硬件资源。

（2）裸金属虚拟化。有专门的虚拟化层管理程序，直接运行于物理硬件之上。它主要具备两个基本功能：一是识别、捕获和响应虚拟机所发出的 CPU 特权指令或保护指令；二是负责处理虚拟机队列和调度，并将物理硬件的处理结果返回给对应的虚拟机。

（3）操作系统虚拟化。没有独立的虚拟化管理软件，宿主操作系统本身负责其上虚拟机的管理，在多个虚拟机之间分配硬件资源。宿主操作系统上的所有虚拟机共享同一操作系统，不支持不同的虚拟机使用不同的操作系统。

（4）混合虚拟化。同寄居虚拟化一样使用宿主操作系统，不过在宿主操作系统上不用安装专有的虚拟机管理程序，而是有一个专门的虚拟硬件管理器（VHM）来协调虚拟机和主机操作系统之间的硬件访问。

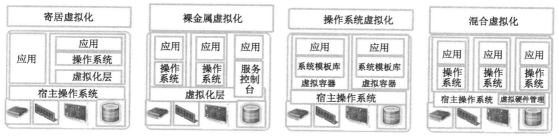

	寄居虚拟化	裸金属虚拟化	操作系统虚拟化	混合虚拟化
优点	简单，易于实现	虚拟机不依赖于操作系统，支持多种操作系统和应用	简单，易于实现，管理开销非常低	相对于寄居虚拟化架构，没有冗余，性能高，可支持多种操作系统
缺点	安装和运行应用程序依赖于主机操作系统对设备的支持，管理开销较大，性能损耗大	虚拟层内核开发难度大	隔离性差，多容器共享同一操作系统	要求底层硬件支持虚拟化扩展功能
产品	VMware Workstation	VMware ESX Server，Citrix XenServer，华为 Fusion Sphere	Virtuozzo	Redhat KVM

图 7-8　主流虚拟化类型对比图

6. 虚拟化技术分类

虚拟化技术按照硬件资源调度模式分为全虚拟化、半虚拟化和硬件辅助虚拟化。

（1）全虚拟化。虚拟机操作系统与底层硬件完全隔离，由中间的 Hypervisor 层转化虚拟机操作系统对底层硬件的调用代码，全虚拟化无须更改客户端操作系统，兼容性好。典型代表是 VMware Workstation、早期的 ESX Server、Microsoft Virtual Server。

（2）半虚拟化。在虚拟机操作系统中加入特定的虚拟化指令，借助这些指令可以直接通过 Hypervisor 层调用硬件资源，免除由 Hypervisor 层转换指令的性能开销。半虚拟化的典型代表是 Xen（见图 7-9）。

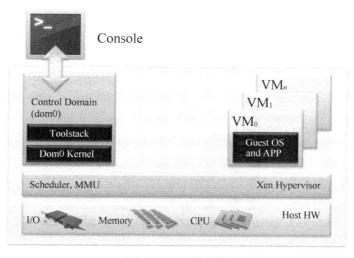

图 7-9　Xen 架构图

（3）虚拟化技术按照应用场景分为操作系统虚拟化和桌面虚拟化。典型的操作系统虚拟化产品有 VMware vSphere、Microsoft Hyper-V、Citrix XenServer、华为 FusionSphere。典型的桌面虚拟化产品有 Citrix Xen Desktop、VMware View、华为 Fusion Access。

7. 虚拟化的主要内容

虚拟化主要包含计算资源虚拟化、存储资源虚拟化、网络虚拟化三个方面。

（1）计算资源虚拟化。由于多个 VM（Virtual Machine）需要共享 CPU、内存、I/O 设备，所以计算资源虚拟化主要是 CPU 虚拟化、内存虚拟化、I/O 虚拟化。

（2）存储资源虚拟化。存储资源虚拟化是在存储设备上加入一个逻辑层，通过逻辑层访问存储资源。存储资源虚拟化常用的实现方式有三种：裸设备+逻辑卷，支持的存储类型有 IP SAN、FC SAN、本地存储；存储设备虚拟化，支持的存储类型有华为 5500T、华为 Fusion Storage；主机存储虚拟化+文件系统，支持的存储类型有 IP SAN、FC SAN、本地存储、NAS。

（3）网络虚拟化。传统网络无法满足虚拟机间通信、虚拟机大范围迁移、存储融合等的基础需求，因此须采用网络虚拟化。由于网络虚拟化涉及的技术较多，这里不做详细介绍。

7.5 云计算的价值

云计算对于当前的政企客户和个人用户均具有多方面的价值。

1. 资源整合，提高资源利用率

云计算使用虚拟化技术，对服务器进行整合，整合后的服务器可以虚拟出多个虚拟机，使硬件资源可以共享；每个虚拟机的 CPU 和内存可以灵活调整，也可以增加和减少虚拟机，快速满足业务对计算资源需求量的变化，提高资源利用率和服务器利用率。

2. 快速部署，弹性扩容

基于云的业务系统采用虚拟机批量部署，初期在业务规模较小的情况下，可部署较少服务器。后续需要扩容时，只要通过 PXE 或者 ISO 新装几台计算节点，然后通过操作维护 Portal 将服务器添加到系统中即可，这样可以短时间实现大规模资源部署。根据业务需求可以弹性扩展或收缩资源，快速响应业务需求，省时高效。

3. 数据集中，信息安全

传统 IT 平台中，数据分散在各个业务服务器上，可能存在某个单点有安全漏洞的情况；部署云系统后，所有数据集中在系统内存放和维护，并采用多种安全措施，保证数据安全。

① 网络传输加密：数据传输采用 HTTPS 加密。

② 数据加密：系统内账户等管理数据加密存放。

③ 接入认证：系统接入需要证书或者账户。

④ 架构安全：经过安全加固的 VMM，保证虚拟机间隔离；虚拟机释放时，对磁盘进行全盘擦除，避免被恢复的风险。

⑤ 通过各种防病毒方式来保证数据安全。

4. 自动调度，节能减排

基于策略的智能化、自动化资源调度，实现资源的按需取用和负载均衡，削峰填谷，达到节能减排的效果。白天，基于负载策略进行资源监控，自动负责均衡，实现高效热管理；夜晚，基于时间策略进行负载整合，将不需要的服务器关机，最大限度降低耗电量。

节能减排即动态电源管理（DPM），可以优化数据中心的能耗。开启 DPM 后，当集群中虚拟机使用资源比较少时，可聚合虚拟机到少量主机，并关闭其他无虚拟机运行的主机，实现节能减排。当虚拟机所需资源增加时，DPM 动态上电主机，确保提供足够资源。

5. 无缝切换，移动办公

采用云计算系统时，数据和桌面都集中运行和保存在数据中心，用户不必中断应用运行，即可在办公室、旅途中、家里的不同终端上随时随地远程接入个人桌面，继续工作。

6. 升级扩容不中断业务

云平台管理节点的升级不会影响业务，由于有主备两个节点，可以先升级一个节点，做主备切换后再升级另外一个节点（见图 7-10）。

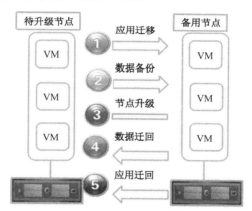

图 7-10　主备节点备份迁移图

7. 高效维护，降低成本

使用传统 PC 办公，PC 选型、购买、库房存放、分发和维护等多个流程都需要 IT 支撑人员参与，从立项购买到投入使用所需时间较长；传统 PC 能耗较高，导致企业成本增加；出现故障，从报修到重新投入使用，所需时间较长，影响企业办公；一般使用 3 年就要更新换代。而且在传统 IT 环境下，PC 数量多，并且分布于各个办公地点，所需维护人力较多，人力成本较高。

云解决方案支持对一体机、服务器、存储设备、网络设备、安全设备、虚拟机、操作系统、数据库、应用软件等进行统一管理。软硬件系统统一管理，可以提升管理的便利性，降低管理系统的购置成本和人力成本。例如，使用桌面云办公场景，维护人员处理资源数量较少且集中于数据中心，前端基本免维护。当出现故障时，维护人员只要通过 PC 或者瘦客户端（Thin Client，TC）接入虚拟桌面即可进行管理与维护，时效性高，且降低了购买 PC 的成本，以及各种流程导致的成本。

7.6 云计算的现状

云计算发展到现在，经历了三个阶段：准备阶段、起飞阶段和成熟阶段。当前云计算正处在快速增长前的"临界点"。

准备阶段：云计算各种模式都处于探索阶段，应用较少，无成功案例可参考。

起飞阶段：经过准备阶段的探索之后，得到一些成功的应用模式。

成熟阶段：云计算商业模式已成熟，整个生态系统已完善，云计算也成为企业成功必备的 IT 资源。

目前的云计算产业中，包括云计算设备商、云计算服务商和云计算使用者（见图 7-11）。

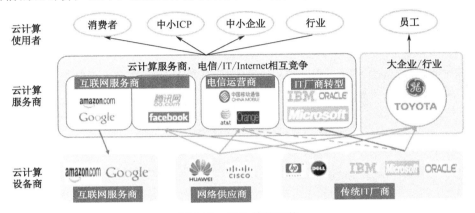

图 7-11 云计算的现状

云计算设备商指的是提供搭建云计算环境所需软硬件的设备厂商，包括硬件厂商（服务器、存储设备、交换机、安全、TC 等）和软件厂商（云虚拟化平台、云管理平台、云桌面接入、云存储软件等）。

互联网服务商是云计算的先行者，也是先进技术及创新商业模式的领导者，主要基于云计算提供低成本的海量信息处理服务（谷歌、亚马逊等）。

电信运营商利用云计算解决现实问题，当前引入云计算主要是为了提升电信业务网的能力（海量数据的计算和存储）和降低成本（BT、AT&T）。

传统 IT 巨头被迫转型，将云计算引入优势产品及解决方案（IBM、Microsoft、HP 等）。

网络供应商利用技术革新的时机，借助传统的网络、服务器和海量软件优势纷纷进入云计算领域（Cisco 等）。

IT 和 CT 边界模糊：技术融合驱动通信厂家进入传统的 IT 领域，特别是数通技术成为云计算的关键技术之一。

制造商与服务商边界模糊：商业模式的变化驱动部分大制造商（IBM、Microsoft 等）进入服务领域，而大型的互联网服务商（谷歌、亚马逊等）也自己开发设备提供服务。

ICP（Internet Content Provider）即网络内容提供商，负责提供网站的内容和与之相关的服务，如新浪等。

目前，云计算市场潜力巨大，可以应用于政府、电信、教育、医疗、金融、石化和电力等行业。

7.7 典型的云计算服务商及产品

1. 亚马逊（Amazon）

亚马逊的云服务 AWS（Amazon Web Services）拥有很多功能，包括计算（亚马逊 EC2 虚拟机、EC2 容器服务、用于虚拟专用服务器的 Light）、存储（S3、弹性块存储、低成本存档 Glacier），以及数据库（Aurora、关系数据库、Amazon RDS for MySQL、PostreSQL、Oracle、SQL Server 和 NoSQL 数据库 DynamoDB 等）。同时，AWS 还拥有一系列网络、移动应用程序服务、信息沟通和商业生产力工具、物联网平台、游戏开发产品和桌面及应用程序流服务。

2. 微软（Microsoft）

微软的云计算 Azure 最初是作为 PaaS 发展起来的，目前已经发展成一个涵盖 IaaS、PaaS 和 SaaS 的大平台。计算产品涵盖 Windows 和 Linux 虚拟机、Azure 容器服务，以及名为 Functions 的平台；微软还有各种存储产品，从其 Blob 对象存储服务到其永久的磁盘存储 VM；Azure 有多个数据库产品，包括托管关系 SQL 数据库和 DocumentDB NoSQL 数据库，以及数据管理工具，如 Data Factory 和 Redis Cache 平台；Azure 还有自己的物联网平台、安全和访问管理平台、开发工具（Visual Studio 开发平台）及管理产品。

3. 谷歌（Google）

谷歌云 GCP（Google Cloud Platform）是从 PaaS 开始的，如今已经扩展到 IaaS。GCP 提供虚拟机、容器引擎和注册表，以及 Cloud Functions。它有对象云存储服务、云 SQL plus Cloud Bigtable 和云数据存储，以及相对较新的高度可扩展的关系数据库服务 Cloud Spanner。GCP 提供了云数据流、数据湖的大查询和 Dataproc（托管的 Spark 和 Hadoop 服务），其提供的 Kubernetes 服务是顶级的集装箱编排平台之一，Google 的 Tensorflow 被视为领先的开源机器学习平台。

4. 阿里

阿里提供的云服务器 ECS（Elastic Compute Service）是一种简单高效，处理能力可弹性伸缩的计算服务。

5. 华为

华为云 Fusion Cloud 是一整套解决方案，包括云操作系统 Fusion Sphere、融合一体机 Fusion Cube、Fusion Access 桌面云、大数据分析 Fusion Insight，可以帮助企业构建完善的整体云计算平台。

7.8 云计算与物联网

云计算是实现物联网的核心技术之一，运用云计算模式，能实现对物联网中数以兆计的各类物品的实时动态管理和智能分析。物联网通过将射频识别技术、传感器技术、纳米技术等新技术充分运用到各行各业之中，将各种物体连接起来，并通过无线网络将采集到的各种实时动态信息送至计算处理中心，进行汇总、分析和处理。

从物联网的结构看，云计算将成为物联网的重要环节。物联网与云计算的结合，必将通过对各种能力资源共享、业务快速部署、人物交互新业务扩展、信息价值深度挖掘等多方面的促进，带动整个产业链和价值链的升级与跃进。物联网强调物物相连，设备终端与设备终端相连；云计算能为连接到云上的设备终端提供强大的运算处理能力，以降低终端本身的复杂性。二者都是为满足人们日益增长的需求而诞生的。

7.9 云安全

云计算作为新兴技术，其安全控制与其他 IT 环境中的安全控制并没有什么不同，然而，基于采用的云服务模型、运行模式及提供云服务的技术，与传统 IT 解决方案相比云计算面临不同的风险。

（1）系统与虚拟化安全。虚拟化平台运行在操作系统与物理设备之间，其设计和实现中存在漏洞风险。

（2）应用与数据安全。不同安全需求的租户可能运行在同一台物理机上，传统安全措施难以处理。

（3）网络边界安全。网络边界的模糊化，导致传统的边界防护手段在虚拟网络中无法直接使用。

（4）身份与安全管理。应用系统和资源所有权的分离，导致云平台管理员可能访问用户数据。

7.9.1 云计算安全威胁分析

云计算系统的计算资源使用方式和管理方式的变化，带来了新的安全风险和威胁。

1. 云计算服务给计算机管理员带来的风险和威胁

对管理员而言，主要存在以下风险和威胁。

（1）云计算系统通过虚拟化技术为大量用户提供计算资源，虚拟管理层成为新的高危区域。

（2）资源按需自助分配，使得恶意用户更易于在云计算系统中发起恶意攻击，并且难以对恶意用户进行追踪和隔离。

（3）用户通过网络接入云计算系统，开放的接口使得云计算系统更易于受到来自外部网络的攻击。

2. 云计算服务给计算机用户带来的风险和威胁

对最终用户而言，使用云计算服务带来的主要风险和威胁如下。

（1）数据存放在云端无法控制的风险。计算资源和数据完全由云计算服务提供商控制和管理带来的风险，包括提供商管理员非法侵入用户系统的风险；释放计算资源或存储空间后，数据能否完全销毁的风险；数据处理存在法律、法规遵从风险。

（2）资源多租户共享带来的数据泄露与攻击风险。多租户共享计算资源带来的风险，包括由于隔离措施不当造成的用户数据泄露风险；遭受处在相同物理环境下的恶意用户攻击的风险。

（3）网络接入带来的风险。云计算环境下，用户通过网络操作和管理计算资源，网络接口开放性带来的风险也随之增大。

7.9.2 云计算安全设计策略

基于云计算系统面临的风险，云计算系统的安全设计应从物理安全、基础设备安全、网络安全、管理安全、虚拟化安全、数据安全几个方面考虑，并应遵循一定的安全设计原则。

（1）数据安全：应考虑数据隔离、数据访问控制、剩余信息保护、数据盘加密存储、存储位置要求。

（2）虚拟化安全：应考虑虚拟机隔离、虚拟防火墙、恶意虚拟机预防等。

（3）管理安全：应考虑集中用户管理和认证、集中日志审计等。

（4）网络安全：应考虑防火墙、网络平面隔离、传输安全（SSL 和 VPN）、僵尸网络/蠕虫检测、入侵检测、入侵防御、拒绝服务。

（5）基础设备安全：应考虑系统完整性保护、操作系统/数据库/Web 加固、安全补丁、病毒防护等。

（6）物理安全：应考虑门禁、机房监控、云监控等。

每家云计算服务提供商在云计算系统信息安全防护方面的策略基本都是在接入客户端、接入网络、虚拟平台、管理各个层面，建立立体信息安全体系。图 7-12 所示是华为"端管云"立体信息安全防护策略。

7.10 云平台实施案例

本节以华为的云计算产品为例，介绍云计算解决方案，重点介绍服务器虚拟化解决方案及桌面云解决方案。

7.10.1 服务器虚拟化解决方案

华为 Fusion Sphere 是一套服务器虚拟化解决方案，通过在服务器上部署虚拟化软件，使一台物理服务器可以承担多台服务器的工作。该解决方案如图 7-13 所示。

硬件基础设施层：硬件资源包括服务器、存储、网络、安全等全面的云计算基础物理设备，支持用户从中小规模到大规模的新建或扩容，可运行从入门级到企业级的各种企业应用。设备类型丰富，可为客户提供灵活的部署选择。

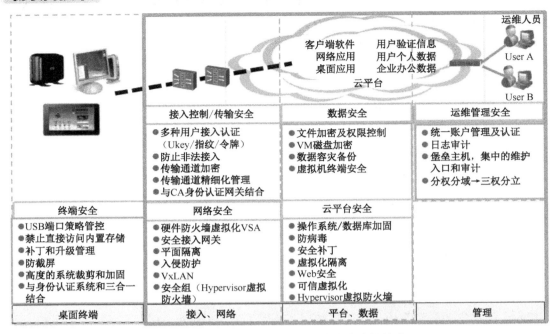

图 7-12 华为"端管云"立体信息安全防护策略

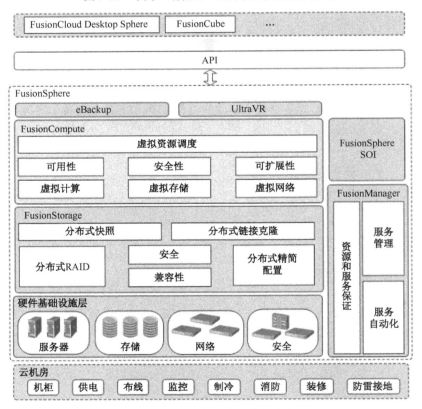

图 7-13 华为服务器虚拟化解决方案

FusionCompute：是云操作系统软件，主要负责硬件资源的虚拟化，以及对虚拟资源、业务资源、用户资源的集中管理。它采用虚拟计算、虚拟存储、虚拟网络等技术，完成计算资源、存储资源、网络资源的虚拟化。同时通过统一的接口，对这些虚拟资源进行集中调度和管理，从而降低业务的运行成本，保证系统的安全性和可靠性，协助运营商和企业构筑安全、绿色、节能的云数据中心能力。

FusionManager：主要对云计算的软件和硬件进行全面监控和管理，实现自动化资源发放和自动化基础设施运维管理两大核心功能，并向内部运维管理人员提供运营与管理门户。

FusionStorage：是一种存储与计算高度融合的分布式存储软件，在通用 x86 服务器上部署该软件后，可以把所有服务器的本地硬盘组织成一个虚拟存储资源池，提供块存储功能。

FusionSphere SOI：性能监控和分析系统，用来对 FusionSphere 云计算系统中虚拟机的性能和环境指标进行采集和展示，建立模型进行分析，根据历史和当前数据对未来性能变化进行预测，从而为管理员提供系统性能管理建议。

eBackup：是虚拟化备份软件，配合 FusionCompute 快照功能和 CBT（Changed Block Tracking）备份功能实现 FusionSphere 的虚拟机数据备份方案。

UltraVR：是容灾业务管理软件，利用底层 SAN 存储系统提供的异步远程复制特性，为华为 FusionSphere 提供虚拟机关键数据的安全保护和容灾恢复。

1．FusionSphere 的多种应用场景

1）单虚拟化场景

单虚拟化场景适用于企业只采用 FusionCompute 作为统一的操作维护管理平台对整个系统进行操作与维护的情况，包含资源监控、资源管理、系统管理等。FusionCompute 主要负责硬件资源的虚拟化，以及对虚拟资源、业务资源、用户资源的集中管理。它采用虚拟计算、虚拟存储、虚拟网络等技术，完成计算资源、存储资源、网络资源的虚拟化。同时通过统一的接口，对这些虚拟资源进行集中调度和管理，从而降低业务的运行成本，保证系统的安全性和可靠性。

2）多虚拟化场景

多虚拟化场景适用于企业有多个虚拟化环境须进行统一管理的情况。多虚拟化场景提供如下主要功能：支持同时接入 FusionCompute 和 VMware 虚拟化环境，对多个虚拟化环境的资源和业务进行统一管理和维护；支持对多个虚拟化环境、多种物理设备的告警进行统一接入、监控和管理。

3）私有云场景

私有云场景适用于企业各部门须各自管理虚拟资源及业务的情况。发放业务时由管理员和租户分别完成不同的任务，共同完成业务的发放。管理资源时，管理员可以对系统所有资源进行管理，租户只能管理所属 VDC 的资源。根据实际使用需求的不同，私有云场景又可分为多租户共享 VPC 场景和多租户私有 VPC 场景。

（1）多租户共享 VPC 场景。该场景中，发放业务时管理员通过 VDC 将虚拟资源分给租户。租户在租户视图中创建虚拟机或应用实例时，可使用管理员在共享 VPC 中创建的网络。若在创建 VDC 时，将管理员加入 VDC 中，则管理员一人在不同视图中可完成所有任务。该场景适用于如下情况。

① 企业各部门须各自管理除网络之外的虚拟资源（包含虚拟机、磁盘等）及业务。

② 企业中的网络由管理员统一规划和维护，企业各部门均使用管理员创建的网络。

（2）多租户私有 VPC 场景。该场景中，发放业务时管理员通过 VDC 将虚拟资源分给租户。租户在租户视图中自行创建 VPC、网络、虚拟机或应用实例。当同时有共享网络需求时，可以由管理员创建共享 VPC 供所有租户使用。若在创建 VDC 时，将管理员加入 VDC 中，则管理员一人在不同视图中可完成所有任务。该场景适用于如下情况。

① 企业各部门须各自管理虚拟资源（包含网络、虚拟机、磁盘等）及业务。

② 企业各部门的网络相互隔离，各自规划、创建和维护。

2. 云平台部署方案

云平台部署方案根据规模分为小规模场景部署方案、中等规模场景部署方案和大规模场景部署方案。小规模场景管理的主机数量为 3～50 台，VM 数量为 1～1 000 台；中等规模场景管理的主机数量为 51～256 台，VM 数量为 1 001～5 000 台；大规模场景管理的主机数量为 257～1 000 台，VM 数量为 5 001～10 000 台。小规模场景部署方案实例见表 7-1。

表 7-1   小规模场景部署方案

部署组件内容	部署方式	配置要求
FusionCompute 管理组件（VRM）	1+1 主备部署，物理机或者虚拟机部署	网卡：2×10Gbps（建议），其余配置根据 VRM 管理的 VM 数量和物理主机数量不同，要求也不同
FusionManager	1+1 主备部署，虚拟机部署	网卡：2×10Gbps（建议），其余配置根据 VRM 管理的 VM 数量和物理主机数量不同，要求也不同
UltraVR	虚拟机部署（建议）	CPU：4 核；内存：8GB；磁盘空间：50GB；管理网络带宽（生产与备份之间管理流量所需带宽）：10Mbps
eBackup	物理机部署	CPU：8 核；内存：12GB；磁盘空间：120GB；网卡：1Gbps；每 200 个 VM 须部署一个 eBackup
FusionSphere SOI	虚拟机部署（建议）	CPU：4 核；内存：8GB；磁盘空间：300GB

7.10.2　桌面云解决方案

华为 FusionCloud 桌面云解决方案是基于华为 FusionSphere 的一种虚拟桌面应用，通过在云平台上部署软硬件，使终端用户通过瘦客户端或者其他任何与网络相连的设备来访问跨平台的应用程序，以及整个客户桌面。华为 FusionCloud 桌面云解决方案如图 7-14 所示。

华为 FusionCloud 桌面云解决方案重点解决传统 PC 办公模式给客户带来的如安全、投资、办公效率等方面的诸多挑战，适合金融行业、大中型企事业单位、政府部门、呼叫中心、营业厅、医疗机构、军队或其他分散/户外/移动型办公单位。

华为 FusionCloud 桌面云解决方案有两种体系架构：标准桌面云和桌面云一体机。标准桌面云解决方案软件由 FusionAccess、FusionCompute 和 FusionManager 三部分组成。逻辑架构如图 7-15 所示。

FusionAccess：桌面管理软件，主要由接入和访问控制层、虚拟桌面管理层组成。FusionAccess 提供图形化的界面，运营商或企业的管理员通过界面可快速为用户发放、维护、回收虚拟桌面，实现虚拟资源的弹性管理，提高资源利用率，降低运营成本。

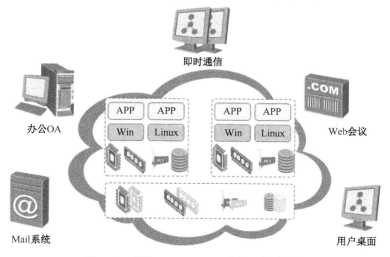

图 7-14 华为 FusionCloud 桌面云解决方案

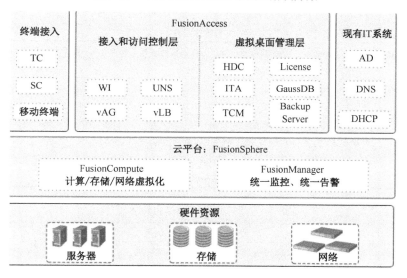

图 7-15 标准桌面云逻辑架构

FusionCompute：云操作系统软件，主要负责硬件资源的虚拟化，以及对虚拟资源、业务资源、用户资源的集中管理。它采用虚拟计算、虚拟存储、虚拟网络等技术，完成计算资源、存储资源、网络资源的虚拟化。同时通过统一的接口，对这些虚拟资源进行集中调度和管理，从而降低业务的运行成本，保证系统的安全性和可靠性，协助运营商和企业构筑安全、绿色、节能的云数据中心能力。

FusionManager：主要对桌面云解决方案的软件和硬件进行全面监控和管理，软硬件统一告警和监控。

FusionAccess、FusionCompute 和 FusionManager 软件均通过 Portal 界面进行操作，在标准桌面云场景下，各软件操作界面的主要业务操作见表 7-2。

表 7-2　各软件操作界面的主要业务操作

操作界面	主要业务操作
FusionAccess Portal	桌面云虚拟桌面的业务配置与发放 桌面云虚拟机的主要日常管理与维护
FusionCompute Portal	基础设施资源管理（主机/集群/存储/网络） 用户虚拟机模板制作 桌面云虚拟机的部分维护操作（VNC 登录、手工迁移、磁盘管理、快照备份）
FusionManager Portal	所有硬件的资源状态监控 软硬件统一告警与监控

FusionAccess 各组件的功能见表 7-3 和表 7-4。

表 7-3　接入和访问控制层组件功能

组件	说明
WI（Web Interface）	Web 接口，WI 为最终用户提供 Web 登录界面，在用户发起登录请求时，将用户的登录信息（加密后的用户名和密码）转发到 AD 上进行用户身份验证；用户通过身份验证后，WI 将 HDC 提供的虚拟机列表呈现给用户，为用户访问虚拟机提供入口
UNS（Unified Name Service）	单一名称服务，UNS 支持通过统一的域名访问具有不同 WI 域名的多套 FusionAccess 系统，减少用户在不同的 WI 域名间进行的切换和跳转
vAG（Virtual Access Gateway）	虚拟接入网关，vAG 的主要功能是桌面接入网关和自助维护台网关。当用户虚拟机出现故障时，用户无法通过桌面协议登录虚拟机，必须通过 VNC 自助维护台登录虚拟机进行自助维护
vLB（Virtual Load Balance）	虚拟负载均衡器，终端通过接入层的 vLB 功能和 vAG 功能，接入用户虚拟机。通过部署 vLB 方式实现 WI 的负载均衡时，将多个 WI 的 IP 地址绑定在一个域名下，当用户输入域名发起请求时，vLB 按照 IP 地址绑定的顺序依次解析 WI 的 IP，同时将用户的登录请求分流到依次解析出 IP 地址的 WI 上，提高 WI 的响应速度，保证 WI 服务的可靠性

表 7-4　虚拟桌面管理层组件功能

组件	说明
HDC（Huawei Desktop Controller）	华为桌面控制器，HDC 是虚拟桌面管理软件的核心组件，根据 ITA 发送的请求进行桌面组的管理、用户和虚拟桌面的关联管理、虚拟机登录的相关处理等
ITA（IT Adaptor）	IT 适配器，为用户管理虚拟机提供接口，其通过与 HDC 的交互，以及与云平台软件 FusionCompute 的交互，实现虚拟机创建与分配、虚拟机状态管理、虚拟机镜像管理、虚拟机系统操作维护功能
License	License 服务器，负责 HDC 的 License 管理与发放
TCM（Thin Client Management）	瘦客户端（TC）管理服务器，管理员通过 TCM 对 TC 进行日常管理
GaussDB	GaussDB 数据库，为 ITA、HDC 提供数据库，用于存储数据信息
Backup Server	备份服务器，主要功能是备份各个组件的关键文件和数据

桌面云一体机由 FusionAccess 和 FusionCube 组成，逻辑架构如图 7-16 所示。

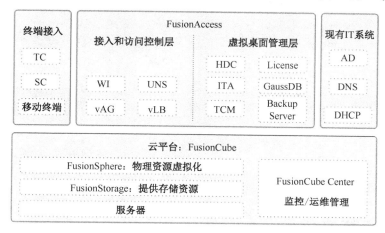

图 7-16　桌面云一体机逻辑架构

FusionAccess：桌面管理软件，主要由接入和访问控制层、虚拟桌面管理层组成。FusionAccess 提供图形化的界面，运营商或企业的管理员通过界面可快速为用户发放、维护、回收虚拟桌面，实现虚拟资源的弹性管理，提高资源利用率，降低运营成本。

FusionCube：虚拟化超融合基础设施。通过 FusionCube 的统一资源管理、运维管理等特性，帮助用户简单、快速地实现不同云应用的部署和维护管理。

习　题

1．云计算的部署模式有哪些？各有什么不同？
2．云计算的商业模式有哪些？各有什么不同？
3．云计算的关键技术有哪些？请介绍 2～3 种关键数据。
4．云计算技术给传统 IT 带来的价值有哪些？
5．主流的虚拟化类型有哪些？
6．计算虚拟化包含哪些方面？

第 8 章
物联网应用

8.1 智能交通

8.1.1 智能交通概述

　　交通是每一个人日常生活的重要方面，同时也是整个国家的战略基础之一，关系政治、经济、军事、环境等各个方面。如图 8-1 所示，四通八达的高速公路是国民经济的重要基础设施。让我们来试想一下未来的交通会是怎样的：拥有实时的交通和天气信息，所有的车辆都能够预先知道并避开交通堵塞，减少二氧化碳的排放，沿最快捷的路线到达目的地，能够随时找到最近的停车位，甚至在大部分时间内车辆可以自动驾驶，而乘客们可以在旅途中欣赏在线电视节目。智能交通系统将会把这一切都变为现实。现代信息和通信技术在道路和车辆上的广泛应用带来了交通领域的巨大变革，并将孕育出新一代智能交通系统。

图 8-1　四通八达的高速公路

伴随着新的信息科技在仿真、实时控制、通信网络等领域的长足发展，智能交通系统开始进入人们的视野。发展智能交通系统的初衷是应对日益严重的交通拥堵问题，但物联网时代的智能交通绝不仅仅面向拥堵问题。由于汽车工业的迅速发展、城市化进程的加快、人口的高速增长等诸多原因，交通堵塞已经成为世界性难题，如图 8-2 所示。交通堵塞显著降低了交通基础设施的效率，延误旅客行程，加重大气污染，增加燃料消耗。据统计，交通拥堵造成的损失占 GDP 的 1.5%～4%。美国每年因交通堵塞造成的燃料损失能装满 58 个超大型油轮，损失高达 780 亿美元。

图 8-2　交通堵塞时拥挤的车辆

在美国，从 20 世纪 20 年代开始的城市化进程促使城市规模不断膨胀，机动车对城市中心地区交通基础设施造成巨大压力，同时带来了严重的大气污染和安全隐患。美国政府关注智能交通系统的另外一个原因源自国土安全，目前其很多系统都包含了对于道路的监控功能，智能交通系统也为大规模灾害和紧急事件爆发后的人员快速迁移提供了保障。

我国目前城市化和工业化的进程不断加快，机动车的数量快速增加，同时交通基础设施的建设也迅速发展，对智能交通系统的建设提出了迫切的需求，也为其创造了良好的契机。

解决交通系统压力的传统方式是增加容量（如新增高速公路和车道等），但是这些措施不能从根本上解决这一难题，并且往往会受到经济、社会发展和环境因素的制约。通过将智能技术运用到道路和汽车中，可以获得新的智能交通解决方案。例如，增设路边传感器、射频标记、车辆无线通信设备和全球定位系统，启用智能的建模、分析和调度机制，最大限度地优化交通基础设施，为人们创造快捷的交通服务和丰富的出行咨询。

"智慧地球"是 IBM 公司对于如何运用先进的信息技术构建新的世界运行模型的一个愿景。在"智慧地球"概念中，智慧的交通应具备以下特征。

（1）环保的交通：大幅降低温室气体和其他各种污染物的排放量及能源的消耗。

（2）便捷的交通：通过广泛存在的移动通信提供最佳路线信息和一次性支付各种方式

的交通费用等服务，改善旅客体验。

（3）安全的交通：实时检测危险、事故并及时通知相关部门。

（4）高效的交通：实时进行跨网络交通数据分析和预测，优化交通调度和管理，最大化交通流量。

（5）可视的交通：将所有公共交通车辆和私家车整合到统一的数据管理，提供单个网络状态视图。

（6）可预测的交通：持续进行数据分析和建模，改善交通流量和基础设施规划。

以上这些目标的达成依赖于现代信息和智能技术的不断发展完善及其在交通系统中的广泛应用。

智能交通系统（Intelligent Transportation Systems，ITS）通过在基础设施和交通工具中广泛应用信息、通信技术来提高交通运输系统的安全性、可管理性、运输效能，同时降低能源消耗和对地球环境的负面影响。

智能交通系统是信息技术与传统交通运输产业结合而创造出的新领域，智能交通既推动新一代信息技术的发展，提升交通服务水平，实现现代交通运输服务，又为国家战略性新兴产业提供广阔的产业和应用环境。而新一代信息技术在交通领域的应用不但使交通服务更加丰富和人性化，使交通运输系统效率更高，还将在信息技术与交通科学技术的交叉点上产生创新。新一代信息技术既为智能交通发展提供了新动力，也是交通领域加快转变经济发展方式的具体体现。智能交通系统可以有效地利用现有交通设施，减少交通负荷和环境污染，保证交通安全，提高运输效率，因而日益受到各国的重视。实现城市交通智能化的目的是保证城市交通安全，提高能源利用率，改善交通环境质量，进而极大地提高交通运输率，实现人、车、路三者的统一。

8.1.2 智能交通的发展历史

智能交通系统是通信、信息和控制技术在交通系统中集成应用的产物。科学家和工程技术专家发现，在交通高峰时期，中心城市道路系统和国家高速公路系统并不是全部都发生交通拥堵，有相当一部分道路交通仍然很畅通。于是他们设想，如果能够及时地将道路网的交通信息告诉驾驶员，并提示他们绕开那些拥堵路段，则道路网的资源就可以得到充分利用。换句话说，就是让车辆更有效地利用道路网的资源，让出行者在交通信息的支撑下对行驶距离和所耗时间进行综合平衡，实现高效和便利的出行。这是 ITS 发展的最原始动力。在研究这一问题的过程中，科学家们发现将电子信息技术越来越多地引入运输系统，不但能缓解交通拥堵，而且对提高交通安全水平、客货运输效率和高速公路收费系统服务水平等都会产生巨大的影响。从 20 世纪 80 年代开始，相关的技术开发在发达国家和地区逐渐展开，如欧洲的 PROMETHEUS（Program for European Traffic with Highest Efficiency and Unprecedented Safety）、DRIVE（Dedicated Road Infrastructure for Vehicle Safety in Europe）和 Telematics，日本的 PACS（Picture Archiving and Communication Systems）、VICS（Vehicle Information and Communication System）、ASV（Advanced Safety Vehicle）和 UTMS（Universal Traffic Management System）等，美国的 ERGS（Electronic Route Guidance System）、Mobility 2000 和 IVHS（Intelligent Vehicle Highway System）等，这些系统直到 1994 年才有了统一的名称——智能交通系统（ITS）。此后，ITS 以其新颖的概念和技术特色在世界上崭露头角，如以全球卫星定位和数字地图为支撑的导航系统、以移动通信和传感器为支撑的自动驾驶和车队管理系统、以专用短程通信（Dedicated Short Range Communication，DSRC）为支撑的不停车收费系统（Electronic Toll Collection，ETC）、以数字技术和广播技术为支撑的交通广播信息服务系统（Radio Data System-Traffic Message Channel，RDS-TMC）、以自适应控制为支撑的交通控制系统（UTMS）等。进入 21 世纪，ITS 逐渐形成规模应用，产生了良好的社会效益和经济效益，特别是车载导航系统、不停车收费系统和安全辅助驾驶系统已经形成了相当规模的产业。例如，日本著名的车载导航系统 VICS 的用户已经超过 3 800 万；而日本统一标准的不停车收费系统的用户已超过 5 800 万，全国平均利用率达到 89%。我国具有自主知识产权的不停车收费系统自 2009 年开始规模应用，目前已经在 26 个省市开通，用户超过 600 万；我国的车载导航系统也已经普及，用户随处可见；计算机控制的交通信号系统已经在我国大城市普遍应用，以可变交通信息为主要服务手段的群体诱导系统在北京、上海、广州等大城市成为城市交通控制系统的重要组成部分。尽管 ITS 已经得到应用，但是对它的开发并没有停止，各国政府和企业紧跟通信和信息技术的发展步伐，根据 ITS 应用的实际效果，不断调整应用目标、系统结构、应用重点，取得了长足进步。例如，围绕交通安全的车车通信接近实际应用，车路通信已开始实际应用。

近几年随着通信和信息技术的不断进步，以及移动互联网、3G 和 4G、移动智能终端的普及，企业和投资商对 ITS 的关注点也开始转移，以 3G 和 4G 宽带移动通信为依托的下一代交通信息服务系统开始崭露头角。ITS 的开发和应用方向也随之发生了重要变化。目前的 ITS 更多地考虑出行者个体的应用和体验，更多地围绕汽车产业和汽车销售，更多地依赖宽带移动通信，更多地要求实时信息交换，逐步形成了新一代智能交通系统，其重要的发展特征表现在以下几方面。

1. 车车通信和车路通信成为 ITS 下一个技术亮点

ITS 在起步之时就提出车与路、车与车之间的通信和信息连接，其主要目标就是提高安全性和信息服务水平。但是当时及随后的一段时间内，ITS 受制于移动通信的技术水平和经济性，除了基于专用短程通信的不停车收费系统可以投入商业应用外，其他各种技术应用均受到产业界的怀疑。随着高速无线局域网技术和标准的逐渐成熟，车辆高速运行时（120km/h 及以上）车与车和车与路之间可以建立起稳定的通信链路，特别是汽车智能化和安全辅助驾驶系统为车与车之间的信息互连提供了应用场景。因此从 2009 年开始，各大汽车制造商、零部件制造商和通信装备制造商联手开发以车与车信息连接为主的系统。欧洲和美国正在制定标准，还把 DSRC 与 4G 及未来的 5G 进行了综合设计，在网络管理层实现了统一协调。未来使用者可以在交通系统中根据需要和经济性无缝地使用多种通信系统。总之，通过新一代通信技术、移动互联网与汽车智能化技术的集成创新，驾车者（出行者）、车辆、道路可以形成相互连接和互动的系统。

2. 合作式 ITS 成为新的方向

依托前述各种通信技术，2008—2009 年国际智能交通界将多年的研究积累进行了梳理和重新组织。欧洲提出了合作式智能交通系统（Cooperative ITS）的概念；美国在 2010—2014 年智能交通战略计划（Intelli Drive）中将之称为 Connected Vehicle；日本将已经开发的智能道路系统（Smartway）改称为 ITS-Spot。2009 年欧洲和美国签订的政府间备忘录将之正式定名为合作式 ITS（Cooperative ITS），随后日本也宣布加入欧美的合作。2010 年在韩国举行的第 17 届 ITS 世界大会上基于智能手机的合作式系统开始出现，这个系统以专用短程通信、汽车电控系统和车载信息终端为依托，结合其他商用移动通信系统，实现汽车与汽车之间、汽车与基础设施之间的"对话"。在高速公路上，前方路况可以实时传到后方的每一辆车上；在交叉路口，除了与路侧的信号控制系统交换信息之外，更重要的是车辆之间相互知道对方的行驶方向和速度，能够避免车辆碰撞；当驾车者要变换车道时，车辆会"查看"周边车辆的状况，驾车者的操作也会实时传送到周围的车辆，车辆能够自动判断变换车道是否安全并给出提示；当驾车者做出不安全的操作时，车辆可以通过电控系统制止。这一以汽车为中心的新系统和新应用，成为当前国际 ITS 界最新和最热的方向。

3. 智能手机成为最好的 ITS 人机接口

近几年智能手机和移动互联网应用逐渐普及，交通应用在其中占了相当的比例。2010 年在韩国召开的第 17 届 ITS 世界大会上，韩国就宣称其 3G 手机的应用（APP）中，与交通有关的占到 50%以上；在 2012 年 10 月奥地利举行的第 19 届 ITS 大会、2013 年日本东京举行的第 20 届 ITS 大会上，都有包括旅馆、公交与换乘、室内导航、大会注册和定制会议日程的 APP。这种应用已经成为电信运营商、信息服务商及交通运营服务商均认同的一种商业模式。除此之外，世界各国利用智能手机和移动互联网开发的 ITS 应用越来越多，如基于手机地图的城市交通拥堵信息服务、基于手机拍照二维码和移动互联网的手机公交电子站牌、基于移动互联网云端的交通信息服务，以及在我国异军突起的手机打车服务等。智能手机已经成为 ITS 应用中最好的、具有本地智能数据处理功能的人机接口，而移动互联网则成为支撑 ITS 应用的网络平台。

发展 ITS 的目的原本就是提高交通的机动性、改善其安全性和减少其对环境的破坏。随着全球气候变暖，世界各国不断推出各种技术措施以减轻道路交通对环境的影响，智能交通系统也是重要的技术选项之一。国际智能交通界提出了生态智能交通（ECOITS）的概念和开发项目，如欧洲的 ECOMove、FREILOT（Urban Freight Energy Efficiency Pilot），美国和日本的 Energy ITS（Development of Energy-saving ITS Technology）等。为加快 ITS 发展，2010 年 3 月欧洲、美国和日本在荷兰的阿姆斯特丹签订了合作协议，从研究、试验、排放评估、数据管理等方面开展工作，争取实现发达国家智能交通技术在节能减排中标准的统一，以及评估方法的一致性和有效性。以欧洲的生态智能交通（ECOMove）项目为例，其目标是将交通信息、能耗信息和驾驶建议同时提供给驾驶者，通过驾驶者调整驾驶方式和行驶路线，实现节能 20%的目标。其技术措施包括：在交通信号控制系统中加入排放指标作为控制参数，路侧系统提示车辆速度或直接控制发动机参数，为货车司机提供加入环保控制参数的车载机（ECONavigator），车路合作系统支持运输公司进行车队管理等。生态智能交通的高级目标是在智能驾驶和自动驾驶系统中将能耗和排放指标作为系统的控制参数之一，在保证安全的前提下，实现车辆行驶速度和能耗双指标最优控制。

2014 年，美国交通运输部与美国智能交通系统联合项目办公室共同提出"ITS 战略计划 2015—2019"，为美国未来 5 年在智能交通领域的发展明确了方向，汽车的智能化、网联化是该战略计划的核心，也是美国解决交通系统问题的关键技术手段。该战略计划主要针对目前交通系统存在的安全性、机动性、环境友好性等社会问题。美国 ITS 战略计划蓝图的愿景是"改变社会的移动方式"，使命是"通过研究、开发和教育活动促进技术和信息的交流，创建更安全、更智能的交通系统"，旨在发现建设智能交通系统的途径，同时形成一个新的工业形式和经济增长点。在此基础上，美国提出了未来交通系统的发展思路：通过研究、开发、教育等手段促进信息和通信技术实用化，确保社会向智能化方向发展，即部署智能交通设备，开发智能交通技术。同时提出了使车辆和道路更安全、加强机动性、降低环境影响、促进改革创新、支持交通系统信息共享5项发展战略目标。

第一，使车辆和道路更安全。开发更好的防撞保护措施、碰撞预警机制、商用汽车安全机制、基于基础设施的协同式安全系统。

第二，加强机动性。改进交通管理、事故管理、运输管理、货源组织管理、道路气候管理等管理系统。

第三，降低环境影响。更好地控制交通流、车辆速度和交通堵塞，用先进的技术手段管理车辆行为。

第四，促进改革创新。通过ITS项目，培养先进技术和持续促进创新，调整、收集并部署技术开发路线，满足未来交通发展的需求。

第五，支持交通系统信息共享。应用先进的无线技术使所有车辆、基础设施、可移动设备能够互连，实时传输信息。

8.1.3 智能交通系统体系框架

智能交通系统可以有效地利用现有交通设施，减少交通负荷和环境污染，保证交通安全，提高运输效率，因而日益受到各国的重视。智能交通系统是一种先进的一体化交通综合管理系统。在该系统中，车辆靠自身的智能在道路上自由行驶，公路靠自身的智能将交通流量调整至最佳状态。借助这个系统，管理人员能全面掌握道路状况和车辆的行踪。

智能交通系统（简称ITS）是一个基于现代电子信息技术、面向交通运输的服务系统。它的突出特点是以信息的收集、处理、发布、交换、分析、利用为主线，为交通参与者提供多样性服务。

我国政府高度重视智能交通系统（ITS）体系框架的相关工作。自1999年以来，国内ITS领域的权威科研机构和专家一直不懈地开展中国ITS体系框架的编制、修改完善、方法研究、工具开发和应用推广工作。2001年科技部正式推出《中国智能交通系统体系框架》（第一版），解决了ITS体系框架"从无到有"的问题。2002年正式启动国家"十五"科技攻关计划ITS专项，设立了由国家智能交通系统工程技术研究中心承担的"智能交通系统体系框架及支持系统开发"项目，2005年完成了《中国智能交通系统体系框架》（第二版），在规范化、系统化、实用化等方面取得了实质性的进展。图8-3所示为《中国智能交通系统体系框架》（第二版）中确定的ITS体系框架。

交通管理用户服务领域包括交通动态信息监测、交通执法、交通控制、需求管理、交通事件管理、交通环境状况监测与控制、勤务管理、停车管理、非机动车和行人通行管理9项用户服务；电子收费用户服务领域仅包括电子收费1项用户服务；交通信息服务用户服务领域包括出行前信息服务、行驶中驾驶员信息服务、旅途中公共交通信息服务、途中出行者其他信息服务、路径诱导及导航、个性化信息服务6项用户服务；智能公路与安全辅助驾驶用户服务领域包括智能公路与车辆信息收集、安全辅助驾驶、自动驾驶、车队自动运行 4 项用户服务；车辆控制与交通运输安全用户服务领域包括对驾驶员的警告和帮助及障碍物避免等自动驾驶技术、运输安全管理、非机动车及行人安全管理、交叉口安全管理 4 项用户服务；运营及紧急救援管理用户服务领域包括政政管理、公交规划、公交运营管理、长途客运运营管理、轨道交通运营管理、出租车运营管理、一般货物运输管理、特种运输管理、紧急事件救援管理 9 项用户服务；营运车辆运行管理包括客货运联运管理、旅客联运服务、货物联运服务 3 项用户服务；公共交通管理包括高速公路、城市轨道交通、铁路、航运、空运的中央管理控制、指挥调度、信号信息系统；ITS 数据管理用户服务领域包括数据接入与存储、数据融合与处理、数据交换与共享、数据应用支持、数据安全 5 项用户服务。

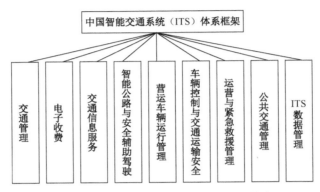

图 8-3　中国智能交通系统（ITS）体系框架

8.1.4　智能交通应用

随着物联网技术的发展和日益完善，其在智能交通中的应用也越来越广泛、深入，出现了很多成功应用物联网技术提高交通系统性能的实例。本节选取几个典型应用来介绍。

1. 不停车收费系统

不停车收费系统（ETC）能够在车辆以正常速度驶过收费站时自动收取费用，降低了收费站附近产生交通拥堵的概率。最初不停车收费系统被用于自动收费，但最近这项技术也被用来改进城市中心区域的高峰期拥堵收费。大部分不停车收费系统都基于使用私有通信协议的车载无线通信设备，当车辆穿过车道上的龙门架时自动对其进行识别，如图 8-4 所示。当前很多国际组织希望将此类协议标准化，如美国智能交通协会等组织推荐的 DSRC 协议。应用于该领域的技术还包括条码、牌照识别、红外通信和 RFID 标签等。

图 8-4　车载无线通信设备及识别系统

目前不停车收费系统在世界各地已经广泛部署应用，下面举几个典型的例子。

（1）挪威 ETC 系统应用。挪威政府启用 Autopass 项目实现"开放式收费"，该系统设置于挪威境内的几个大城市周边，采用 DSRC 技术对车辆进行识别，并利用视频图像抓拍技术对没有安装电子标签或安装非法电子标签的车辆事后追讨通行费。以奥斯陆为例，城市的周边设置了 15 个收费点，并设置了电子收费车道、投币车道和人工缴费车道。电子收费车道上安装有 DSRC 读写设备和摄像机，省略了传统的交通灯、收费显示牌和栏杆等装置，车辆通过速度可达 60km/h。用户可以方便地获得 Autopass 的电子标签及付费。由于设置了专门的收费站点，并且具有专用通道，因此 Autopass 项目可称为"单车道自由流收费"或者"准自由流收费"项目。

（2）奥地利 ETC 系统应用。奥地利的卡车收费项目是"多车道自由流电子收费"项目，该项目覆盖奥地利境内 2 000km 以上的各类公路，面向载重量超过 3.5t 的客货车。该项目的系统结构包括车载电子标签（UBO）、系统设备和运营服务，以数据为中心，外围设备包含收费、执法、发行充值等系统和移动设备等。其车载电子标签可存储车辆相关信息，如车牌号码和预付费金额等，标签以非常低的价格提供给用户。奥地利卡车收费项目中的自由流车道系统由 DSRC 读写设备构成，能够和车载电子标签进行通信，同时还包括特殊路段收费站和移动式收费系统。执法系统包括多车道激光分类装置、车道摄像装置、全景摄像装置和辅助光源。多车道激光分类装置的作用是对车型进行自动判定，对于"声明车型"和"检测车型"不符的车辆，抓拍全景图像上传至数据中心进行处理。发行充值系统支持自动售货机和人工销售点两种方式，该系统中还包括了各种车载设备，能够提供移动式的收费、执法、支付服务。

（3）德国 ETC 系统应用。德国高速公路启用卫星卡车收费系统，为几十万辆卡车装配了车上记录器（OBU），这种记录器能够记录卡车行驶情况并实现自动缴费，依赖卫星才能运作。该系统部署了 300 个高架控制桥的红外线监视器，用于阅读车牌号码，同时有大量配有监视器和计算机的监控车来回巡逻。使用该系统后，道路上没有发生严重的堵塞问题。

（4）新加坡 ETC 系统应用。新加坡国土面积狭小，人口密度相对较大，大量的外来人口显著增加了当地交通系统的压力。因此，新加坡政府对于交通业的发展非常重视，目前新加坡的智能交通系统在世界上已经处于先进水平，其城市道路电子动态收费（Electronic Road Pricing，ERP）系统已经正式投入使用。ERP 系统是专门的小范围无线信息系统，包括三个主要组成部分：车载单元（UI）、ERP 显示牌和控制中心。其中，车载单元和车牌号相对应，能够直接通过现金卡来支付通行费用。经过收费路段时，路段基础设施中的装置能够和车载单元通信并扣除相应的费用。通过车载单元对高速公路上的车辆进行跟踪，以了解目前道路上车辆的平均时速，管理部门据此可以判断出目前道路的拥堵状况，动态调整收费的费率。拥挤时段调高费率，空闲时段适当降低费率，这样既可以缓解交通堵塞，又能充分利用道路资源。该系统运行以来，高峰时段的交通流量减少了 16%，而非收费空闲时段的交通流量增加了 10.6%，同时从车流速度来观察，ERP 系统对城市内主干道的交通状况起到了显著的优化作用。

（5）法国 ETC 系统应用。法国政府很早就开始考虑停车收费"一卡通"项目。电子收费系统的引入无疑为管理部门和驾驶员都带来了很多便利，但是由于道路基础设施往往由不同的公司运营，各家公司的电子标签和收费系统往往并不通用，因此各大公司开始协商在所有的高速公路路网提供统一服务即"一卡通"收费的可能性。"一卡通"系统的技术考虑包括国际标准的制定、服务车型的选择、发票的出具、交易的组织、如何利用和改建现有的收费站点，以及成本的控制。用户在专门的管理公司注册并领取电子标签后，即可在加入"一卡通"协议的公司运营的道路上行驶，车辆行驶过程中的数据由不同公司汇总到管理方进行处理，管理方准备收据给用户并将通行费拆分给多家运营公司。电子标签内的数据包括固定数据和收费时可修改数据两种。固定数据包括车辆标识、产品标识和标签自身的标识。收费时可修改数据主要包括表明电子标签工作状态的观测数据、车辆最后一次进/出收费站点的信息记录，以及最近 16 次进/出收费站点的历史记录。该系统的安全管理须考虑应对逃避缴费和偷窃标签等行为。一次典型的电子缴费过程包括以下几个步骤：首先车道基础设施中的设备不断轮询来寻找电子标签；在收到应答之后，车道设备将验证电子标签发行者的有效性，以及该标签是否可用于不停车收费；然后车道设备将读取电子标签内的数据，处理之后向标签内写入处理结果，至此交易结束。

2．实时交通信息服务

实时交通信息服务是智能交通系统最重要的应用之一，能够为驾驶员提供实时信息，如交通线路、交通事故、安全提示、大气情况及前方道路修整工程等。高效的信息服务系统能够告诉驾驶员其目前所处的准确位置，通知他们当前路况和附近地区的交通状况，帮助驾驶员选择最优路线，这些信息在车辆内部和其他地方都能够访问到。除以上信息之外，智能交通系统还可以为乘客提供进一步的信息服务，如车辆内的 Internet 服务，以及电影的下载和在线观看。实时交通信息服务主要包括三个部分：信息的收集、处理和发布。每一个部分都需要不同的平台和技术设备支持。

目前在很多城市如斯德哥尔摩等，智能交通系统的部署为人们提供了更为方便的停车服务。这些城市中的交通信息服务能够告诉驾驶员附近的停车位，甚至帮助驾驶员预订停车位。调查表明，在大城市当中，超过 30%的行驶车辆处在寻找停车位的途中。在美国，2009 年已经有 28%的车辆携带有各类先进的信息设备，这一比例目前可达到 70%。此类技术和服务在美国的市场将达到 124 亿美元，而在世界范围内将达到 240 亿美元。

3．智能交通管理

智能交通管理要用到交通控制设备，如交通信号装置、匝道流量控制装置和公路上的动态交通信息牌（为司机提供实时的交通流量和公路状态信息）。同时，交通管理中心须了解整个地区的交通流量状况，以便及时检测事故、危险天气事件或其他对车道具有潜在威胁的因素。为实现这个目标，交通管理中心须利用信息技术对传感器、路边设备、车辆探测器、摄像机、信息标志牌和其他设备所收集到的信息进行整合分析。

自适应的交通信号控制技术能够对交通信号进行动态控制，智能调整信号开关的时间。目前许多国家的交通信号灯依然使用静态的时间控制方案，这种方案是根据多年前的情况制定的，已经不适应当前情况。事实上，据估计，在美国的主要道路上有 5%～10%的交通堵塞要归咎于落后的信号时间控制。如果交通信号装置能够检测到等待车辆的信息，或者车辆能够与信号装置通信，将信息发送给信号装置，就能够优化交通信号的时间控制方案，并提高道路的交通流量，缓解交通拥堵状况。在车辆和交通信号装置上都配备 DSRC 无线通信设备，可以帮助实现这个目标。

智能的匝道流量控制也能够为交通管理带来巨大收益。引路调节灯是高速公路入口匝道的信号装置，负责引导车辆分流进入高速公路，能减少高速公路上车流断开的情况，并能提高车流合并的安全性。美国约有 20 个大城市已经使用了各种形式的匝道流量控制技术。

4．智能公交

智能公交主要包括：电子地图服务，可以随时查看指定地名的位置，以及最新的道路交通图；实时的车辆指挥调度，可以实现车辆定位监控、车辆实时调度、求救和越界报警、车辆信息查询、统计信息查看和车辆设备管理；强大的视频监控可以监控车行前方、司机驾驶操作、车门上下乘客面容、车内实况等；智能分析识别，可以进行人脸比对、车载人脸捕捉等；方便乘客的电子站牌和完善的设备及系统管理等。

智能公交利用定位技术和无线通信技术，实现了对公交运营车辆的实时监控和可视化调度，车辆的满载率和公交系统的运输能力得以提高。通过科学的调度管理，智能公交的广泛应用可以提升城市的信息化和智能化程度，降低运输成本，提高公交企业的效益，最关键的还是以人为本、便民出行。

8.2　智能家居

8.2.1　智能家居发展历史

智能家居概念的起源甚早，但一直未有具体的建筑案例出现，直到 1984 年美国联合科技公司（United Technologies Building System）将建筑设备信息化、整合化概念应用于美国康涅狄格州哈特福德市的 City Place Building 时，才出现了首栋 "智能建筑"，从此也揭开了全世界争相实践智能家居的序幕。

最著名的智能家居要属比尔·盖茨的豪宅。比尔·盖茨在他的《未来之路》一书中以很大篇幅描绘了他在华盛顿湖建造的私人豪宅。经过 7 年的建设，比尔·盖茨的豪宅终于建成。他的这所豪宅完全按照智能住宅的概念建造，不仅具备高速上网的专线，所有的门窗、灯具、电器都能够通过计算机控制，而且有一个高性能的服务器作为管理整个系统的后台。

智能家居是 IT 技术（特别是计算机技术）、网络技术、控制技术向传统家电产业渗透发展的必然结果。从社会背景的层面看，近年来信息化的高度发展，通信的自由化与高层次化，业务量的急速增加，人类对工作环境安全性、舒适性、效率性要求的提高，都使家居智能化的需求大为增加；从科学技术的层面看，计算机控制技术的发展与电子信息通信技术的进步，促成了智能家居的诞生。

20 世纪 80 年代初，随着大量采用电子技术的家用电器面市，出现了住宅电子化概念。20 世纪 80 年代中期，将家用电器、通信设备与安全防范设备各自独立的功能合为一体后，形成了住宅自动化概念。20 世纪 80 年代末期，随着通信与信息技术的发展，出现了通过总线技术对住宅中各种通信、家电、安防设备进行监控与管理的商用系统，美国称之为 Smart Home，也就是现在智能家居的原型。智能家居最初的定义是这样的：将家庭中各种与信息相关的通信设备、家用电器和家庭安防装置，通过家庭总线技术（HBS）连接到一个家庭智能系统上，进行集中或异地监视与控制和家庭事务性管理，并保持这些家庭设施与住宅环境的和谐与协调。HBS 是智能住宅的基本单元，也是智能住宅的核心。

如今智能家居频繁出现在各大媒体上，成为人们耳熟能详的词汇。目前关于智能家居的称谓多种多样，诸如电子家庭（Electronic Home）、e-Home、数字家园（Digital Family）、家庭自动化（Home Automation）、家庭网络（Homenet/Networks for Home）、网络家居（Network Home）、智能化家庭（Intelligent Home）等多达几十种，尽管名称五花八门，但它们的含义和所要完成的功能大体相同。目前通常把智能家居定义为以住宅为平台，利用综合布线技术、网络通信技术、安全防范技术、自动控制技术、音视频技术将家居生活有关的设施集成，构建高效的住宅设施与家庭日程事务的管理系统，提升家居安全性、便利性、舒适性、艺术性，并实现环保节能的居住环境。

在国内，智能家居不是一个单独的产品，也不是传统意义上的"智能小区"概念，而是基于小区的多层次家居智能化解决方案。它综合利用计算机、网络通信、家电控制、综合布线等技术，将家庭智能控制、信息交流及消费服务、小区安防监控等家居生活有效地结合起来，在传统"智能小区"的基础上实现向家的延伸，创造出高效、舒适、安全、便捷的个性化住宅空间。

智能家居在我国发展近十年，总体而言，仍处于初级发展阶段。智能家居虽蕴藏巨大的市场，但没有完整和统一的产业标准，没有真正切入用户需求。中国产业调研网发布的2015—2020 年中国智能家居行业现状分析与发展前景研究报告认为：近年来，我国智能家居产业市场规模逐年上涨，2011 年为 485.6 亿元，2014 年增长到 658.2 亿元；未来，随着物联网、云计算等战略性产业的迅速发展，中国智能家居产业还将保持高增长态势，预计2017 年中国智能家居产业市场规模将会达到 1475 亿元，2018 年市场规模为 1968 亿元。

亚马逊与谷歌近年来则分别推出了智能家居产品 Echo 和 Home。投资机构 Loup Ventures 的创始人 Gene Munster 日前表示，已有 43% 的美国人使用过这两种设备，但只有 7% 的美国家庭购买了产品。据他调查，谷歌 Home 语音识别精度高达 39%，而 Echo 为34%。他还称，调查显示 Echo 有更好的销量，原因之一是亚马逊的设备更加开放，可供其他制造商采用。近年来随着 WiFi 的普及，无线智能家居产品逐渐取代了有线产品。在无线领域国内并不落后于国外，同样有最新 ZigBee 智能家居产品。

智能化、开放性、网络化、信息化成为未来智能家居的主要发展趋势。好的智能平台和产品能够通过视频监控、大数据分析、人体感应和识别技术等，解决用户痛点，提供更加个性化的服务。整个智能家居行业未来发展前景广阔，各类创新业务不断涌现，而智能家居单品的研发也已经逐渐加速。

8.2.2　家庭自动化

智能家居是在互联网影响之下物联化的体现。智能家居通过物联网技术将家中的各种设备（如音视频设备、照明系统、安防系统、数字影院系统、影音服务器、影柜系统、网络家电等）连接到一起，提供家电控制、照明控制、电话远程控制、室内外遥控、防盗报警、环境监测、暖通控制、红外转发、可编程定时控制等多种功能和手段。与普通家居相比，智能家居不仅具有传统的居住功能，而且实现了建筑、网络通信、信息家电、设备自动化，提供全方位的信息交互功能。

家庭自动化是智能家居的一个重要系统，在智能家居刚出现时，家庭自动化甚至就等同于智能家居，今天它仍是智能家居的核心之一，但随着网络技术与智能家居的普遍应用，网络家电和信息家电逐渐成熟，家庭自动化的许多产品功能将融入这些新产品中，从而使单纯的家庭自动化产品在系统设计中越来越少，其核心地位也将被家庭网络和家庭信息系统所代替。它将作为家庭网络中的控制网络部分在智能家居中发挥作用。

家庭自动化是指利用微电子技术来集成或控制家中的电子产品或系统，如照明灯、咖啡炉、电脑、保安系统、暖气及冷气系统、视讯及音响系统等。家庭自动化系统主要通过一个中央微处理机接收来自相关电子产品的信息，再以既定的程序发送适当的信息给其他电子产品。中央微处理机可通过键盘、触摸屏、按钮、电脑、电话机、遥控器等，控制家中的电子产品。消费者可发送信息至中央微处理机或接收来自中央微处理机的信息。

家庭自动化系统（Home Automation System，HAS）是 20 世纪 70 年代后期开始出现的，最先进入市场的产品是美国 CORPS 公司的 X-10 系列家庭自动化产品，其长期独占市场。X-10 是世界上出现最早，也是最简单的智能家庭网络系统，X-10 采用电力线作为其网络通信介质，系统中的各个设备直接挂在电力线上就可以互相通信，所以不需要另外铺设信号总线，这为系统组网带来了很大的方便。但由于其只支持电力线传输，而电力线又容易受到干扰，因此其抗干扰能力较差。另外，X-10 的寻址空间较小，对模拟量的支持不够也限制了它的进一步发展。为了解决 X-10 的不足，美国电子工业协会（IEA）于 1992 年正式推出 CEBus 作为新的家居网络标准，并定为 IS-60/EIA-600 标准。参与 CEBus 研发的公司多达几百家，包括 Microsoft、IBM、Compaq、AT&T、Bell Labs 等。CEBus 是一个比较完整的开放系统，它定义了几乎所有传送媒体中信号的传输标准，并要求控制信号在所有的媒体中都要以相同的传输速率传输，从而有效地避免了传输中可能出现的"瓶颈"问题。但是由于 CEBus 的接口技术比较复杂，成本也很高，因此 CEBus 的用户相对较少。与 CEBus 相比，美国 ECHELON 公司于 1990 年推出的 Lon Works，则具有较高的知名度。它的通信协议 Lon Talk 是第一个宣称提供 OSI 参考模型所定义的全部 7 层服务的协议。目前 Lon Works 网络已经在楼宇自动化、家庭与办公自动化中得到了广泛应用。尽管 Lon Works 是 IEA 定义的家庭网络标准，但在我国很少用于家庭自动化中，主要是由于其价格很难被广大家庭接受。

随着无线网络技术的兴起，以无线网络为基础的家庭自动化技术成为研究的热点，众多的无线网络技术被引入家庭自动化领域，如 HomeRF、802.11b、蓝牙、ZigBee（802.15.4）等。

8.2.3 家庭网络

随着互联网技术的不断发展和我国家用电脑的不断普及，家庭网络（Home Network）也逐渐发展起来。所谓家庭网络指的是在有限范围内通过有线或无线方式将多个设备连接起来而形成的网络，这个网络是为了满足用户的某些需求而组建的，为用户提供一定的业务与应用。用户的需求可以是有限范围内多个设备之间的信息流通，也可以是有限范围内的多个设备与公共网络之间的信息流通，甚至可以是有限范围内的所有设备之间及这些设备与公共网络之间的信息流通。家庭网络是集家庭控制网络和多媒体信息网络于一体的家庭信息化平台，是在家庭范围内实现信息设备、通信设备、娱乐设备、家用电器、自动化设备、照明设备、保安（监控）装置、水电气热表、家庭求助报警等设备互连和管理，以及数据和多媒体信息共享的系统，其涉及电信、家电、IT 等行业。

我国已经颁布的 6 项家庭网络标准分别覆盖了家庭网络的体系结构、家庭主网通信协议、家庭子网通信协议、家庭设备描述规范、一致性测试规范等。这 6 项标准分别为 SJ/T 11312—2005《家庭主网通信协议规范》、SJ/T 11313—2005《家庭主网接口一致性测试规范》、SJ/T 11314—2005《家庭控制子网通信协议规范》、SJ/T 11315—2005《家庭控制子网接口一致性测试规范》、SJ/T 11316—2005《家庭网络系统体系结构及参考模型》和 SJ/T 11317—2005《家庭网络设备描述文件规范》。

要建立一个家庭网络系统，首先要确定家庭网络的组成部分，各个组成部分的相互关系、功能和作用，以及家庭网络应用和覆盖范围等。《家庭网络系统体系结构及参考模型》给出了家庭网络的标准体系框架和基础结构，是整个标准体系的基础。该标准将家庭网络系统分成家庭主网和家庭控制子网，家庭主网传输高速信息（包括音视频信息），要求带宽比较高，通信模块的成本相对较高；家庭控制子网传输低速信息（控制信息），要求带宽比较低，通信模块的成本相对较低。这样的体系结构符合家庭网络的应用需求。

1. 家庭网络的功能

家庭网络是一种混合型网络，一般分为 4 类，即高速局域主干网、控制子网现场总线、视频线和电话线。

家庭网络通过其核心设备——家庭智能终端来实现系统信息的采集、输入、逻辑处理、输出、联动控制等，提供家庭智能化功能，具体如下。

（1）家庭安防监控功能。这是智能家庭功能的首要组成部分。例如，当家庭智能终端处于布防状态时，红外探头探测到家中有人走动就会自动报警，通过蜂鸣器和语音实现本地报警；同时，将报警信息报到物业管理中心，还可以自动拨打主人的手机或电话。

（2）可视对讲功能。通过集成与显示技术，在家庭智能终端上集成可视对讲功能，无须另外设置室内分机。

（3）家庭自动化功能。这包括家庭信息采集（如水、电、煤气计数，温度、空气指标信息采集）和家庭环境控制（空调、照明等设备的自动调节或远端控制）。

（4）网络家电。这是智能家庭集成系统的重要组成和支持部分，代表着家庭智能化的发展方向。通过统一的家电连网接口，将网络家电与家庭智能终端相连，组成网络家电系统，实现家用电器的远程监控、故障远程诊断等功能。

（5）家庭通信功能。这包括完善的普通电话和传真功能、Internet 浏览功能、E-mail 收发功能，以及可视电话、IP 电话和 IP 传真功能等，通过家庭智能终端和物业管理中心连网来对住户发布信息，住户可通过家庭智能终端的交互界面选择物业管理中心提供的各种服务。

（6）物业报修功能。通过家庭智能终端可以向物业管理中心申请维修、预订等指定社区服务。完整配置的家庭网络在初期可以作为社区公共服务站，为社区居民提供公共服务。

（7）家庭电子商务信息共享功能。这包括股票信息及交易、网上付费、网上购物、共享 Internet 访问、共享微机外设、共享文件和应用等。

2. 家庭网络的系统结构

家庭网络是家庭信息基础设施的组成部分，家庭网络的系统结构如图 8-5 所示，其中包括高速 A/V 网络、数据通信网络和低速控制网络。高速 A/V 网络主要负责处理软件、声音及影像数据和静止图像等多媒体信息；数据通信网络主要负责将信息从家中传向外界，以及家庭内部的信息控制；低速控制网络主要负责居住环境的控制，支持用户在室内外对家电进行监视和控制，以确保降低能源消耗、安全和其他功能的实现。三种网络通过一个网关互连，该网关同时也是整个网络的控制配置主节点，每一子网可以使用不同的物理媒体和通信协议，网关节点兼容所有的通信协议，不同子网的设备可以交互通信，从而实现家庭的网络化智能控制。家庭网络的总体框图如图 8-6 所示。

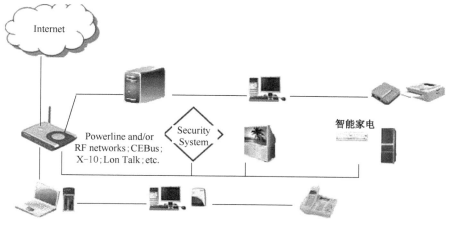

图 8-5　家庭网络的系统结构

图 8-6　家庭网络的总体框图

8.3　智能物流

8.3.1　智能物流的定义

智能物流就是将条码、射频识别技术、传感器、全球定位系统等先进的物联网技术，通过信息处理和网络通信技术平台广泛应用于物流业的运输、仓储、配送、包装、装卸等基本活动环节，使物流系统能模仿人的智能，具有思维、感知、学习、推理判断和自行解决物流中某些问题的能力，实现货物运输过程的自动化运作和高效率优化管理，提高物流行业的服务水平，降低成本，减少自然资源和社会资源消耗。智能物流在实施的过程中强调的是物流过程数据智慧化、网络协同化和决策智慧化，以物流管理为核心，实现物流过程中运输、存储、包装、装卸等环节的一体化和智能物流系统的层次化。智能物流在功能上要实现 6 个"正确",即正确的货物、正确的数量、正确的地点、正确的质量、正确的时间、正确的价格,在技术上要实现物品识别、地点跟踪、物品溯源、物品监控、实时响应。智能物流系统的 4 个智能机理是信息的智能获取技术、智能传递技术、智能处理技术、智能运用技术。

8.3.2 智能物流的特点

1. 智能化

智能化是物流发展的必然趋势,是智能物流的典型特征,它贯穿于物流活动的全过程,随着人工智能技术、自动化技术、信息技术的发展,物流的智能化程度将不断提高。它不再仅限于库存水平的确定、运输道路的选择、自动跟踪的控制、自动分拣的运行、物流配送中心的管理等问题,而是不断地被赋予新的内容。

2. 柔性化

柔性化本来是为实现"以顾客为中心"的理念而在生产领域提出的,即真正地根据消费者需求的变化来灵活调节生产工艺。物流的发展也是如此,必须按照客户的需要提供高度可靠的、特殊的、额外的服务,"以顾客为中心"的服务内容将不断增多,服务的重要性也将越来越大,如果没有智能物流系统,柔性化的目的是不可能达到的。

3. 一体化

智能物流活动既包括企业内部生产过程中的全部物流活动,也包括企业与企业、企业与个人之间的全部物流活动。智能物流的一体化是指智能物流活动的整体化和系统化,即以智能物流管理为核心,将物流过程中运输、存储、包装、装卸等诸多环节集合成一体化系统,以最低的成本向客户提供最满意的物流服务。

4. 层次化

智能物流是一个体系,按照服务对象和服务范围可以分为企业智能物流、行业智能物流、国家智能物流三个层次。国家智能物流建设的重点是加强统筹规划,立足协调整合,注重重点突破。行业智能物流建设的基本任务是调整产业结构,实现行业的全面转变,加强行业内分工,充分发挥专长和比较优势,通过示范带头、优势互补等机制实现行业的快速发展,谋求产业联动发展模式,实现行业的持续发展。企业智能物流的建设表现为物流企业通过推广信息技术、智能技术和物联网技术,引入相关管理理念,发展企业智能物流。三个层面在智能物流的发展中扮演不同的角色,这样就形成了一个找位、定位、到位的自上而下的"三位一体"发展模式。

5. 社会化

随着物流设施的国际化、物流技术的全球化和物流服务的全面化,物流活动并不仅仅局限于一个企业、一个地区或一个国家。为实现货物在国际间的流动和交换,以促进区域经济的发展和世界资源优化配置,一个社会化的智能物流体系正在逐渐形成。构建智能物流体系对于降低商品流通成本将起到决定性的作用,并成为智能型社会发展的基础。

8.3.3 智能物流的关键技术

智能物流的关键技术主要是数据仓库与数据挖掘技术、自动识别技术、人工智能技术、GIS 技术等。

1. 数据仓库与数据挖掘技术

数据仓库出现在 20 世纪 80 年代中期，它是一个面向主题的、集成的、非易失的、时变的数据集合，目标是把来源不同、结构相异的数据经加工后在数据仓库中存储、提取和维护，它支持全面、大量的复杂数据的分析处理和高层次的决策支持。数据挖掘是从大量不完全的、有噪声的、模糊的、随机的实际应用数据中挖掘出隐含的、未知的、对决策有潜在价值的知识和规则的过程。数据仓库使用户拥有任意提取数据的自由而不干扰业务数据库的正常运行。数据挖掘一般分为描述型数据挖掘和预测型数据挖掘两种。描述型数据挖掘包括数据总结、聚类及关联分析等，预测型数据挖掘包括分类、回归及时间序列分析等。其目的是通过对数据的统计、分析、综合、归纳和推理，揭示事件间的相互关系，预测未来的发展趋势，为企业的决策者提供决策依据。

2. 自动识别技术

自动识别技术是以计算机、激光、机械、电子、通信等技术的发展为基础的一种高度自动化的数据采集技术。它通过应用一定的识别装置自动地获取被识别物体的相关信息，并提供给后台的处理系统来完成相关后续处理。它能够帮助人们快速而又准确地进行海量数据的自动采集和输入，在运输、仓储、配送等方面已得到广泛应用。经过近 30 年的发展，自动识别技术已经成为由条码识别技术、智能卡识别技术、光字符识别技术、射频识别技术、生物识别技术等组成的综合技术，并正在向集成应用的方向发展。

3. 人工智能技术

人工智能是探索研究用各种机器模拟人类智能的途径，使人类的智能得以物化与延伸的一门学科。它借鉴仿生学思想，用数学语言抽象描述知识，用以模仿生物体系和人类的智能机制，主要的方法有神经网络、进化计算和粒度计算三种。

4. GIS 技术

GIS 是打造智能物流的关键技术与工具，使用 GIS 可以构建一张图，将订单信息、网点信息、送货信息、车辆信息、客户信息等数据都放在这张图中进行管理，实现快速智能分单、网点合理布局、送货路线合理规划、包裹监控与管理。GIS 技术可以帮助物流企业实现基于地图的服务，具体包括以下几方面。

（1）网点标注。将物流企业的网点及网点信息（如地址、电话、提送货等信息）标注到地图上，便于用户和企业管理者快速查询。

（2）片区划分。从地理空间的角度管理大数据，为物流业务系统提供业务区划管理基础服务，如划分物流分单责任区等，并与网点进行关联。

（3）快速分单。使用 GIS 地址匹配技术，搜索定位区划单元，将地址快速分派到区域及网点，并根据该物流区划单元的属性找到责任人，以实现"最后一公里"配送。

（4）车辆监控管理系统。从货物出库到到达客户手中全程监控，减少货物丢失；合理调度车辆，提高车辆利用率；各种报警设置，保证货物、司机、车辆安全，节省企业资源。

（5）物流配送路线规划辅助系统。用于辅助物流配送规划，合理规划路线，保证货物快速到达，节省企业资源，提高用户满意度。

（6）数据统计与服务。将物流企业的数据信息在地图上可视化直观显示，通过科学的业务模型、GIS 专业算法和空间挖掘分析，洞察通过其他方式无法了解的趋势和内在关系，为企业的各种商业行为，如制定市场营销策略、规划物流路线、合理选址分析、分析预测发展趋势等构建良好的基础，使商业决策系统更加智能和精准，从而帮助物流企业获取更大的市场契机。

8.3.4　智能物流应用

1．EPC

一件商品在物流过程中，首先要解决身份标识问题，新的 IPv6 协议理论上可以给地球上每一颗尘埃一个 IP 地址。既然下一代物联网的信息平台核心网络是互联网，那么物联网中的每一个物体成员的身份是否也可以像 IP 地址那样建立统一的数据格式、完整的解析架构、全面的覆盖地域呢？这个看上去"造福全人类"而实际上牵扯巨大商业利益的工作让很多学者和组织趋之若鹜，孜孜以求。其中最著名的组织是 EPC Global，它定义并大力推广的电子产品码（Electronic Product Code，EPC）是物联网中有代表性的自动标识系统。另一个是 ISO 及其标准系列 ISO l8000。

EPC Global 的想法很宏伟，他们打算构建物流系统中的"互联网地址系统"。简单地说，如果物流系统中所有的物体或电子设备都互联互通，每个物体或电子设备都是一个节点，每一个节点有一个独立的标识，同时它们之间的信息交互采用统一的格式，那么不管在世界的哪个角落，任何公司都可以读取任何物体的标识，并可以解读或获取其中包含的信息。物体标识和信息的载体则是 RFID 标签、传感器等低成本或嵌入式设备。这样，每一件产品就可以在全球范围内被识别、定位、追踪。这种方式将把整个物流领域连成一个大网，称之为"EPC 物联网"。EPC Global 的梦想是所有的物流企业都加入这个网络，并使用统一的格式交互信息。有了这个网络，全球的物流企业就有了一种有效手段将物品流和信息流结合起来，并能实现全球化电子物流的"大同世界"。

2．物资可视化系统

作为全世界最庞大的军事力量，美军一直不遗余力地进行后勤建设。当海湾战争爆发时，美军发现，虽然美军的后勤保障水平已经独步全球，但要支撑现代化战争还是显得捉襟见肘。美军后勤部门在海湾战争中运输了堆积如山的装备，但物资的管理一直是一个大问题，在缺乏有效、准确管理的情况下，由于货运单遗失或损坏，不得不打开 75%的集装箱以了解其中存放的物品，许多补给物资甚至要重新订货。另外，很多物资堆放地因没有提供良好的管理系统和服务，不能发挥效用而被遗弃。美军迫切需要一种可以追踪运输物资的有效后勤管理技术，即在运物资可视化（In-transit Asset Visibility）技术。这种可视化技术对实现后勤系统的有效管理十分重要。首先，它可以较准确地确定物资的位置，减少货物堆积，保证货柜或集装箱能安全及时地送到用户手中，避免重复供应和浪费，提高后勤供应的效率和精度。另外，物资可视化技术可以帮助指挥员进行战役决策，准确把握战争的态势。不光在战时，和平状态下的物资可视化系统也有利于军队物资的合理供应，为后勤物资的采购和配给提供合理管理。美国国防部经过仔细筛选，最终确定了以 RFID 技术为主的物资可视化体系建设思路，并从海湾战争开始大力建造以 RFID 技术为主的联合全资产可视化（Joint Total Asset Visibility，JTAV）系统。目前这个系统已经在全球部署，美军正利用这个系统进行现代化的军事后勤管理。

JTAV 系统是世界上最大的 RFID 网络。它可以在 40 个国家的 400 个地点读取 RFID 信息，包括港口、军事基地及世界各地的铁路码头。JTAV 可以跟踪 27 万个货物集装箱，甚至可以通过卫星实时定位集装箱所在的船只。RFID 标签每小时都报告它们的信息，同时 JTAV 也对它们进行追踪。

1996 年，美国审计总署为美国国会提供的一份调查表明，如果美国国防部在沙漠风暴行动中使用基于 RFID 的 JTAV 系统，将会节省 20 亿美元的费用。在 1990 年的海湾战争中，美军后勤系统为了保障前线的需要，运送了天文数字的物资，但其中也有大量资源浪费在没有发挥效用的装备上。而目前对 JTAV 系统的投资额只有 2 亿美元。

JTAV 系统的一个主要特点是全球化的读写识别设备部署架构（Global Interrogator Infrastructure）。这个概念的新颖之处在于，以美国为首的北约成员之间不用担心国别和地域的不同，可以使用任何组织内部成员的 RFID 读写设备对标签进行有效识别，并能把标签中存储的数据传递给标签所有者，这将极大地节省时间和资源。

3. 食品物流

食品的供应关系到老百姓的健康，与千家万户息息相关。不同于一般的物流应用，食品物流特别是鲜活食品物流有其特殊性。一般来说，生鲜易腐农产品，如蔬菜、水果、肉类、水产品等，应在生产、储藏、运输、销售等流通过程中低温保存，最大限度地保持食品原有的新鲜程度、色泽、风味及营养。这种在特定低温条件下的物流模式，称为冷链（Cold Chain）物流。另外一种特殊的食品物流，是活体物流。这种物流主要面向家禽、家畜及水产品等。除了在途安全之外，食品物流还要求建立一套严格的安全回溯机制，即一旦发现问题，可以通过可溯源性信息的支持，对问题食品追查到底，保障食品安全，建立"从田间到餐桌"的一整套体系。

物联设备在食品物流中扮演着重要的角色。首先，物联设备的使用满足了食品物流中识别和跟踪的初步需要。传感器可以收集食品物流中需要监测的各种参数，对物流设备或运输工具进行监控。条码和 RFID 标签可以用于对各种货物进行跟踪，并为食品溯源提供记录和证据。2010 年，全聚德烤鸭店也搭上了信息化的快车，每只烤鸭都被赋予一个唯一的编号，并贴有可以追踪溯源的条码。食品安全系统会对每只鸭子的产地、养殖过程、所吃饲料、生长环境、是否打过防疫针、是在哪个店售出的等原始信息进行详细记录。这些记录与条码绑定，提供公开查询。例如，顾客用餐之后，店家会赠送一张包含条码的精美明信片，其上有烤鸭的编号。顾客可以通过电话、短信、网站等方式将这只鸭子的整个历史追溯出来。顾客可以知道自己吃的鸭子来自哪个养殖场，由哪家供应商收购，最后由哪位厨师烹制。一旦在某个环节出现质量问题，就可根据原始记录准确查询到相关责任人。这样一来，食品安全追溯就变得准确而方便。同样的例子还有输港食品。目前每只输入我国香港地区的活猪都会被植入一个包含 RFID 标签的电子耳标。养猪场将活猪的饲养、免疫、转栏等养殖信息录入计算机系统中，通过电子耳标可以查阅活猪的饲养历史。这个系统最重要的作用就是快速报关。在出口报关及检验检疫过程中，工作人员通过识读电子耳标调出每只活猪的生长档案并辅助检疫，极大地提高了边境口岸及检疫部门的工作效率。这个系统还具有跨地域的特点，不但活猪的生长及运输过程可以全程监控，在香港口岸、屠房等环节也可以利用电子耳标实现自动查验，显著提高了查验效率及准确性。

8.4 智慧医疗

8.4.1 智慧医疗概述

智慧医疗（Smart Healthcare）源自 IBM 的"智慧地球"（Smart Planet）战略。2009 年 1 月 28 日，美国工商业领袖举行了一次圆桌会议，美国总统奥巴马受邀出席该活动。席间 IBM 首席执行官彭明盛向奥巴马提出了"智慧地球"战略。该战略的大致内容为：将感应器嵌入和装备到电网、铁路、建筑、大坝、油气管道等各种物体中，形成物物相连，然后通过超级计算机和云计算将其整合，实现人类社会与物理世界的融合。同年 2 月，IBM 有针对性地提出了"智慧地球"在中国的六大推广领域，即智慧城市、智慧医疗、智慧交通、智慧电力、智慧供应链和智慧银行。IBM 倡导的智慧医疗是面向医疗、护理、康复、养老等多个方面的大健康体系，包括以患者为中心的医院诊疗服务系统和管理系统的智能化，以居民电子健康档案为核心的区域医疗服务系统的信息标准化和互联互通，面向居家养老、社区养老、机构养老，突出"医"和"养"相融合的养老服务智能化系统。IBM 提出智慧医疗理念后，很快得到了广泛认可，美国、韩国、日本、阿联酋等国家和地区纷纷推出与智慧医疗相关的规划。以我国为例，北京市建立了覆盖急救指挥中心、急救车辆、医护人员及接诊医院的全方位、立体化智慧急救医疗协同平台，上海市制定了覆盖医疗保险、公共卫生、医疗服务、药品保障的智慧医疗蓝图，杭州市出台了包括网络、数据中心、信息平台、业务应用平台的智慧医疗建设方案。

智慧医疗是一门新兴学科，也是一门交叉学科，融合了生命科学和信息技术。智慧医疗的关键技术是现代医学和通信技术的重要组成部分。目前智慧医疗尚无非常明确的定义，从不同的角度出发，专家学者们对于智慧医疗都有各自不同的见解。有些专家学者认为，智慧医疗是以医疗信息化为基础，借助物联网和传感器技术，通过传感设备进行患者的身份管理，形成医院信息系统中的患者索引，在此基础上按照业务逻辑和网络协议，进行信息的交换和通信，以实现智能化识别、定位、跟踪、监控和管理。也有些专家学者认为，智慧医疗是以医疗云数据中心为核心，以电子病历、电子健康档案和医疗物联网为基础，综合应用物联网、数据融合传输交换、移动计算和云计算等技术，跨越原有医疗系统的时空限制，构建医疗卫生服务和管理最优化的医疗体系。还有些专家学者认为，智慧医疗是以医疗数据中心为基础，以电子健康档案为中心的区域医疗信息平台，以自动化、信息化、智能化为表现，综合物联网应用、射频技术、无线传感技术、云计算技术等，构建便捷化的医疗服务体系、人性化的健康管理体系、专业化的业务应用体系、科学化的监督管理体系、规范化的信息标准和安全体系，实现患者与医务人员、医疗机构、医疗设备之间的互动，使得医疗服务更加便捷可及、健康管理更加全面及时、医疗工作更加高效优质、监管决策更加科学合理，使整个医疗生态圈的每一个群体均可从中受益。

8.4.2　智慧医疗组成部分

智慧医疗由三部分组成，分别为智慧医院系统、区域医疗信息平台系统及家庭健康系统。

1. 智慧医院系统

智慧医院系统（图 8-7）主要指在医院内部开展的智能化业务，一方面有方便患者的智能化服务，如患者无线定位、患者智能输液、智能导医等；另一方面有方便医护人员的智能化服务，如医生所持智能终端、移动护士站、医用终端、视频监控、一卡通、无线巡更、手术示教、护理呼叫等。此外，医院之间的远程会诊也是智慧医疗业务的重要组成部分，包括远程图像传输、海量数据计算处理等技术在数字医院建设过程中的应用。

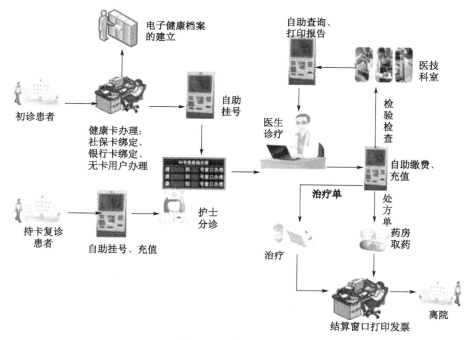

图 8-7　智慧医院系统

2. 区域医疗信息平台系统

区域医疗信息平台系统是连接区域内的医疗、卫生机构基本业务信息系统的数据交换和共享平台，是不同系统间进行信息整合的基础和载体，包括收集、处理、传输社区、医院、医疗科研机构、卫生监管部门记录的所有信息的区域卫生信息平台。图 8-8 展示的是基于电子健康档案的区域卫生信息平台基本架构。通过该平台，将实现以电子健康档案为中心的妇幼保健、疾控、医疗服务等各系统信息的协同和共享，旨在运用尖端的科学和计算机技术，帮助医疗单位及其他有关组织开展疾病危险度的评价，制定以个人为基础的危险因素干预计划，减少医疗费用支出，建立预防和控制疾病发生和发展的电子健康档案。从业务角度看，该平台可支撑多种业务，而非仅服务于特定应用层面。

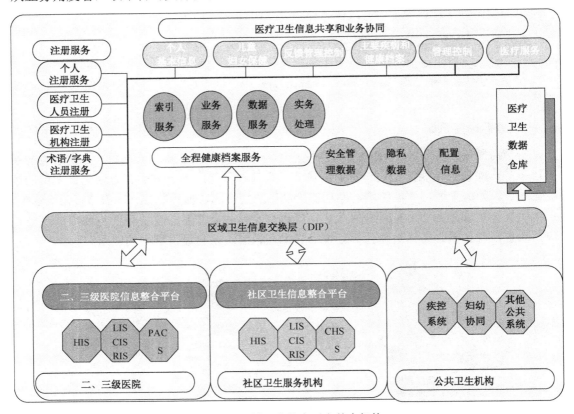

图 8-8　区域卫生信息平台基本架构

3．家庭健康系统

家庭健康系统是最贴近老百姓的健康保障系统，直接针对个人用户或家庭类用户，主要实现方式为通过手机、家庭网关或专用的通信设备，将用户使用各种健康监护仪器采集到的体征信息实时或准实时传输至中心监护平台，用户还可与专业医师团队进行互动、交流，获取专业健康指导。其中包括针对因行动不便而无法送往医院进行救治的病患的视讯医疗，对慢性病及老幼病患的远程照护，对残疾、传染病等特殊人群的健康监测，还包括自动提示用药时间、服用禁忌、剩余药量等的智能服药系统。实现形式多种多样，可结合区域医疗服务信息化平台，开展全民建档及电子健康档案信息更新；还可与应急指挥联动平台结合，根据定制化手机或定位网关提供一键呼、预报警等功能。

健康监护业务依据应用环境不同可分为家庭健康监护业务、个人健康监护业务和车载急救监护业务三类，各环境对平台、网络及终端的关键技术、实现形式均有不同需求。图 8-9 展现了个人健康监护业务架构，其中涵盖健康监护终端、数据传送网关、信息展现平台等终端实现环节。

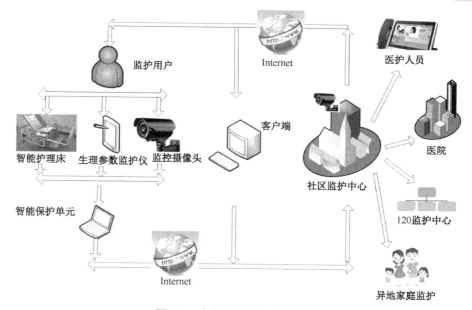

图 8-9　个人健康监护业务架构

8.4.3　智慧医疗应用

1. 杭州的"1134"区域健康信息管理服务平台

杭州市以"智慧医疗"建设为契机，建设了以"一平台一项目三应用四业务"为核心的"1134"区域健康信息管理服务平台，并利用先进的物联网技术，对传统诊疗、管理流程进行再造，构建了联合门诊、检验、远程心电、消毒、影像"五大中心"。同时，全面推行"检验通、转诊通、预约通、自助通、掌上通"的"五通"服务，将"智慧医疗"服务延伸拓展到全部社区卫生服务中心站，打造了一个"智慧医疗"的基层实践样本，实现了患者与医务人员、医疗机构、医疗设备之间的良性互动。

"一平台"是区域卫生数据交换平台——健康管理服务信息平台；"一项目"是分级医疗服务深化与杭师大附属医院的区域双向转诊信息系统项目，完成"四预约一共享二会诊"；"三应用"分别是免疫规划管理信息应用、药品管理与合理用药管理应用、数字电视在居家医疗中的应用；"四业务" 分别是综合叫号、移动输液、自助取单和自助挂号信息化服务系统。

2. 浙江大学医学院附属第一医院的"掌上浙一"

"掌上浙一"是浙江大学医学院附属第一医院（浙大一院）为简化传统就医流程而开发的手机应用，也是国内首个在手机上实现"先诊疗后付费"的智慧医疗应用。其依托医院信息化建设，将服务的触角延伸到院内、院外与患者相关的几乎每一个角落，能较大程度地简化就医流程，为实现高效、便捷、优质、低费用的医疗服务创造环境。它是专门针对到浙江大学医学院附属第一医院就诊的患者设计的。

平台服务涵盖手机智能分诊、手机挂号、门诊叫号查询、取报告单、化验单解读、在线医生咨询、医院医生查询、医院周边商户查询、医院地理位置导航、院内科室导航、疾病查询、药物使用、急救流程指导、健康资讯播报等，实现了从身体不适到完成治疗的"一站式"信息服务。

3. 宁波市第一医院的"移动医院"

宁波市第一医院的"移动医院"不仅将医院导航、自助挂号、化验结果查询等全部移植到了手机软件中，还新增了智能导诊、健康档案、健康百科、健康课堂等新功能。移动医疗的出现让每一个患者都可以通过手机应用查看个人在医院的历史预约和就诊记录，包括门诊和住院病历、用药历史、治疗情况、相关费用、检查单和检验单图文报告、在线问诊记录等，患者不仅可以及时自查健康状况，还可通过 24 小时在线医生进行咨询，在一定程度上培养了患者"身体不适自查，小病先问诊，大病去医院"的正确就医态度。该应用还包括就诊时间提醒、检查排队助手、用药提醒、出院复诊提醒等全程关怀短信服务，从而为广大市民提供覆盖诊前、诊中、诊后的全方位智能服务。

4. 丁香园用药助手

随着智能手机和平板电脑的不断发展，医疗类应用层出不穷，丁香园用药助手就是其中之一。该应用提供出自权威医学字典的药物库、疾病库、症状库查询，临床病例分析，以及医学期刊的在线阅读和下载等，为医务工作者带来了极大的便利。丁香园用药助手收录了数千种药品的说明书，可通过商品名、通用名、疾病名称、形状等迅速找到药品说明书内容。

8.5 智慧农业

8.5.1 智慧农业概述

智慧农业是农业生产的高级阶段，它集新兴的互联网、移动互联网、云计算和物联网技术，视频技术，无线通信技术，以及专家知识与智慧等于一体，依托部署在农业生产现场的各种传感节点（环境温湿度、土壤水分、二氧化碳、图像等）和无线通信网络，实现农业生产环境的智能感知、智能预警、智能决策、智能分析、专家在线指导，为农业生产提供精准化种植、可视化管理、智能化决策。智慧农业是一个有机的整体系统，而不像传统农业往往只关注信息技术在农业的局部领域和单一项目中的应用。在这个整体系统中，信息技术得到全面应用和整合协调，从而实现农业系统发展升级的整体目标。

1. 智慧农业的内容

智慧农业包括智慧生产、智慧流通、智慧销售、智慧社区、智慧组织及智慧管理等环节。智慧农业结构框架如图 8-10 所示。

智慧生产包括面向种植、养殖生产作业环节构建的可改进农业生产工艺的系统平台等。例如，采用物联网技术，构建集环境生理监控、作物模型分析和精准调节于一体的农业生产自动化系统；在一些农垦垦区、现代农业产业园、大型农场等单位，应用有农业测土配方、茬口作业计划、农场资产管理和财务管理的生产作业计划系统。

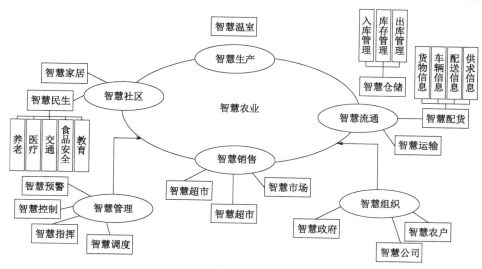

图 8-10　智慧农业结构框架

2. 智慧农业的相关技术

1）物联网技术

通过各种无线传感器实时采集农业生产现场的温湿度、光照、CO_2 浓度等参数，利用视频监控设备获取农作物的生长状况等信息，远程监控农业生产环境，同时将采集的参数和获取的信息进行数字化转换和汇总后，经传输网络实时上传到智能管理系统中，系统按照农作物生长的各项指标要求，精确地遥控农业设施自动开启或者关闭（如远程控制节水浇灌、节能增氧等），实现智能化的农业生产。利用 RFID、条码等识别技术，搭建农产品安全溯源系统，实现农产品全流程安全溯源，促进农产品的品牌建设，提升农产品的附加值。组建无线传感器网络，开发智能农业应用系统，对空气、土壤、作物生长状态等数据进行实时采集和分析，系统规划农业产业园分布，合理选配农作物品种，进行在线疾病识别和治理，科学指导生态轮作。

2）云计算技术

云计算作为传统计算技术和网络技术融合发展的产物，具有资源配置动态化、需求服务自助化、资源池化与透明化等特点。云计算具有集约化建设、按需动态分配资源等优势，在农业发展中更适合应用于集约化建设农业共性技术支撑平台。目前，南京、安徽等部分地区所建设的多级平台系统中，农业企业级需要存储和处理农作物养殖和种植数据、农作物生产加工数据、农作物仓储物流流通数据、农作物销售管理数据，以及基于数据的监管主题数据、报表中间数据、报表结果数据、应用细节数据等。系统对数据进行分类、加密等处理，同时按照一定的规则实现对于云端和终端数据的动态存储与管理。地县级农业管理部门需要存储和处理农业 "四情" 监管数据，以及对企业级各环节的监管数据、报表数据等。系统对这些数据的处理和企业级的数据处理一样，进行分类与加密，部分存储在云中心，部分存储在县级农业部门终端或者设备中。县级平台可以从农业企业访问数据，可以提供数据给省级云计算中心平台。省级农业部门作为云数据中心，处理来源于企业级、地县级的数据，存储和处理如气象数据、灾情预测诊断及应急反应、农业资源的评估与管理、作物长势预测与估产等数据。

3）大数据技术

大数据技术应用突破了传统技术对于结构化数据管理的限制，继承了统计学的优点，对于数量巨大的数据做统计性的搜索、比较、聚类和分类归纳分析，更多地关注数据与业务间的关联关系，关注多媒体海量、复杂数据的挖掘分析和历史相关数据的比较分析。大数据技术在农业中将发挥较大作用，基于当地多年的气象信息、作物与土壤信息、管理信息、市场流通与消费等信息，经过数据统计、案例对比和模式判别等，可以提供更加智慧的各类农业服务。通过利用农业资源管理数据，如土地资源、水资源、农业生物资源、生产资料等数据，解决我国农业资源紧缺、生态环境与生物多样性退化等问题。在摸清家底的基础上，实现农业高产优质、节能高效地可持续发展。通过利用农业生态环境管理数据，如土壤、大气、水质、气象、污染、灾害等数据，建立数据模型、业务模型，对农业生态环境进行全面监测、精准管理。通过利用农产品与食品安全管理数据，如产地环境、产业链管理、产前产中产后、储藏加工、市场流通领域、物流、供应链与溯源系统等的数据，推动解决农产品和食品安全问题，保障诚实守信农户的切身利益。通过利用农业装备与设施监控数据，如设备和实施工况监控、远程诊断、服务调度等数据，解决农业基础设施的智能化问题。在上述应用中，关键是农业环境与资源、农业生产过程、农业产品安全、农业市场和消费的监测和预测等。

4）ZigBee技术

ZigBee技术是基于小型无线网络开发的一种新兴的无线通信技术。ZigBee技术具有低功耗、低成本、操作简单、低速率等特点，很适宜在农业温室大棚监控领域进行使用。ZigBee无线传感器节点配合专用传感器，在温室大棚中进行实时数据采集，然后利用其自主性组网、分布式监测等特点，将这些数据传送到监控中心，实时反馈温室大棚中的环境参数，从而实现数据的实时获取。将这些数据与农作物生长的最佳环境条件进行比较，进而通过远程无线网络和ZigBee近程无线网络，利用ZigBee控制节点控制温室大棚内如卷膜、水泵、风机、遮阳网等设备的打开或关闭，协调控制温室大棚内的环境参数，为农作物的生长提供最佳的温度、湿度、光照、通风和水分等，从而提高农作物的产量和质量。

5）3S技术

3S技术是将遥感（RS）、地理信息系统（GIS）、全球定位系统（GPS）有机结合，构成的一体化信息获取、处理、应用的技术系统。在3S技术中，RS是GIS的一个重要数据源和强有力的数据更新手段；GIS作为一种空间数据管理、分析的有效技术，可以为RS提供各种有用的辅助信息和分析手段；而GPS则为RS、GIS中处理的空间数据获得准确的空间坐标提供手段，并且可以作为一个数据源为GIS提供相关数据。三者已发展成为不可分割的整体，相互渗透，相互补充。3S技术真正将农业空间信息的精确采集和利用变成了现实。国内有学者分别构建和应用了基于RS的农业资源信息感知、基于GIS的农业资源信息智能管理与决策、RS-GIS集成的农业资源动态监测，以及GPS-GIS集成的土壤理化性状信息感知模式，为3S技术在智慧农业信息感知和智能化处理方面的应用提供了参考。还有学者将3S技术应用于作物估产、长势检测、气象和病虫害预报、精细施肥、灌溉等方面，达到了精准施肥、精确灌溉、节肥节水、智能决策等目的，对推动3S技术在智慧农业中的应用具有重要的理论和现实意义。

3. 智慧农业的作用

智慧农业能有效改善农业生态环境。智慧农业将耕地、水产养殖基地、畜牧养殖场等农业生产单位和周边相关单位及周边的生态环境看成一个完整系统，并可运用大数据、云计算、物联网等技术手段对农业生产的物质交换和能量循环过程进行精准测算，从而可在最大范围内监控农业生产的环保程度，保护农业生态环境，如在物联网控制下农田可实现精准定量施肥，从而解决土壤板结，而且经处理排放的畜禽粪便不会造成水和大气污染，反而能培肥地力等。

智慧农业能显著提高农业生产率和经营效率。智慧农业利用云计算、数据挖掘等信息技术，可对农业生产过程进行多层次分析管理，并将分析指令与各种控制设备进行联动，利用农业传感器等高科技农业设备对生产流程进行精准实时监测，进而完成生产指挥和联动控制，实现对农业生产的智能化管理。这种人工智能可代替人的农业劳作，不仅能解决农业劳动力日益紧缺的问题，而且能大大提高农业生产的智能化、集约化、规模化、工厂化程度，并可显著增强农业的抗灾减灾能力，从而加快弱势传统农业向高效率新型现代产业转型。

智慧农业能改变农业生产者和消费者的观念，重构农业组织体系结构。农业从业人员通过完善的农业科技和电子商务平台及农业信息服务系统，可以足不出户，远程接收各种科技知识和农产品供求信息，并可在线学习农业知识和技能。专家系统和信息化终端可为农业生产和经营活动提供有效的实时指导，这就彻底改变了以往依靠经验进行农业生产经营的方式，传统生产模式和思维观念将发生颠覆性的改变。此外，智慧农业促使农业生产实行规模化和集约化经营，较高的生产效率必然会对小农生产产生挤出效应，从而形成以农业协会、农业合作社等为主体的大规模农业组织体系。

8.5.2 农业物联网

农业物联网就是物联网技术在农业领域的综合应用。运用物联网技术可以为温室精准调控提供科学依据，达到增产、改善品质、调节生长周期、提高经济效益的目的；还可对畜禽水产养殖、大田种植、设施园艺、农机管理等领域的各种农业要素进行数字化改造，从而实现对农业要素的实时监测、远程控制、查询、警告、可靠传输、综合处理和反馈控制。以物联网技术助力"传统农业"向"现代农业"转变，发展农业物联网，对建设都市现代农业、提升农业综合生产经营能力、保障农产品有效供给、建立农产品质量追溯体系等都具有十分重要的意义。在传统农业中，主要通过人工的方式获取信息，需要大量人力，且效率较低。在现代农业中，可以运用物联网系统中的温度传感器、湿度传感器、pH 值传感器、光照度传感器、CO_2 传感器等设备，实现农业环境、土壤信息的实时在线监测（如监测环境温度、湿度、光照强度、风力、降雨量、土壤养分与墒情、pH 值、CO_2 浓度等），进行科学预测，并且准确地确定发生问题的位置，帮助农民科学种植、提高效益，逐渐从以人力为中心、依赖于孤立机械的生产模式转向以信息和软件为中心的生产模式，大量使用各种自动化、智能化、远程控制的生产设备，从而实现农业生产的标准化、网络化、数字化，促进农业转型升级和农民增收。随着智慧农业的快速发展，传感器技术、嵌入式系统、移动互联网、大数据分析挖掘等技术在农业中的应用逐渐成为研究的发展方向。物联网在农业中的应用非常广泛，主要包括智能化生产管理控制、农产品质量安全、农业病虫害生物控制等多个方面。

相对于其他领域而言，农业动植物的生命特征、农业系统环境的开放性和复杂性，对物联网技术提出了更高的要求。农业物联网需要构建"感知—传输—决策—控制"的闭环，才能真正起到指导生产的作用。农业物联网一般包括三个层次，即感知层、传输层、应用层。感知层包括条码、传感器等设备，可以实现信息实时采集、动态感知和快速识别，感知层主要采集内容包括农田环境信息、土壤信息、植物养分及生理信息等；传输层可以实现远距离无线传输所采集的数据信息，主要完成大规模农田信息的传输；应用层通过数据处理，结合农业自动化设备，可以实现农业生产智能化与信息化管理，达到农业生产中节省资源、保护环境、提高产品品质及产量的目的。农业物联网的三个层次分别赋予了物联网全面感知信息、可靠传输数据、有效优化系统及智能处理信息等特征。农业物联网的整体架构如图 8-11 所示。

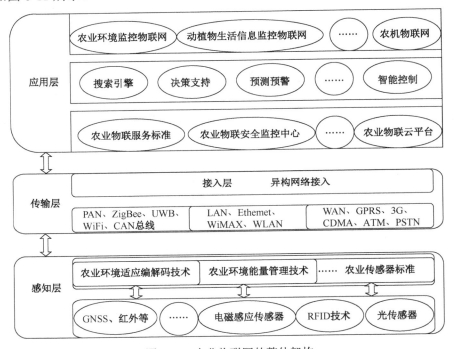

图 8-11　农业物联网的整体架构

1．感知层

感知层好比物联网的"皮肤"和"五官"，主要负责识别物体和采集信息。常见的感知设备有环境信息传感器、RFID 标签和读写器、气象数据监测器、摄像头、GPS 设备等。该层的主要任务是通过各种手段将现实世界农业生产等物理量，实时转化为虚拟世界可分析处理的数字信息。图 8-12 为农业物联网常用的传感器。

在农产品生产过程中，借助环境及土壤监测传感器、可视化视频数据，为农产品安全监管提供数据支撑。在加工流通环节，利用条码、二维码、RFID、传感器等设备，记录农业投入品、加工、包装及储运过程信息，实现农产品的标识追踪与分段追溯。

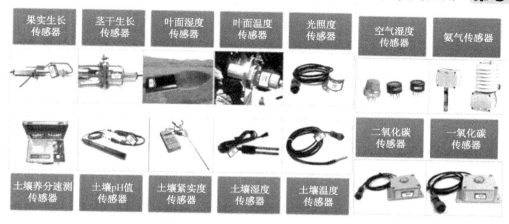

图 8-12　农业物联网常用的传感器

2．传输层

传输层是物联网的神经中枢，该层主要进行信息的传递，分为有线通信和无线通信，一般由通信网与互联网、有线电视网的融合网络，管理中心，信息处理中心等部分组成。在农业物联网中，要求传输层能够把感知层感知到的数据快速、可靠、安全地进行传送，它解决的是感知层所获得数据的传输问题。同时，传输层将承担比现有网络更大的数据量及面临更高的质量要求。目前，农业领域建设的网络尚不能满足物联网应用需求，必须充分融合扩展现有网络，并采用新的技术以实现广泛和高效的传输功能。WSN 是农业物联网中感知事物和传输数据的重要手段，好比物联网的"触角"和"神经"。利用 WSN 的自组网、低功耗、可扩展、低成本、低复杂性等特性，将智能传感器、环境监测仪器等设备的数据纳入无线网络，并将各种数据快速地传至中央服务器

3．应用层

应用层实现物联网技术与农业行业的深度融合。应用层主要是根据农业各行业的特点和需求，将物联网的技术优势与农业的生产经营、信息管理、组织调度结合起来，形成各类农业物联网解决方案，满足共性及个性化的应用需求。核心内容包括数据聚合、分析决策、应用服务三个方面。

1）数据聚合

对物联网感知层收集的海量数据进行分类和处理，构建云基础设施服务平台和云支撑平台。其中，云基础设施服务平台利用虚拟化技术，对系统中的计算资源、存储资源进行灵活的配置和统一的管理，提升资源的利用率，保证业务的连续性。云支撑平台以服务的模式向用户提供系统应用所需的相关基础应用模块、中间件和软硬件环境。主要采用模式识别、搜索引擎、数据分析、人工智能、数据挖掘等技术，为物联网应用提供大容量、高性能的决策判断和处理控制等功能。

2）分析决策

目前信息感知和传输取得了迅速的发展，但智能决策环节还相对薄弱，针对物联网开发的农业专家系统和决策支持系统很少。虽然物联网采集了海量数据，但是农业生产难以从中获得有助于提高管理水平和效率的决策支持。农作物品种繁多，气候、土壤等环境条件复杂多样，需要大量的农业专家系统和决策支持系统满足农业生产管理的需要。

同时开发这类系统要采用前人的研究成果并结合田间试验进行验证，非一朝一夕可以完成。建立符合物联网需求的农业生产管理决策模型，是一个漫长的过程，并且需要在服务生产的过程中根据决策的效果对模型进行改进，逐步实现农业生产管理的智能化和自动化。分析决策部分在整个农业物联网应用链条中属于核心部分，其发展程度直接影响物联网智能化程度。

3）应用服务

在统一的数据接口、安全管理和服务质量等标准规范下，建设或接入已有的农业物联网应用项目，以 IaaS、PaaS、SaaS 等为手段，以传统互联网或移动互联网为渠道，为用户提供低廉、稳定、高效的农业物联网应用。在此基础上，支持研发或接入第三方信息系统，快速部署和拓展农业物联网应用，从而提升物联网感知设备的利用率，完善相关产业链和商业模式。以上海为例，上海市农业委员会构建了上海农业物联网云平台（图 8-13），该平台聚合了基于农业物联网的应用服务，不仅可以为农业生产者、市民提供共性和个性化的信息服务，还能为政府监管等部门提供辅助分析决策。

图 8-13　上海农业物联网云平台

8.5.3　食品溯源

近年来，国内外食品安全重大事故频繁发生，对人类健康构成了巨大威胁。为保证食品安全，世界各国相继出台了一系列政策和措施，强调要"从农田到餐桌"全程关注食品安全，建立食品质量安全追溯制度。

食品溯源就是利用现代信息标识技术，通过对食品供应链全过程的每一个节点进行有效标识（包括种植和养殖、生产、流通、销售与餐饮服务等），对供应链中食品原料、加工、包装、贮藏、运输、销售等环节进行全程质量控制和顺向追踪（生产源头—消费终端）或者逆向回溯（消费终端—生产源头），将信息流与实物流系统地结合起来，一旦发现危害健康问题，可根据生产和销售全过程各个环节所记载的信息，追踪流向，采取食品召回或撤销上市等食品安全应急反应措施。该体系能够理清职责，明晰管理主体和被管理主体各自的责任，并能有效处置不符合安全标准的食品，从而保证食品质量安全。

1．国内外食品溯源现状

1）国外食品溯源现状

食品溯源制度是食品安全管理的一个重要手段。由于现代食品种养殖、生产等环节繁复，食品生产加工程序多、配料多，食品流通进销渠道复杂，食品生产、加工、包装、储运、销售等环节都可能引起食品安全问题，出现食品安全问题的概率大大增加。为了严格控制食品质量，发达国家的食品安全监管强调"从农田到餐桌"的全程有效控制，并且在全程监管的基础上实行食品溯源制度。发达国家利用先进的信息技术和完善的网络基础设施，建立了从源头产地到消费者餐桌的食品安全管控系统。全球已有 40 多个国家采用相关系统进行食品溯源，特别是英国、日本、法国、美国、澳大利亚等国家，均取得了显著成效。

2000 年起，英国农业联合会和全英 4 000 多家超市合作，建立了食品安全"一条龙"监控机制。目的是对上市销售的所有食品进行溯源，如消费者发现购买的食品存在问题，监管人员可以很快通过电脑记录查到来源。对于农产品，不仅可以查出源于哪家农场，甚至连使用的农药剂量都有据可查。

2002 年，日本在全国范围内推行肉食产业的食品安全溯源制度，民众可以直接通过商品包装查看商品从产地到经销商再到超市的详细信息。并且日本的消费者达成了一种共识，会把自己的图片和名字印刷在商品包装上的商品生产者更值得信赖，买这种产品更容易让人放心。

美国自 2006 年起在全国范围内推行食品安全溯源制度。通过一系列的举措，美国建立起了世界领先的食品安全溯源体系，使美国成为了世界上食品最安全的国家之一。美国的食品安全溯源体系的成功关键在于数据集中，针对性强。

欧盟的食品安全溯源主要针对畜类产品，牛肉的溯源是欧盟食品安全溯源的一个重大关注点。从牧场生产到市场流通的整个过程对牛肉进行溯源标识，并且对流通过程中的信息和检验报告进行记录，上游企业必须把信息和报告记录完整地提供给下游企业。欧盟的溯源系统通过法律框架向消费者明示产品标识信息，并且在信息管理中采用统一的中央数据库，在生产环节中建立有效的验证和注册体系。

2）国内食品溯源现状

我国关于食品溯源体系的研究始于 2002 年。2002 年，北京市首先建立了食品安全追溯制度。2004 年，上海市建立了"上海食用农副产品质量安全信息平台"，该平台通过条码技术和网络查询对农副产品的生产进行管理。2010 年，国务院食品安全委员会成立；同年国务院颁布的《进一步加强食品安全工作的决定》指出，要建立统一规范的食品质量安全标准体系，建立食品质量安全例行监测制度和食品质量安全追溯制度。2015 年，中国食品信息追溯大会在江苏南京召开，大会对贵州茅台集团进行了表彰。茅台集团率先对旗下酒类产品进行了全程追溯。茅台集团利用二维码对酒的溯源信息进行标记，扫码即可查看溯源信息。

与欧美发达国家相比，我国在食品安全立法方面明显落后，这和我国具体国情有关。随着问题食品事件的曝光，我国公民对我国的食品生产企业越来越没有耐心和信心。尤其是 "三鹿奶粉" 事件，几乎把国产奶粉企业推向了死亡的边缘。随着社交网络的发展，尤其是微博、微信对用户的快速渗透，类似于食品安全的个人健康安全问题能快速在整个网络空间传播。随着我国互联网的高速发展、信息化基础设施的完善，食品制造业和物流企业都逐步采用信息化技术改善自身的业务管理。在这样的大形势之下，我国食品安全追溯系统的建立迎来了契机，食品安全追溯系统的建立也顺应了公众的意愿和政府及有关部门的监管需求。

2. 食品溯源技术构成

1）RFID 技术

食品溯源利用 RFID 技术并依托网络技术及数据库技术，实现信息自动融合、查询、监控，为每一个生产阶段及从分销到最终消费领域的过程提供针对每件货品安全性、食品成分来源及库存控制的合理决策，实现食品安全预警机制。采用 RFID 技术，可对生产、加工、流通、消费各环节进行严格控制，将产品的流向记录在芯片中，由此建立一个基于完整产业链的食品安全控制体系，保证向社会提供优质的放心食品。

2）二维码技术

将食品的生产和物流信息加载在二维码里，就可以实现对食品追踪溯源，消费者只要用手机一扫，就能查询食品从生产到销售的所有流程。在青岛，肉类蔬菜二维码追溯体系已在利群集团投入使用，市民用手机扫描肉菜的二维码标签，即可了解肉菜的流通过程和食品安全信息。在武汉，中百仓储的蔬菜包装上除了单价、总量、总价等信息外，还贴有一个二维码标签，扫描后可以追溯蔬菜生产、流通环节的各种信息，如施了几次肥、打了几次农药、何时采摘、怎么运输等。

3）电子产品码（EPC）

EPC 的载体是 RFID 电子标签，并借助互联网来实现信息的传递。EPC 旨在为单件产品建立全球范围内开放的标识标准，实现全球范围内对单件产品的跟踪与追溯，从而有效提高供应链管理水平，降低物流成本。EPC 是一个完整、复杂的综合系统。食品溯源系统结合 EPC 技术，可将所有的流通环节（包括生产、运输、零售）统一起来，组成一个开放的、可查询的 EPC 物联网。

4）物流跟踪定位技术（GIS/GPS）

食品追溯必须贯穿食品生产、加工、流通和销售的全过程，这样才能形成一个基于完整产业链的食品安全控制体系，以保证向社会提供优质的放心食品。其中，物流运输环节对于食品安全来说异常重要。

GIS（地理信息系统）和 GPS（全球定位系统）技术的运用，正好解决了物流运输过程中准确跟踪和实时定位的难题。GIS 以地理空间数据为基础，采用地理模型分析方法，实时提供多种空间和动态的地理信息，是一种为地理研究和地理决策服务的计算机技术系统。近年来，GIS 更以其强大的地理信息空间分析功能，在 GPS 及路径优化中发挥着越来越重要的作用。GPS 是由地球同步卫星与地面接收装置组成，可以实时计算当前目标装置（接收装置）的经纬度坐标，以实现定位功能的系统。现在越来越多的物流系统将 GIS 与 GPS 结合，以确定运输车辆的运行状况。

5）食品溯源技术优势

（1）实现对生产地、批发市场、超市等流通环节的食品信息全程记录，达到环环相扣、有据可查的效果。

（2）采用 ZigBee 等物联网技术，使各环节紧密衔接在一起，避免食品流通过程中的数据丢失或人为干预，保障食品安全可信赖。

（3）应用计算机、互联网等技术，方便每一个消费者、管理者了解食品的来源与运输过程，加强对食品的安全监护。

习 题

1．举例说明物联网的应用领域及前景。
2．简述智能交通系统的各个组成部分。
3．物联网当前主要运用在哪些方面？
4．老年人用的物联网信息终端由哪几部分组成？
5．简述智慧校园的技术方法。

参 考 文 献

[1] 黄玉兰. 物联网传感器技术与应用[M]. 北京：人民邮电出版社，2014.
[2] 李增国. 传感器与检测技术[M]. 北京：北京航空航天大学出版社，2015.
[3] 梁福平. 传感器原理及检测技术[M]. 武汉：华中科技大学出版社，2010.
[4] 喻宗泉. 蓝牙技术基础[M]. 北京：机械工业出版社，2006.
[5] 谭晖. 低功耗蓝牙与智能硬件设计[M]. 北京：北京航空航天大学出版社，2016.
[6] 聂增丽，王泽芳. 无线传感网技术[M]. 成都：西南交通大学出版社，2016.
[7] 王金龙. 无线超宽带（UWB）通信原理与应用[M]. 北京：人民邮电出版社，2005.
[8] 杰哈. 红外技术应用[M]. 北京：化学工业出版社，2004.
[9] 马海祥博客. 详解大数据的 4 个基本特征. 2014.
[10] 数据观. 大数据存储与应用特点及技术路线分析. http://www. cbdio.com/BigData/2015
    -08/28/content_3751531.htm，2015.
[11] 林子雨. 大数据技术原理与应用[M]. 2 版. 北京：人民邮电出版社，2017.
[12] 月满西楼博客. 十三种常用的数据挖掘的技术. 2015.
[13] 戈小羊. 不要跟赌场说谎. 秦朔朋友圈. 2017.
[14] 王波.生物医学基因大数据：现状与展望[J]. 中华流行病学杂志，2014.
[15] https://wenku.baidu.com/view/0311f95c3d1ec5da50e2524de518964bcf84d277.html.
[16] http://www.chinacloud.cn/show.aspx?id=15917&cid=17.
[17] http://cloud.yesky.com/36/108773036_3.shtml.
[18] http://www.cnblogs.com/youxia/p/linux022.html.
[19] 华为技术有限公司. FusionCloud 桌面云解决方案文档. 产品版本：V100R006C10，文
    档版本：03，2017-06-12.
[20] 华为技术有限公司. FusionSphere 产品文档（服务器虚拟化，FusionCompute V100R
    006C00U1）. 产品版本：V100R006C00，文档版本：03，2017-07-07.
[21] 华为技术有限公司. HCNA-Cloud 培训教材.
[22] 华为技术有限公司. HCNP-Cloud 培训教材.
[23] 刘云浩. 物联网导论[M]. 北京：科学出版社，2010.
[24] 金茂菁. 中国智能交通发展历程浅谈[J]. 交通科技，2013.
[25] 严新平，吴超仲，杨兆升. 智能运输系统：原理、方法及应用[M]. 武汉：武汉理工
    大学出版社，2006.
[26] 张赫，孙国庆. 智能物流[M]. 北京：中国物资出版社，2011.
[27] https://baike.baidu.com/item/%E6%99%BA%E8%83%BD%E5%AE%B6%E5%B1%85/686
    345?fr=aladdin.
[28] 李云洪. 家庭自动化系统的研究与实现[D]. 上海：同济大学，2006.
[29] https://baike.baidu.com/item/%E6%99%BA%E6%85%A7%E5%8C%BB%E7%96%97/98
    75074?fr=aladdin.
[30] https://baike.baidu.com/item/%E6%99%BA%E6%85%A7%E5%86%9C%E4%B8%9A/726
    492?fr=aladdin.
[31] https://baike.baidu.com/item/%E6%99%BA%E6%85%A7%E4%BA%A4%E9%80%9A/13

579098?fr=aladdin.

[32] 李建功，唐雄燕．智慧医疗应用技术特点及发展趋势[J]．北京：医学信息学杂志，2013．

[33] 吴越，裘加林，程韧．智慧医疗[M]．北京：清华大学出版社，2011．

[34] 佟彩，吴秋兰等．基于3S技术的智慧农业研究进展[J]．山东农业大学学报，2015．

[35] 孙明．基于物联网的食品溯源系统设计及实现[D]．北京：中国科学院大学，2015．

[36] 郑纪业，阮怀军，封文杰，许世卫．农业物联网体系结构与应用领域研究进展[J]．中国农业科学，2017．

[37] 鞠跃亮．食品溯源信息查询中图像识别算法优化研究[D]．包头：内蒙古科技大学，2012．

[38] 杨瑛，崔运鹏．我国智慧农业关键技术与未来发展[J]．信息技术与标准化，2015．

[39] 聂鹏程．植物信息感知与自组织农业物联网系统研究[D]．杭州：浙江大学，2012．

[40] 王华奎．移动通信原理与技术[M]．北京：清华大学出版社，2009．

[41] 宋燕辉．第三代移动通信技术[M]．北京：人民邮电出版社，2009．

[42] 张传福．移动互联网技术及业务[M]．北京：电子工业出版社，2012．

[43] 张勉．移动技术的发展[J]．电脑与通信，2007．

[44] 崔雁松．移动通信技术[M]．西安：西安电子科技大学出版社，2008．

[45] 张献英．第四代移动通信技术浅析[J]．数字通信世界，2008（6）．

[46] 中兴通讯 WCDMA 基本原理[D]．2012．

[47] 童卫东．模拟蜂窝移动通信系统介绍．中国联通网站，2007．

[48] https://baike.baidu.com/item/4G.

[49] https://baike.baidu.com/item/5g.

[50] 汪洋溢，田议．5G 标准及关键技术[J]．信息技术与标准化，2016（6）．

[51] 郭凡礼，李胜茂，马遥，白朋鸣．2017—2021 年中国物联网产业深度分析及发展规划咨询建议报告[R]．2017．

[52] www.ocn.com.cn.

[53] 郭凡礼，李胜茂，马遥，白朋鸣．2017 年中投顾问十大投资热点预测报告[R]．2017．

[54] 刘云浩．物联网导论[M]．北京：科学出版社，2012．

[55] 中国物品编码中心．条码技术与引用[M]．北京：清华大学出版社，2003．

[56] 二维码．百度百科，2017．

[57] 什么是 RFID 技术．凤凰网，2017．

[58] 谢磊，陆桑璐．射频识别技术：原理、协议及系统设计[M]．2 版．北京：科学出版社，2016．

[59] 陈军，徐旲．射频识别技术及应用[M]．北京：化学工业出版社，2014．

[60] 秦海波，程立龙．中国标准为何遭遇逆流——中美无线局域网技术之争的启示[N]．经济日报，2004-2-17（14）．

[61] 指纹识别．百度百科，2017．

[62] 人脸识别辨身份 未来支付请"刷脸"．人民网，2017．

[63] 邢书宝，薛惠锋，吴慧欣．电子商务环境下生物识别技术综述[J]．商场现代化，2008．

[64] 语音识别．维基百科，2017．

[65] 王致信，胡文东．语音识别技术的发展[J]．网友世界·云教育，2013．

[66] 潘仲麟．电磁学原理及应用[M]．成都：成都科技大学出版社，1988．

[67] 智能卡发展趋势．百度文库，2017．

反侵权盗版声明

电子工业出版社依法对本作品享有专有出版权。任何未经权利人书面许可，复制、销售或通过信息网络传播本作品的行为；歪曲、篡改、剽窃本作品的行为，均违反《中华人民共和国著作权法》，其行为人应承担相应的民事责任和行政责任，构成犯罪的，将被依法追究刑事责任。

为了维护市场秩序，保护权利人的合法权益，我社将依法查处和打击侵权盗版的单位和个人。欢迎社会各界人士积极举报侵权盗版行为，本社将奖励举报有功人员，并保证举报人的信息不被泄露。

举报电话：（010）88254396；（010）88258888

传　　真：（010）88254397

E-mail：　dbqq@phei.com.cn

通信地址：北京市万寿路 173 信箱

　　　　　电子工业出版社总编办公室

邮　　编：100036